JN001812

コスト削減と
再エネ導入を成功させる

最強の
電力調達
完全ガイド

久保欣也　三宅成也　山根小雪
日本省電　みんな電力　日経エネルギーNext

日経BP

はじめに

どんな企業でも電気料金は安くなる

はっきり言います。どんな企業でも電気料金は安くなります。

2016年4月の電力全面自由化を経て、正しく買えば安くなる時代が、既に到来しています。

この「正しく買えば」というのがポイントです。

企業における電力調達にはセオリーがあります。これを学び、実践すれば、電気料金は確実に下がります。

ですが、残念なことに、正しい買い方を知らないどころか、電力契約の見直しに手を付けたことすらない企業がまだまだ多いのが実情です。

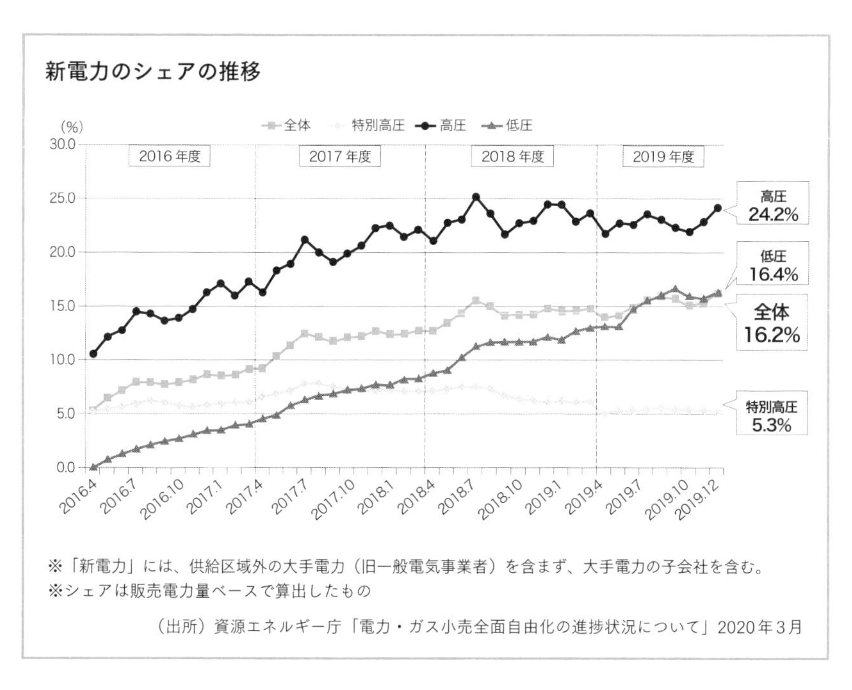

※「新電力」には、供給区域外の大手電力（旧一般電気事業者）を含まず、大手電力の子会社を含む。
※シェアは販売電力量ベースで算出したもの

（出所）資源エネルギー庁「電力・ガス小売全面自由化の進捗状況について」2020年3月

電力全面自由化から4年、部分自由化から数えれば、20年が経過しています。それでも、電力会社を切り替えた経験のある企業はさほど多くはありません。

自由化以前は、各エリアの大手電力会社のシェアが100％でした。部分自由化後、新規参入した新電力が大手電力会社から顧客を奪い、少しずつシェアを拡大してきました。2016年4月の全面自由化を契機に、新電力のシェア拡大ペースは上がっています。それでも、まだまだ限定的です。2019年度の数字を見てみると、オフィスビルなどの「高圧」で24.2％、工場などの「特別高圧」は5.3％にとどまっています。

正しい買い方を身につければ無駄がなくなる

電気料金を安くしたいからといって、ただ買い叩けば良いわけではありません。競争入札や相見積もりで電力会社を競わせて安い値段を引き出したとしても、その金額が適正水準でなければ、翌年も同じように安く買うことはできません。

電力会社との知識差や情報格差の溝をできるだけ縮め、電力会社と対等に交渉できる関係を築くことが重要です。電力会社から余計なマージンが乗っていない「適正水準の価格」を引き出すスキルを身につければ、継続的に適正価格で調達できるようになります。これこそが本書で学んでいただきたい「正しい買い方」です。

電気料金が販管費に占める割合は、実はとても大きい

どんな企業でも電力を使わずに事業を営むことはできません。電力調達

と無縁な企業など存在しないのです。

しかも、電気料金が販管費に占める割合は大きく、業種によって異なりますが10％前後を占めます。売上高に占める割合も0.1～10％に上ります。

当然ながら、年間の電気料金の絶対額も大きいものです。電気料金の見直しに手を付けないのは、あまりにもったいないことなのです。

3.11を契機に電力業界で安値競争が勃発

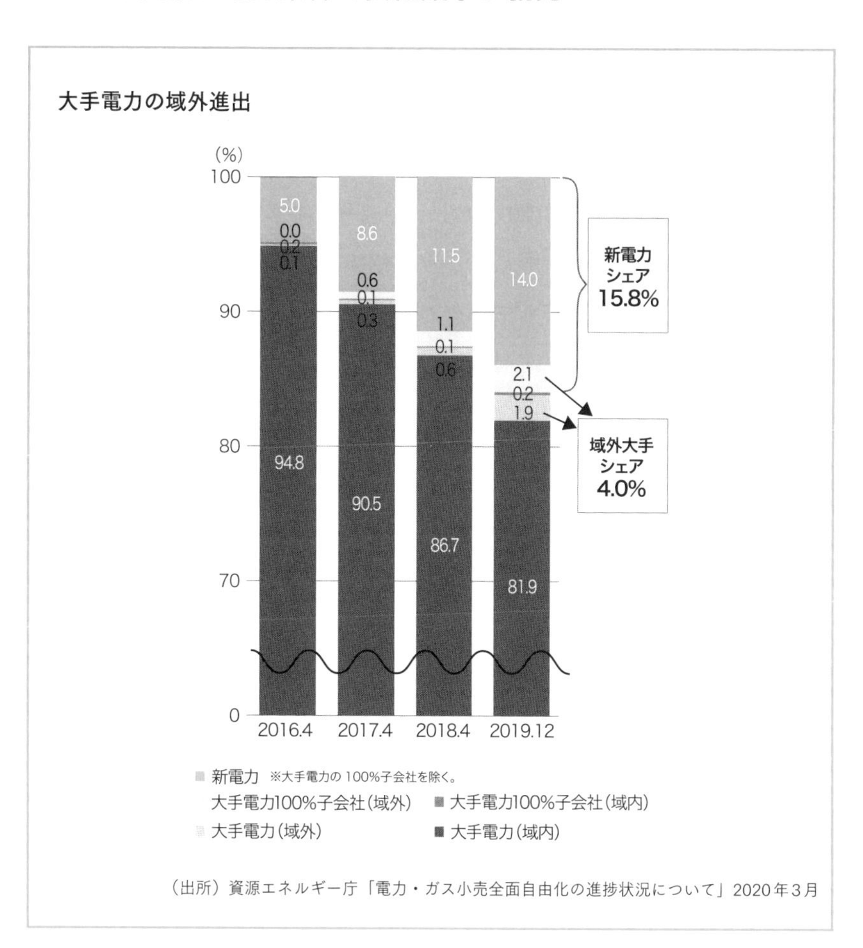

（出所）資源エネルギー庁「電力・ガス小売全面自由化の進捗状況について」2020年3月

電力を取り巻く市場環境は大きく変わりました。2011年3月11日の東日本大震災で、東京電力・福島第1原子力発電所事故が発生しました。これを契機に、「電力システム改革」が始まり、様々な電気事業制度が改正されました。そしてとうとう電力全面自由化を迎えたのです。その後、新電力の数は増え続け、2020年7月時点では700社を超えています。

もう1つの大きな変化は、各エリアに閉じていた大手電力会社が、他のエリアに進出するようになったことです。大手電力の域外進出のグラフを見ると、2019年12月時点の「域外大手シェア」は4%です。数字としてはまだまだ小さいですが、この数字こそ電力業界の競争状況の変化を示しています。

こうして電力業界では、かつてない激しい価格競争が起きました。電気料金の単価の相場は、全面自由化前に比べて確実に安くなっています。

この数年で安値競争は行き着くところまで来た感があります。今後は電力業界の再編にフェーズが移っていくことでしょう。

電力業界は今後、ますます混沌とした時代に突入します。だからこそ、電力の利用者であるユーザー企業が正しい知識を持って電力会社と対等に渡り合えるようになれれば、大きな果実を得られるのです。

「我が社は特別な割引をしてもらっている」という誤解

長年、電気料金は税金のような存在で、大手電力会社が提示したメニューを利用するだけで、意志を持って選択する商品ではありませんでした。しかも、電気料金のメニューは複雑怪奇で、内容を理解するのも一苦労でした。

さらに大きな問題は、電力会社とユーザー企業間の情報の非対称が非常に大きいことです。専門知識がないと、電力会社と対等にやり取りすることができず、交渉するのも一苦労でした。

地元の大企業である大手電力との付き合い上の理由から、見直しをしないできた企業も多いでしょう。「大手電力会社から特別な割引をしてもらっている」と受け止めている企業も少なくありません。ただ、実際には大して安くないケースが大半です。

確かに重厚長大産業など、ごく一部の大規模な製造業では、産業政策として自由化前から安価な料金になっています。ですが、これはあくまで例外です。大企業から中堅、中小零細企業、個人事業主、そして家庭まで、すべてのユーザーが正しく買えば電気料金を安くできるのです。

家庭や個人事業主が利用する「低圧」は、電力会社各社が公表している料金メニューを比較し、契約する電力会社を決めます。一方、企業が利用する「高圧」と「特別高圧」は、料金メニューが公表されておらず、必ず見積もりを依頼しなければなりません。このため、やり方ひとつで電気料金に大きな差が付いてしまうのです。本書では、高圧および特別高圧の電力調達を対象としています。

今こそ電力調達改革に着手しましょう

改めて言います。電力を取り巻く環境は激変しました。正しい買い方を学べば、どんな企業でも電気料金は適正水準まで安くなります。

本書は、これまで誰も教えてくれなかった電力の正しい買い方をお教えします。電力調達をコスト削減の好機と捉え、今こそ、電力調達改革に着手して下さい。驚くべき気づきと成果が得られるはずです。

正しい電力調達スキルは、企業の新しい武器になります。電力の契約を経営状況の変化に合わせて柔軟に見直すことができるようになれば、場面に合わせた最適なコスト削減が容易に実現できるようになります。そして、その考え方は他のコスト削減にも通じる普遍的なセオリーです。

SDGs/ESGで電力の再エネ化が当たり前に

そしてもう1つ、大きな時代の変化があります。

キーワードは「SDGs」と「ESG」です。この2つのキーワードが生み出した新たな潮流が、企業経営を取り巻く環境を激変させています。本当の意味で「良い会社」が評価される時代に突入したのです。

社会に、そして投資家に、企業は気候変動対策に真摯に向き合うことを求められています。そのとき、真っ先に思いつくのが電力に再エネを取り入れることでしょう。

実際、サステナブル経営を標榜するトップ企業は、「電力を再エネにするのは当たり前」と、さらりと答えます。再エネ電力の調達に動く企業は後を絶ちません。その重要性は増すばかりです。

ただ、再エネ電力は制度が複雑に絡み合っており、非常に理解しにくいものです。ですが、きちんと理解しないことには、再エネ電力の調達を企業価値の向上につなげることができません。

本書は、再エネ電力の基礎から、正しい買い方まで、どこよりも詳しく中立に解説します。本質を理解し、企業価値を高めて下さい。

コストを削減し、企業価値を高める「最強の電力調達」

本書は、新型コロナウイルスの感染拡大のタイミングで執筆し、発刊することとなりました。これまで想像すらしなかったパンデミックが発生し、世界規模で経済が低迷しています。

かつてない規模で企業が倒産に追い込まれています。コスト削減が急務になった企業は膨大な数に上るでしょう。こんな時だからこそ、電力調達を見直してください。利益を増やすためには、売上高を増やすか、コストを削るかしか道はありません。

損益計算書（PL）の数値を必死で改善しても、一瞬で吹き飛ぶ時代です。貸借対照表（BS）をしっかり作ることが企業に求められています。企業価値を高めるための資産として、サステナブルなビジネスモデルを考えていく必要があるのです。

こういう不確実な時代だからこそ、社会の課題に向き合う企業が評価されます。まずは電力調達から企業価値を高めるストーリー作りを始めてください。

本書は、どこにもない電力調達の実践的なガイドです。電力ビジネスのプロと、電力自由化の情報をどこよりも深く伝えてきた「日経エネルギーNext」が、惜しみなくノウハウをお教えします。コストが下がり、企業価値が高まる最強の電力調達を体感してください。

目次

第3章 経営の武器になる、電力調達の高度化

事例編その2

第4章 トップ企業が再エネ電力を買う理由

第5章
丸ごと理解、再エネ電力の基礎知識

第6章
正しい再エネ電力の買い方

事例編その3

第7章

買い手が主役になる時代へ

第1章

いまさら聞けない電力調達の基礎知識

「電力自由化」というキーワード自体は、ほとんどの人が知っています。ですが、電力会社の切り替えを1度も検討したことがない企業が、実はものすごく多いのです。その理由は「よく分からなくて不安だから」。電力自由化がスタートしたのは2000年で、既に20年経っているにもかかわらずです。

いざ切り替えようと思い立っても、「この発電所からどの電線を通って電力が届くのか」「停電したときに困らないか」などの疑問が先行し、尻込みしてしまう企業も少なくありません。そこで本章では、電力調達改革を進める上で、最低限知っておくべき基礎知識を解説します。

1 電力自由化とは何か

2000年から電力は自由に販売できるようになった

電力自由化とは、従来は規制されていた電力販売（電力小売り）が自由に行えるようになったことを指します。今では国の登録許可を得た企業であれば、電力小売事業を手がけることができます。

電気料金は長らく、コスト削減余地のない公共料金と同じ存在でした。電力自由化以前は、ガスや水道などの公共料金と同様に、特定の電力会社が指定する画一的な料金メニューで契約するものでした。

指定された料金メニューなので、選択に迷うこともなければ、ユーザー企業が努力しても得することはありませんでした。請求書に書かれている金額を何の疑いもなくそのまま支払う。これが従前の常識でした。

日本全国を10のエリアに分けたエリアごとに1社だけ存在する大手電力会社が、エリア内で電力小売事業を独占する状況が50年以上続いていました。関東ならば東京電力、関西ならば関西電力、九州ならば九州電力といった具合です。この状況を**地域独占**と呼びます。

転機が訪れたのは2000年の「電力部分自由化」です。各エリアの大手電力会社が独占していた電力小売事業が、他のさまざまな業種の企業や他エリアの大手電力会社に部分的に開放されたのです。

具体的には、**「特別高圧」「高圧」と呼ばれる比較的大規模の施設向けに電力小売りが自由化**されました。この時は「低圧」に属する家庭や小規模な店舗、オフィスは対象外でした。

図表 1-1　電力全面自由化とは

自由化以前

日本全国を10に分けたエリアごとに電力を供給する電力会社が決まっていた

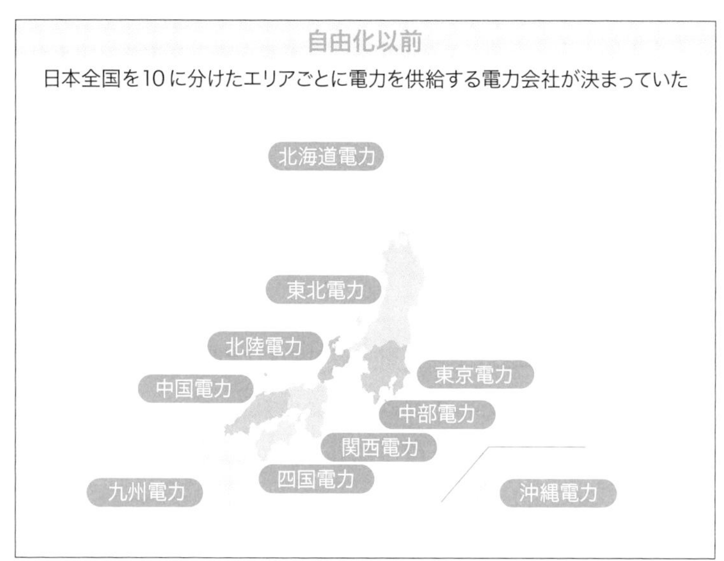

2016年4月の電力全面自由化以降

電力全面自由化により、様々な電力会社から、エリアを問わず、
好きな料金メニューを選んで電力を買えるようになった

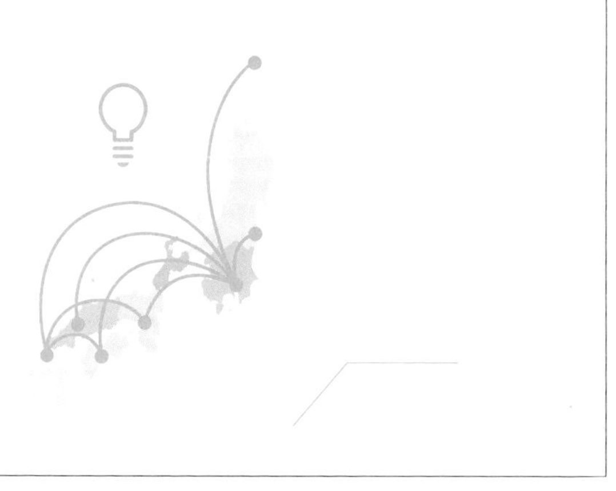

それから16年後の**2016年4月、ついに「電力全面自由化」を迎えました。**一般家庭も含めて、すべてのユーザー向けに様々な企業が電力を販売できるようになったのです。このため「全面自由化」と称しています。

電力調達時に選択できる電力会社が増えた

第1章

電力自由化は、電力小売りに関するこれまでの常識が大きく変わる、まさにゲーム・チェンジです。

企業が電力調達時に選択できる電力会社の数が増えたわけですから、電気を買うユーザー企業にとって喜ばしい変化です。

電力自由化以前は東京電力や関西電力など各エリアの大手電力会社しか選択肢がなく、電気料金メニューの選択肢も限られていました。ユーザー企業が電気料金を削減しようにも限界がありました。

ですが、**自由化を経た今、ユーザー企業は、電力会社や料金メニューを自由に選べるようになりました。自社の使い方に合わせた最適な料金メニューを選ぶ工夫をすれば、大幅なコスト削減も可能です。**

例えるならば、電力を購入する場所が「スーパーマーケット」から「青空市場」へ転換したようなもの。スーパーの店頭には流通規格に合った野菜や果物が並び、お客さんはそこから目的のものを選んで、決まった売り値で買います。

一方、青空市場には大小さまざまな売り手が集い、お客さんは好きなところで買い物ができます。商品の特徴や値段も様々。中には、形はいびつだけれども無農薬栽培で安心して食べられるという野菜もあるでしょう。

お客さんは売り手の個性や商品の良し悪しを見極めて購入します。時には売り手と駆け引きをすることもあるでしょう。「たくさん買うから安くしてよ」「ほかのお店を見ずに今、買うから安くしてよ」「次もまた来るから、おまけしてよ」といった具合に、値引き交渉や付帯サービスを引き出すことも可能です。

電力自由化は、同じようなことが電力調達の世界にも起きたことを意味します。電力調達は調達担当者の腕の見せ所になったのです。

契約切り替えに伴う心配事は全て杞憂

電力は、野菜や果物と違って、料金の構造や相場、市場の仕組みなどが複雑です。この分かりにくさから、電力自由化という大きな状況の変化に戸惑う調達担当者が少なくありません。

例えば、こんな具合です。

「電力を安く使えるなら、それに越したことはない。でも、安い電力は本当に安心なのか？」
「電気料金がどうやって決まるのか分からないので、現状の値段が高いか安いか、まだ値下げ余地があるのか見えない」
「電力会社を変えるのは面倒そう……。変えることでどんなメリットがあるのか分からない」

はっきり言います。こうした不安や疑問は杞憂です。

答えはこうです。

「電気料金は安くなります。そして、値段が安くなっても電力はこれまでと変わらず安定的に供給されるので心配は無用です」

「電気料金の計算は決して難しくありません。現状の電気料金水準の高低を見抜く目を養うことで、無駄な出費を抑えることができます」

「電力会社を変えるのは一時的に手続きの手間がかかりますが、ポイントを押さえておけば負担は軽減できます。加えて、その手間を補って余りあるメリットがあります」

それでも、実際に大手電力会社や新電力の営業担当者と直接やり取りをして契約の切り替え検討を始めると、やはり不安になったり、営業担当者から不安をあおるようなことを言われる場面もあるでしょう。

自信をもって切り替え検討を進めるためには、**ユーザー企業の調達担当者自身が、さまざまな電気料金メニューの良し悪しや特徴を見抜く選択眼を磨き、売り手（電力会社）と交渉する能力を高めることが重要です。**そのためには、売り手と渡り合える知識が必要なのです。

まずは電力がどのように作られ、どのような経路をたどってユーザーの元に届くのか。この仕組みを歴史と共に理解しておく必要があります。

電力は4ステップで届く

電力を作って、使うまでのステップは、**「電力をつくる（発電）」「電力を送る（送配電）」「電力を売る（販売）」「電力を使う（消費）」という4**

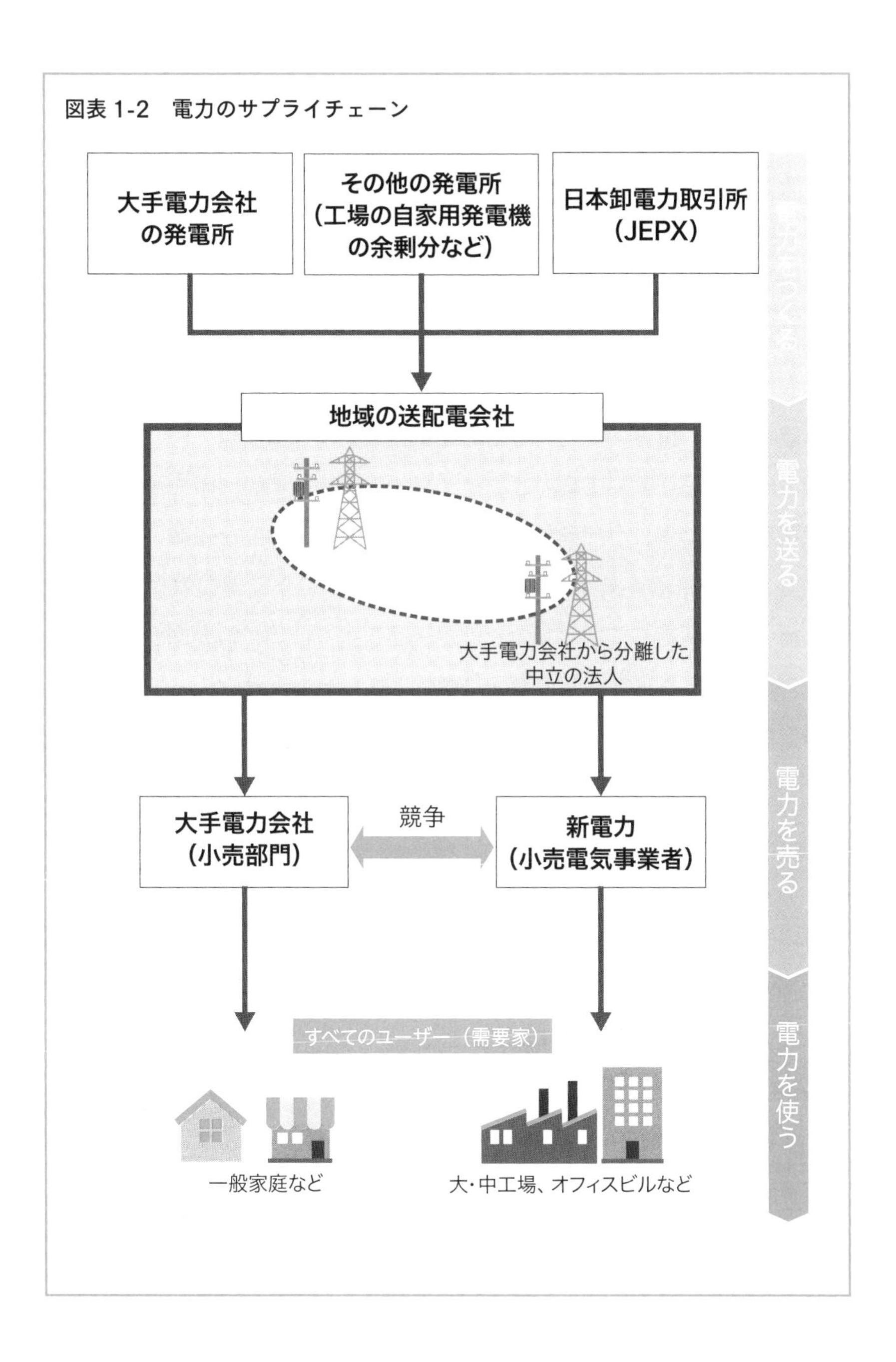
図表 1-2　電力のサプライチェーン
大手電力会社
の発電所
その他の発電所
(工場の自家用発電機
の余剰分など)
日本卸電力取引所
(JEPX)
地域の送配電会社
大手電力会社から分離した
中立の法人
大手電力会社
(小売部門)
競争
新電力
(小売電気事業者)
すべてのユーザー (需要家)
一般家庭など
大・中工場、オフィスビルなど
電力をつくる
電力を送る
電力を売る
電力を使う

段階に分けられます。

まずは電力をつくる役割の会社があります。これを**発電事業者**と呼びます。火力、水力、原子力などのエネルギーを使い、様々な方法で発電します。最近では太陽光や風力などの利用も広がっています。

発電して作った電力を利用者に届ける役割を果たすのが**送配電事業者**です。鉄塔や電柱、変電所、電線などの送配電設備を維持、監視し、電力を全国各地へ送り届けます。送配電設備を含む電力システム全体のことを**電力系統**と呼び、電力の利用者のことを電力業界では**需要家**と呼びます。

電力を、一般家庭や工場、オフィスビルなどの需要家へ販売するのが**小売電気事業者**です。小売電気事業者の役割は、一般的な小売業のイメージと同じです。発電事業者などから電力を調達してきて需要家に販売します。需要家と契約して電気料金を請求・回収するほか、需要家が問題なく電力が使えるよう送配電事業者と調整するといった業務を担っています。

需要家にとっては、この小売電気事業者が電力調達の窓口になります。

電力自由化以前の電力会社は垂直統合型

電力自由化までは、「つくる」「送る」「売る」の3つの機能は、東京電力や関西電力といった各エリアの大手電力会社が一気通貫で行っていました。いわゆる垂直統合型です。

しかし、2000年以降の電力部分自由化によって転機が訪れます。「つくる（発電）」と「売る（販売）」を大手電力会社以外が行えるようになったのです。

ただし、電力は生活や企業活動に欠かせないとても大切なものなので、**電力を販売するためには、小売電気事業者として経済産業省から登録を認**

めてもらう（ライセンスを取得する）義務が課せられました。

小売電気事業者のライセンスを取得した、**新しい電力会社のことを一般に新電力と呼びます。**

ちなみに、2016年の電力全面自由化以前は**PPS（Power Producer and Supplier、特定規模電気事業者）**とも呼ばれていました。

以前から電力を販売している各エリアの大手電力会社は、新電力と区別するために制度上は**みなし小売電気事業者**と呼んでいます。また、電力自由化以前の名称である「一般電気事業者」の名残で**旧一般電気事業者**と呼ぶこともあります。

約50年、地域独占が続いた

国はなぜ電力自由化に踏み切ったのでしょうか。その理由を理解するために、電力業界の歴史を振り返ってみましょう。

日本で最初に電力会社が誕生したのは1886（明治19）年のことでした。現在の東京電力グループにつながる東京電燈です。その後、日本各地に中小の電力会社が数百社、設立されました。

いずれも小規模な水力発電所や火力発電所を保有し、発電所と近隣の建物を電線でつないで電力を売るという事業をしていました。

1939年（昭和14）年になって、国は電力を一元的に管理するために、日本発送電という国営企業を作りました。その後、日本発送電は解体・分割され、北海道、東北、関東、中部、北陸、関西、中国、四国、九州という全国9つのエリアで、個別の電力会社として地域独占で電気事業を行うことになりました。

後に沖縄電力も加わって、**全国10エリア、計10社の大手電力会社が、**

半世紀近くに渡って各地の電気事業を一手に担ってきたのです。

地域独占を制度で担保したことで、電力会社間の無用な競争を避け、大手電力各社は安心して設備投資を推し進めることができました。

加えて、電気事業に必要なコストを電気料金で回収する「総括原価方式」を導入しました。この仕組みにより、経済成長とともに増える電力需要に賄うことができたため、日本は高度経済成長を遂げることができたのです。

第1章

結果として、停電が少なく、電圧や周波数が一定の非常に質の高い電力を安定的に供給できる体制が整ったのです。日本の停電率は世界でも非常に低い水準になりました。

なぜ電力は自由化されたのか

安定した電力供給の反面、電力インフラの整備が一巡した昨今では、地域独占と総括原価方式のデメリットも見えてきました。過度な品質重視や過剰な設備投資につながる懸念が出てきたのです。

むしろ、**他社が参入できないことで自由な競争が阻害され、消費者が廉価な電力や魅力的なサービスを受ける機会を奪ってしまう可能性があります。そこで生まれた施策が電力自由化というわけです。**

国は2000年、電力部分自由化に踏み切りました。ただし、この時、自由化されたのは、発電と高圧以上の小売りだけ。一般家庭向けなど低圧の自由化は見送られました。

その後、**2011年に東日本大震災が発生し、東京電力・福島第1原子力発電所事故が起きました。**長年、多くの国民が安全だと信じていた原子力発電所で事故が起きたことで、大手電力会社への信頼が損なわれ、地域独占の見直し論が浮上したのです。

また、事故に伴う安全点検のため、全国の原子力発電所が停止しました。電力不足による停電を避けるため、急にLNG（液化天然ガス）や石油火力発電所の稼働率を高める必要に迫られました。これによって化石燃料の市況が高騰し、国内の電気料金が大幅に高くなってしまったのです。

当時、日本のLNG需要の急増による燃料価格の上昇が「ジャパンプレミアム」もしくは「アジアプレミアム」と呼ばれました。

こうした状況に、国は電力業界に対して抜本的な制度の見直しが必要と判断しました。**一般家庭も含む全面自由化をはじめとする「電力システム改革」に乗り出したわけです。**

再生可能エネルギーの普及を一気に進めた新制度「FIT制度（固定価格買取制度）」の導入も、同様の背景から2012年に実施されました。

電気料金を安くし、選択肢を増やす

電力自由化の目的を、ここで改めて整理しておきましょう。目的は大きく3つあります。

電力自由化・3つの目的

①電気料金を安くすること

②ユーザーの選択肢を増やし、参入企業の事業機会を拡大すること

③電力の安定供給を確保すること

①の**「電気料金の低廉化」**が、電力自由化の非常に大きな目的です。

これまで大手電力会社が独占していた電気事業のうち、小売りを自由化して、他の事業者にも広く開放します。電力会社間の競争を促し、電気料金の抑制につなげることを狙っています。

②の**「ユーザーの選択肢を増やし、参入企業の事業機会を拡大すること」**も大事な目的です。

電力自由化を契機に、ガスや通信、住宅、石油販売といった様々な分野の事業者が、続々と電力小売りに参入しました。

「電力を購入すれば抱き合わせで自社製品が安くなる」「ポイントが貯まる」など、魅力的なサービスを提供する電力会社も出てきました。電力をテコに、本業のシェア拡大を図るパターンもあります。

各社がしのぎを削ることで、料金メニューやサービスの幅は格段に広がっています。家庭や店舗など全ての消費者が、価値観やライフスタイルに合わせて電力会社や料金プランを自由に選べるようになり、市場も活性化しています。

③の**「電力の安定供給を確保すること」**は、①と②を目指す上で大前提となる、国として不変の目標です。東日本大震災の発生時には、大規模停電や原子力発電所事故など、国難ともいうべき電力危機に見舞われました。そして、電力供給のリスクマネジメント、電力会社に対する消費者の信頼感の醸成、サービス品質の向上など、震災以前には見えなかった様々な課題が浮き彫りになったのです。

そこで電力にかかわる一連の制度を抜本的に変えようと、**電力システム改革**が持ち上がりました。電力全面自由化は、電力システム改革の要素の1つです。

このほかには、緊急の場合などにエリア間で電力をフレキシブルに融通し合う連携体制なども整備されました。

2000年の電力部分自由化の開始から既に20年以上が経過しており、様々な制度改正が行われていますが、どの政策も常にこの3つの目的に則しています。逆に言えば、この3つの目的を理解していれば、各々の政策が何を意図したものかを理解できるようになります。

日本の電力市場は15年以上かけて全面自由化に

電力自由化は、「電圧の区分」によって段階的に実施してきました。

電圧とは、簡単にいえば「電気を押す力」です。特に力強く押す力を持った電気（受電電圧が2万ボルト以上、契約電力2000kW以上に相当）を**特別高圧**強い電力（受電電圧6000ボルト、契約電力50kW以上に相当）が**高圧**と呼びます。

特別高圧と高圧は、工場や大規模施設などを運営するユーザー企業の利用がほとんどです。

それより弱い電力（100または200ボルト、契約電力50kW未満に相当）は**低圧**と呼ばれます。**低圧は一般家庭のほか、小規模な店舗や事務所などが該当します。**

工場の大型の電動機器・設備などを動かすのには大きな電圧が必要ですが、一般家庭で使う電気製品や照明など**電灯**（設備）と呼ばれるものは100ボルト、業務用の空調機器や冷蔵庫など**動力**（設備）と呼ばれるものは200ボルトで動きます。

特別高圧や高圧を利用するユーザー企業は、**キュービクル**と呼ばれる受変電設備を自ら施設に備え、必要に応じて電圧を調整して利用しています。大口で強い力の電力を束で受け取り、ユーザー側の手元で分解して使うイメージです。

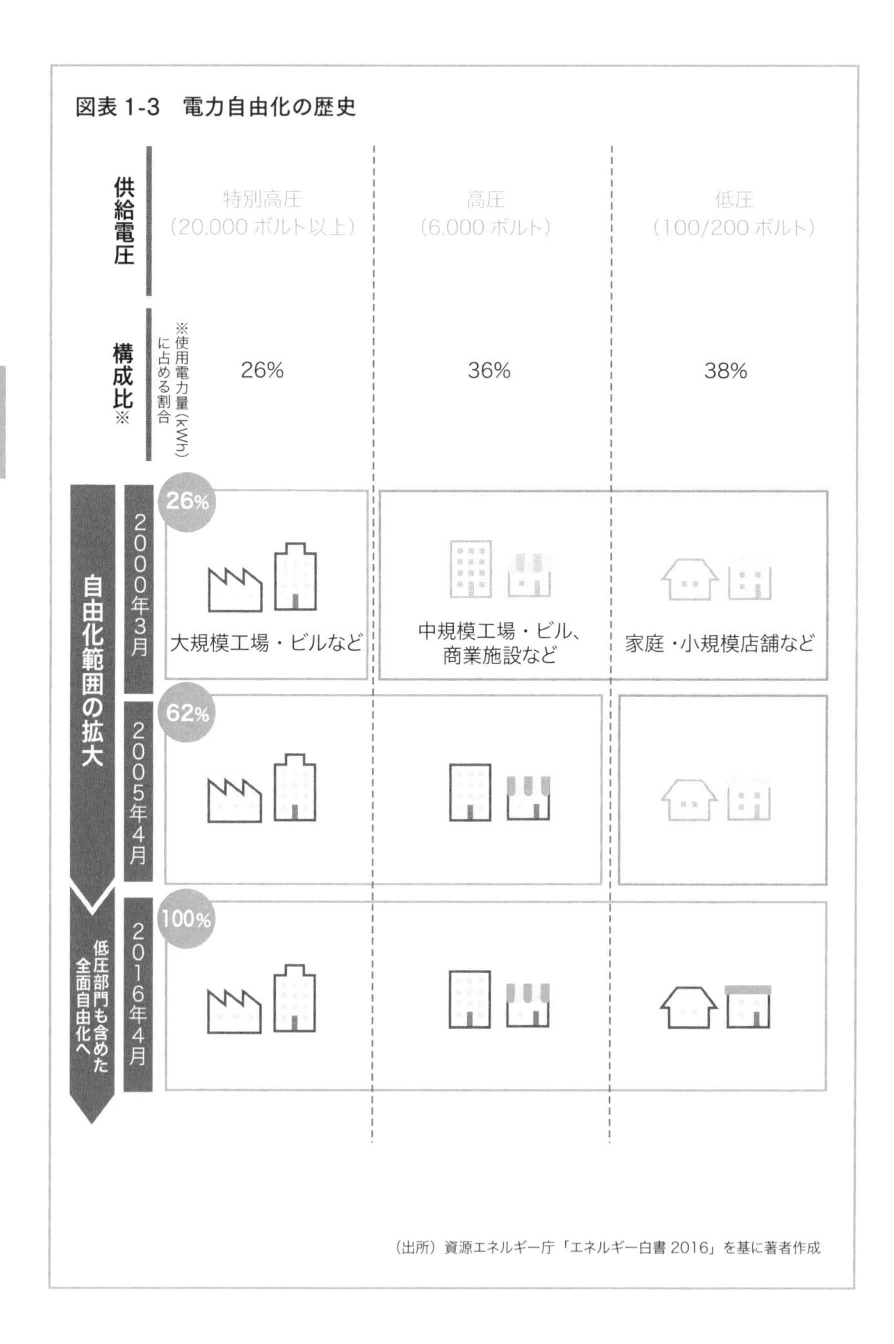
図表1-3　電力自由化の歴史
供給電圧
特別高圧
(20,000ボルト以上)
高圧
(6,000ボルト)
低圧
(100/200ボルト)
構成比※
※使用電力量(kWh)に占める割合
26%
36%
38%
自由化範囲の拡大
低圧部門も含めた全面自由化へ
2000年3月
26%
大規模工場・ビルなど
中規模工場・ビル、商業施設など
家庭・小規模店舗など
2005年4月
62%
2016年4月
100%
(出所) 資源エネルギー庁「エネルギー白書2016」を基に著者作成

2000年の部分自由化は、特別高圧の大規模工場やデパート、オフィスビルを対象にスタートしました。その後、2004年、2005年に高圧の中規模工場や中規模ビルへと拡大しました。

2016年4月からは低圧の家庭や商店なども対象となり、誰もが自由に電力の販売元を選べるようになったのです。

電力を送る仕組みは自由化しても変わらない

大手電力会社は、自前の発電所で電力をつくり、自前の送配電線を使って、顧客に電力を送ってきました。では、新規参入した新電力（小売電気事業者）の場合は、どのような仕組みで電力を送るのでしょうか。

新電力は、自社で発電所を保有していることもあれば、保有していないこともあります。そこで、まずは電力を自社の発電所や個別に契約を結んだ発電所から仕入れます。

そして、この電力を地域の大手電力会社から分社化した送配電事業者に委託して「送る」のです。

日本全国に敷設した鉄塔や電線は、長い時間と膨大なお金をかけて作り上げてきたものです。**新電力がそれぞれに新たに送配電設備を作るのは、社会コストの無駄です。**

このため、電力を「送る」部分については、新電力も送配電事業者に任せることになっています。この仕組みにより、新規参入の新電力であっても、一般家庭や工場、オフィスビルなどの電力を使う各ユーザーとの電力の契約ができさえすれば、安定して供給することができるわけです。

電力全面自由化後は、大手電力会社の送配電部門が「送る」行為に関して、自社の小売部門（みなし小売電気事業者）であっても、新電力であっても中立に取り扱うルールになりました。

さらに国は2020年4月に発送電分離を実施しました。これは大手電力会社の送配電部門を別会社にすることを指します。

大手電力会社の小売部門と新電力が、より公平に送配電網を使えるように、あえて中立的な会社にしたのです。

「東京電力パワーグリッド」や「関西電力送配電」、「中部電力パワーグリッド」、「九州電力送配電」などが、大手電力会社から分社化した送配電事業者です。

調達担当者から見た電力自由化のポイント

では、電力自由化は購買担当者に有利に働くのでしょうか。買い手側の観点で考えてみましょう。

まず、**日本の電力システム改革は東日本大震災を契機にスタートしたという経緯から、電力を使うユーザーの保護を最優先に据えた設計となっています。**

従って、ユーザーは、それほど慎重にならなくても不利益を被ることなく、安く電力を調達でき、選択肢の幅が広がります。

海外では、電力自由化に伴って電気料金が上がった国もあります。そうしたケースと比較すると、**日本の電力自由化は消費者に有利な仕組み**であるといえるでしょう。

では、具体的なポイントを見ていきましょう。

調達担当者にとっての電力自由化のポイント

- **電力の質は従来と全く同じで、どの会社を介して買うかだけ**
  — 新たに電線や電力メーターの付け替えは不要
  — 停電の起こりやすさ、停電時の復旧時間なども変わらない
- **万が一、電力会社が倒産しても停電しない**
- **たとえ不利益を被っても監視委員会があるので安心**

停電発生率は電力会社によらない

第1に、電気の品質や停電発生などの「信頼性」は大手電力会社と新電力で変わりません。信頼性はユーザー企業にとって、最大の心配事でしょう。ですが、まったく心配はいりません。

契約する電力会社を切り替えても、電力を送る役割は、大手電力会社(送配電事業者)のままで変わりません。

契約変更に伴い、新たに電線や電力メーターを付け替える必要もありません。電力そのものの品質が下がったり、停電の可能性が増すこともありません。

なお、電力メーターについては、全面自由化の2016年以降、以前から設置してあったアナログのメーターから「スマートメーター」と呼ばれる自動検針機能付きのデジタルメーターに順次、切り替えが進んでいます。

使用電力量の効率的な把握や、計測のための人件費の抑制などが目的です。これは電力システム改革の一環の施策です。国は、2020年代初頭までに全世帯・事業所にスマートメーターを導入するという目標を掲げています。

電力メーターは、ユーザーのものではなく、各エリアの送配電事業者の持ち物です。このため、スマートメーターへの交換工事は送配電事業者が行います。機器代金や工事費用も原則無料です。

電力会社が倒産しても電力は止まらない

第２に、電力会社が倒産しても「最終保障供給」という制度があるので、電力が途絶えることはありません。電力会社の倒産や事業撤退によりユーザーが強制的に契約切り替えを余儀なくされた時でも、電力の利用が途絶えることがないように定めたルールです。

各エリアの大手電力会社は、バックアップとして電力を供給するメニューである最終保障供給約款を定めています。低圧の場合は小売部門（みなし小売電気事業者）、高圧以上の場合は送配電事業者が、最終保障供給を担います。

新電力が倒産したときも、その新電力または送配電事業者から案内が届き、各エリアの大手電力会社に契約を戻したり、他の新電力へ切り替えることができます。従って、電力会社を切り替えても停電の心配をする必要はありません。

実際、新電力が倒産・破産した例は過去にもあります。ですが、ユーザーには大した影響はありませんでした。

この時には、サービスを停止する電力会社が需要家に対して、1カ月前などある程度の時間的余裕をもって、サービスを停止することや新たな電力会社への契約をすすめる案内を出しました。従って電力が止まることもなく、需要家は次の契約先に申し込んで、滞りなく電力を使うことができました。

事態が落ち着いた後、この経験をしたユーザー企業の調達担当者が口にしたのは「自由化っていいね。切り替えると安くなって、何があっても大丈夫なんだということを体感できた」という言葉でした。

電力にはセーフティーネットがありますので、調達先を変えることに不安を感じることはありません。

電力システムは巨大なプール

電力システムが「巨大なプールのようなもの」だとイメージすると、分かりやすいかもしれません。コンセントの向こう側には巨大なプールがあり、電力がひたひたに入っています。

プールの中身は、各エリアの大手電力会社をはじめ、様々な電力会社が発電した電力です。

プラグはさながら蛇口のような役目を果たしていて、コンセントに差し込めば、水が流れ出てくるように電力を取り出すことができます。使った電力の量に応じて契約している電力会社にお金を支払うわけです。

つまり電力の質は従来と全く同じで、どの会社を経由して買うかだけの違いなのです。

「それでは再生可能エネルギーで発電した電力を使いたくても使えないのではないか」という声が聞こえてきそうですが、実はその通りです。

ただし、再エネによる電力を選択することに意義があります。自社が支払った電気料金が再エネによる発電所に渡ることで、さらなる投資につながるためです。詳しくは第6章で解説します。

第三者機関が常に監視している

第3のポイントが、電力取引を監視している第三者機関の存在です。日常的な電力取引についても、第三者機関による監視があるため、ユーザー

図表 1-4　電力システムをプールに例えると…

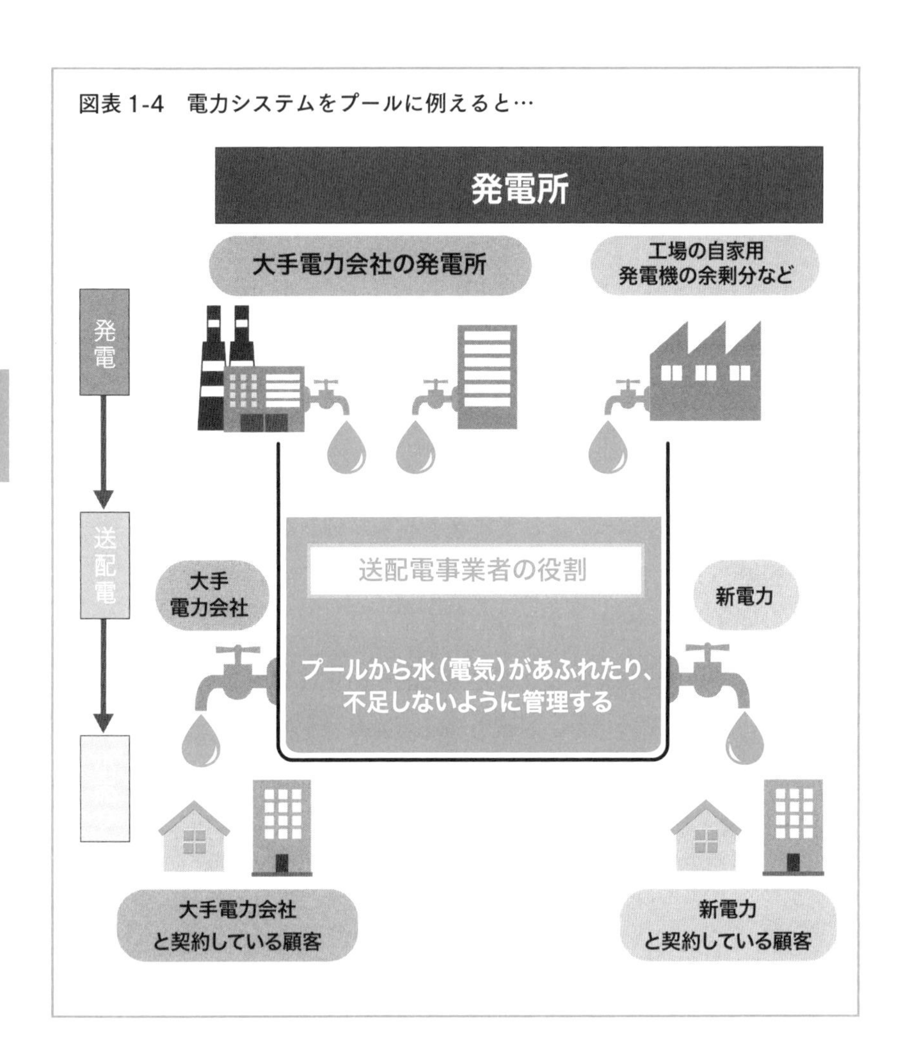

が不利益を被りにくい構造になっています。

監視を担うのが、経済産業大臣直轄の公平中立な組織である「電力・ガス取引監視等委員会」です。経済活動における公正取引委員会と同じような役割を果たしています。

例えば、「規模に勝る大手電力会社が不当廉売していないか」「新電力が消費者に不十分な説明で顧客獲得していないか」「送配電事業者が中立性を欠く差別的な取り扱いをしていないか」といったことを常に監視しています。

実際に、行き過ぎた営業行為に対して改善勧告が出されたこともありました。もちろん、改善勧告は大手電力会社の小売部門、新電力に関わらず、公平に行われます。

こうした仕組みがあるため、**電力会社を切り替えたことによって、電力の供給に関して他のユーザーより不利益を被ったり、停電が起きた時に、他のユーザーより復旧が遅くなるといった心配はありません。**

2 電気料金の動向を知る

電気料金は時代によって変化する

実は、電気料金は時代によって大きく変化しています。第2次世界大戦後に比べて、今の電気料金は5倍以上、高くなっています。**電気料金の中長期の推移を理解しておくことで、今後の電気料金の大きなトレンドが読み解けるようになります。**

では、大手電力会社の電気料金の平均単価が、どのように変化してきたのか振り返ってみましょう。

第2次世界大戦直後は、工場やオフィスなどの電気料金の単価（電気料金を使用電力量で割ったもの）は、1kWh当たり3円程度でした。その後、経済成長とともに物価は上昇。徐々に電気料金も高くなり、1973年の第1次石油ショックの時で約10円/kWh、第2次石油危機の際には20～21円/kWhまで高騰しました。

その後、特別高圧や高圧の大口需要家を対象とした2000年の部分自由化を経て、下落傾向が続きます。2008年のリーマンショック後に一時的に上昇したものの、2010年までは13円/kWh程度で推移してきました。

電気料金は東日本大震災以前に比べ30%超も上昇

ところが、2011年の東日本大震災で状況が一変します。

原子力発電所が稼働を停止して供給がひっ迫。発電コストが割高な火力

図表1-5　大手電力の電気料金の平均単価推移（2010年度まで）

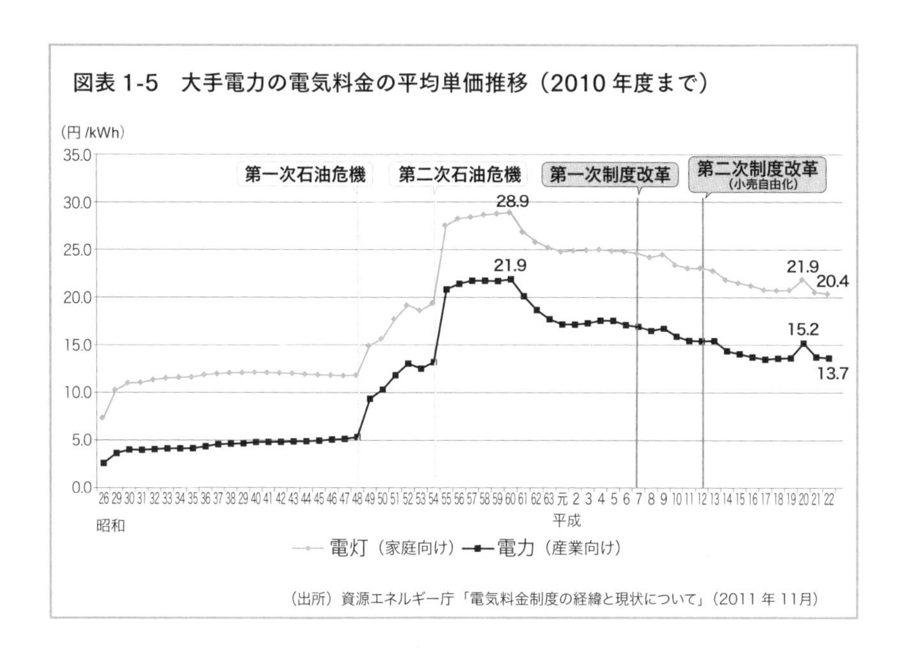

（出所）資源エネルギー庁「電気料金制度の経緯と現状について」（2011年11月）

発電所をフル稼働させざるをえない状況に陥ったため、電気料金は15円/kWh弱まで上昇しました。2014年には一時、19円kWh弱にまで上がったのです。

その後、2016年の一般家庭まで含めた全面自由化で新電力の新規参入が増え、電力会社同士の競争が激化。一時は15円/kWh台まで下がりました。とはいえ、電力市場全体のトレンドとしては上昇傾向にあり、2018年には17円/kWh程度の値をつけています。

このように**東日本大震災直前と比べると、わずか7年間で工場やオフィスビルなどの電気料金は27%も上昇しました。これは消費税を含んでいない料金なので、消費税を含めると電気料金は30%以上、上がっている計算になります。**

図表 1-6　大手電力の電気料金の平均単価推移（2011 年度以降）

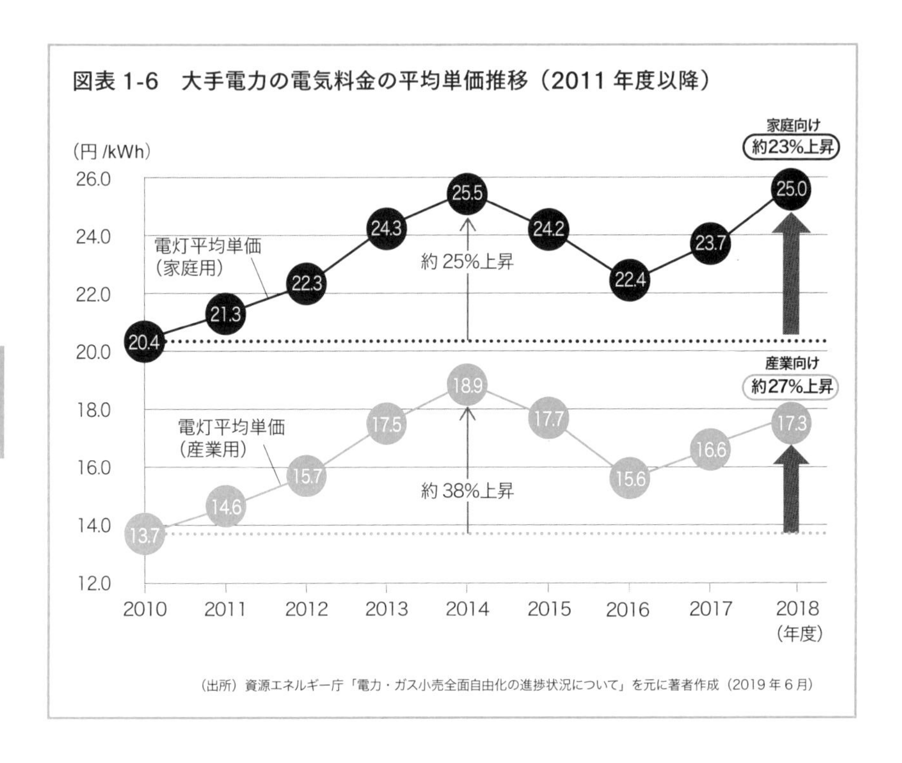

（出所）資源エネルギー庁「電力・ガス小売全面自由化の進捗状況について」を元に著者作成（2019 年 6 月）

今後も電気料金は高くなっていく

気になるのは、今後、電気料金がどのように推移していくかです。ここまで見て分かるように、**電気料金は国内および国際社会の動向に大きく影響されます。**

例えば、原子力発電所の廃炉には莫大な費用がかかることが見込まれています。東日本大震災以降、テロ攻撃を想定したさらなる安全対策費用も上乗せされています。

また、太陽光発電や風力発電といった再生可能エネルギー（再エネ）の普及促進にもお金がかかります。FIT 制度は、再エネ電源の投資回収を可能にします。ですが、10～20年間にわたって高額な固定価格での電力の買い取りを保証するため、再生可能エネルギー発電促進賦課金（再エネ賦課金）という費用が電気料金に上乗せされます。

これらの影響は、電力会社にとってのコスト増ではとどまらず、最終的には電力を使うユーザーが負担することになるため、**電気料金は値上がりしていく**ものと予想されます。

電気料金の単価が上昇傾向にあること、そして今後も値上がりする要素をはらんでいることを考え合わせると、**電力調達の見直しは、「コスト削減という目的に加えて、そのまま放っておくとますます高くなってしまう電気料金を少しでも抑えるための取り組み」**といえます。**ユーザー企業の調達担当者にとって電力調達の見直しは、もはや避けることができない命題**といえるでしょう。

3 電力調達で最低限知っておくべき専門用語

電気料金は「A」「kW」「kWh」で計算する

電気料金のコスト削減において、「用語や単位が難しいから諦めた」という声をよく耳にします。そこでコスト削減を行う際に、最低限これだけ知っていれば取り組める範囲に絞って、用語を解説します。

まず、**電気料金の算定に使う「電流（A)」「電力（kW)」「電力量（kWh)」という3つの単位**だけは必ず理解しましょう。見積もりを取ったり、契約書を締結する際にも、最低限必要な単位です。

電気料金の算定に欠かせない「単位」

電圧（V：ボルト）	電気を「押し出す力」のこと
電流（A：アンペア）	電気の「流れる量」のこと
電力（kW：キロワット）	実際に生み出される（消費される）「電気エネルギー（仕事率）」のこと ※電圧（V）と電流（A）を掛け合わせたものが電力（W）
使用電力量 （kWh：キロワットアワー）	実際に生み出された（消費された）電力の量「仕事」のこと ※電力（kW）と電力を使った時間の掛け算で求める

電力に関する単位は、水道の蛇口に例えると、こんなイメージです。

電気の単位を水道に例えると…

- **水圧　→　電圧（V）**
- **蛇口の大きさ　→　電流（A）**
- **蛇口が水を流せる量（能力）→　電力（kW）**
- **流れた水の量　→　使用電力量（kWh）**

水圧（電圧（V））
蛇口の大きさ（電流（A））
蛇口が水を流せる量（能力）電力（kW）
実際に流れた水の量使用電力量（kWh）

水を量り売りする場合、単位量あたりの単価が決まっていて、水の使用量によって、使用料金を支払います

水の使用量＝蛇口の大きさ×水圧×使用時間（h）
＝（蛇口が水を流せる能力）×使用時間（h）

これと同様に、電力でも以下のような関係になります。

電気料金の計算方法

使用電力量（Wh）＝電流（A）×電圧（V）×使用時間（h）
＝電力（W）×使用時間（h）
※1kW＝1,000W

使用電力量に単位量当たりの価格（単価）を乗じると電気料金が計算できます

電気料金（円）＝使用電力量（kWh）×電気料金単価（円/kWh）

このように、電気料金は、1時間当たりに使用した最大の電力（kW）の積み重ねで算出します。需要家ごとに使用電力量を示した下記のようなグラフを使って表現します。

横軸に1日24時間を、縦軸に1時間ごとに使用した最大の電力（kW）を取ります。棒グラフの面積が使用電力量（kWh）を示しています。

図表1-7　kWとkWhの関係（イメージ）

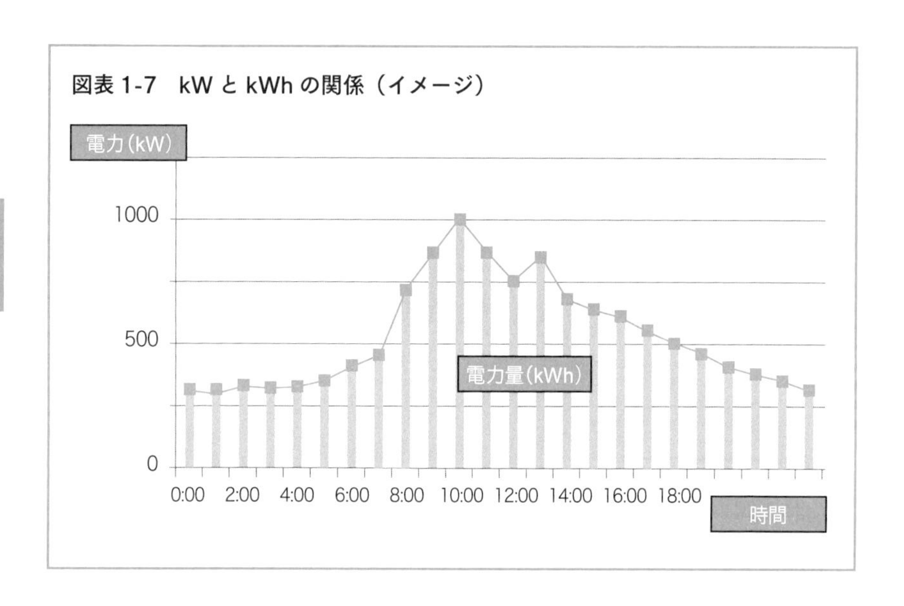

電力の基礎用語をイメージで理解しておく

電力は目に見えないので、感覚的にイメージを理解するのが難しいかもしれません。それでも、**基礎的な用語を理解しておかないと、電気料金の仕組みをスムーズに理解できなくなってしまいます。**もう少し分かりやすい例えを紹介します。

ピラミッドまで石を運ぶ作業を考えてみましょう。

ある建設会社は、派遣会社から作業員を3人、雇いました。作業員は4時間仕事をし、建設会社は派遣会社に代金を払いました。この時、代金は、「1人分の時給×人数（3人）×作業時間（4時間）」と計算します。

電力も考え方は同じです。ただ、電力の場合は、作業員の人数の代わりに「全員で石を運ぶ力」を使います。

「時給×全員で石を運ぶ力×作業時間」で電気料金が計算できます。

図表 1-8 電力（kW）を石を運ぶ力に例えると…

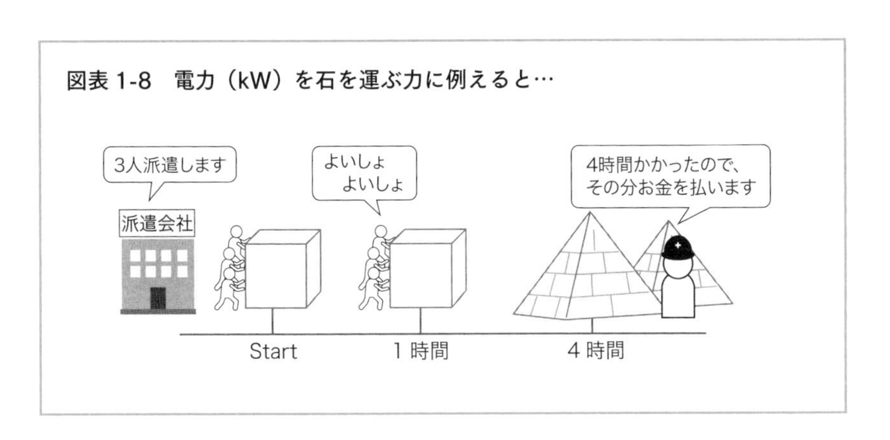

この時、「全員で石を運ぶ力」が「電力（kW）」に当たり、実際に4時間で使った、延べ12人分の力が電力量（kWh）に相当します。

時給 × 全員で石を運ぶ力 × 作業時間 ＝ 支払代金（円）
電気料金単価 × 電力（kW）× 電気の使用時間(h) ＝電気料金（円）

つまり、**電気が1時間で出す力を「電力」と呼び、**単位は「kW（キロワット）」を用います。

なお、電力に対応する単位は、A（アンペア）、kVA（キロボルトアンペア）、kW（キロワット）と3種類ありますが、簡易的にはどれも同じ電力の大きさを表す単位だと覚えてしまいましょう。

10A ＝ 1kVA ＝ 1kW　**※後述する「力率」が100％の場合**

これに、**実際に電力を使った時間を掛けたものが「電力量」で、単位は「kWh（キロワットアワー）」**を使います。

全員で石を運ぶ力　×　作業時間　＝　石を運んだ仕事量
電力（kW）× 電気の使用時間（h）＝ 実際に使った電気の量（kWh）

契約電力（kW）と使用電力量（kWh）の使い方

では実際に、kWとkWhをどのように使うかを説明します。

電気料金を計算する際は、直近の契約電力（kW）と使用電力量（kWh）を確認します。

契約電力とは、電力会社と顧客が契約した電力のことで、「お客様には1時間で最大これだけの電力を送ります」という力の大きさを指します。

次の図で説明しましょう。**男性3人が全員で出せる最大の力が「電力（kW）」です。契約電力は、「最大でここまで力を出します」という約束**なのです。

図表 1-9　契約電力（kW）は能力の約束

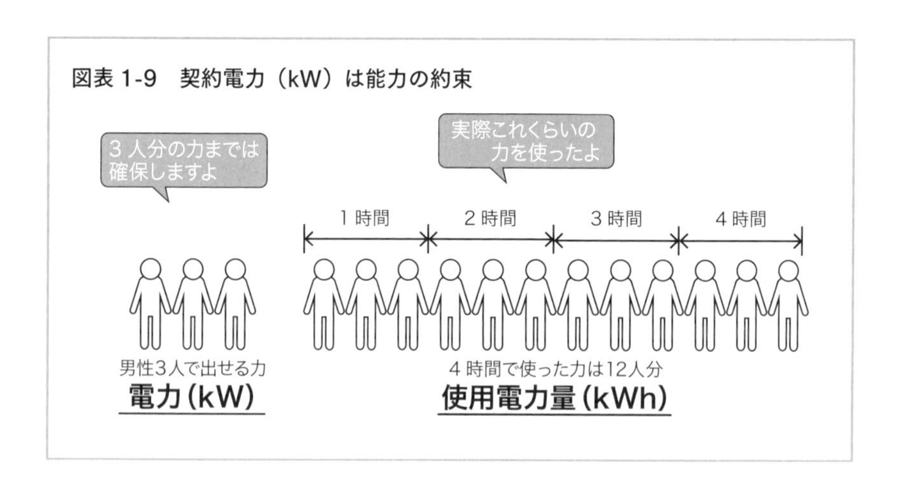

使用電力量は実際に使った電力の量を指し、人に例えると、「実際に仕事をした時に全員で使った力」のことです。3人で4時間作業したとすると、4時間で延べ12人分の力を使ったことになります。

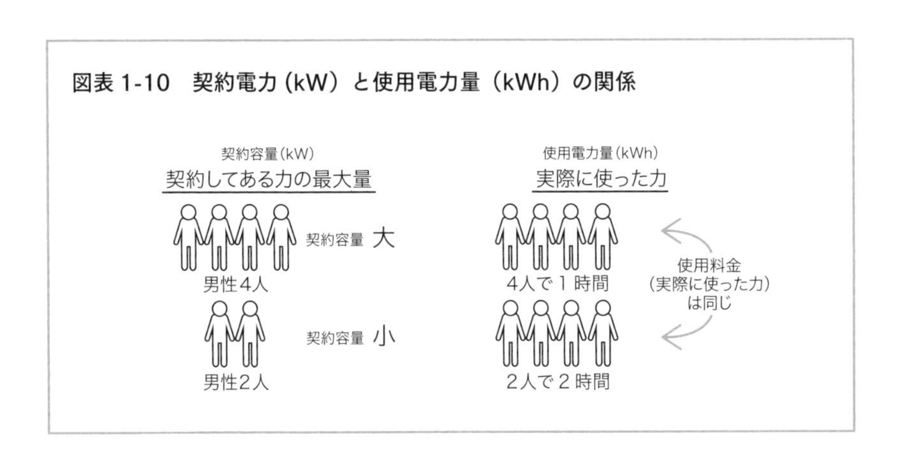

図表 1-10 契約電力(kW)と使用電力量(kWh)の関係

契約電力は、仕事をする人数を示します。大人数で一気に仕事をするような場合は「契約電力が大きい」、少人数でゆっくり仕事をする場合は「契約電力が小さい」となります。

電力の使用量は契約電力と実際に使った時間を掛け合わせたものです。

この後、詳しく解説しますが、**契約電力(kW)は基本料金の計算に、使用量(kWh)はその他の料金の計算に使います。**

「特別高圧」「高圧」「低圧」とは

電気料金は、電圧によって「特別高圧電力」「高圧電力」「低圧電力」という大きな分類があります。工場など大量の電力を使う設備があるところは「特別高圧」、オフィスビルや中規模の工場などは「高圧」、家庭や店舗は「低圧」に分類されます。

高圧電力を男性の力に例えると、低圧電力は女性、特別高圧は、力持ちの男性となり、圧力が高いほど、電力のパワーが大きくなります。単位は「V（ボルト）」です。

このように、電力の強さは「大小」ではなく、「高低」で表現されます。

図表 1-11　電圧 (V) を人に例えると…

料金計算に欠かせない「力率」

料金計算において最低限、確認しなければならない数値がもう1つあります。それは「力率（りきりつ）」で以下の式で定義します。

$$力率（\%）= \frac{有効電力}{皮相電力}$$

皮相電力：電力会社が送った電力
有効電力：実際に使う電力

力率は「力が有効に使われるか」を表す割合で、自動車の燃費のようなものです。力率の標準は85％で、最大値は100％。この割合は機械や施設によって異なります。

例えを使って説明しましょう。**ジョッキに注いだ生ビール（電力）を「皮相電力」とします。液体が「有効電力」です。この部分が実際に使える（飲める）部分です。そして泡が「無効電力」です。無効電力は有効電力とともに流れますが、何も作用しません。**

飲食店のビールサーバー（ユーザー企業にある電力を使う設備）の性能が良いと、泡が少なく、液体が多く出てくるでしょう。これは、皮相電力（ジョッキ）に対して有効電力（液体）が多い状態なので、力率が高くなります。

逆に、ビールサーバーの性能が悪いと、泡ばかりで、液体が少ししか出てきません。皮相電力（ジョッキ）に対して有効電力（液体）が少ない状態なので、力率は低くなります。

この時、ビールの生樽を飲食店に収める納入業者にあたるのが電力会社です。ただし納入業者は、液体の分量のみ計量して料金を徴収します。そのため、ビールサーバーの性能に応じた補正が必要になります。つまり、ビールサーバーの性能が良いお店には割り引き、性能が悪いお店には割り増しするのです。

これがまさに力率割引および割増の考え方です。電力の場合、電力メーターで計量して課金するのは有効電力の量になるため、このような補正が必要になるのです。

4 電気料金の仕組み

電気料金は基本料金と従量料金でできている

電気料金を構成する基礎的な用語が分かったところで、次は電気料金の仕組みについて解説します。**電気料金の仕組みが分かるとコスト削減のツボが理解できるようになります。**

まず、携帯電話を思い浮かべてください。携帯電話の使用料には、基本料金と通信料、場合によっては端末代金が含まれています。

基本料金にはいくつかプランがありますが、月々の使用量が多い人は基本料金が高く、少ない人は安くなっています。通信料は、使った分だけ支払う料金です。そこに、端末代金など、その他の料金が追加されています。

電気料金も基本的な考え方は携帯電話と同じです。**月額固定の「基本料金」と、使った分だけ支払う「電力量料金（従量料金）」「その他の料金」で構成されています。**

基本料金と電力量料金という2階建ての構造にしているのは、電力会社がインフラの敷設や管理にかかる費用をカバーするためです。

電力会社は発電所の建設・運営、変電所や電線、電柱といった送配電設備の整備、需要家の使用電力量を測るメーターの設置など、インフラの構築に多大なお金をかけています。長期的に固定費がかかるため、これを確実に回収するために基本料金を設定しているわけです。

なお、新電力の場合、「送配電設備は保有していないのだから、送電部分の固定費はかからないのでは」と思われるかもしれません。ですが送配

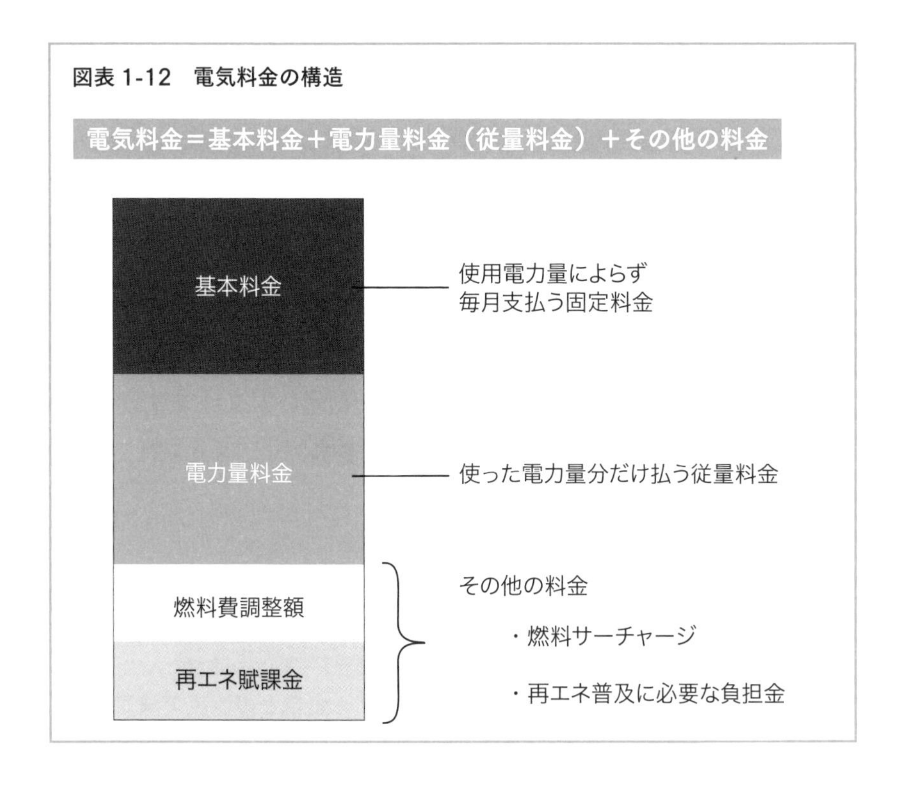

電事業者に委託して電力を「送る」費用も基本料金と従量料金の2階建てなので、いずれにせよ基本料金がかかってしまうのです。

次に、基本料金、電力量料金、その他の料金の中心である燃料費調整額と再エネ賦課金がどのように決まるのか見ていきましょう。

基本料金の決め方

使用電力量によらず毎月支払うのが基本料金です。基本料金は下記の式で決まります。

基本料金＝基本料金単価（円／kW）×契約電力（kW）×力率割引（割増）

契約電力の決め方には、大きく「協議制」と「実量制」という2つの方式があります。

特別高圧または契約電力が500kW以上の高圧の契約（俗に「大口契約」と言われる）は**協議制**です。一方、契約電力が500kW未満の契約（俗に「小口契約」と言われる）の場合は**実量制**です。それぞれ、次の方法で契約電力を決定します。

特別高圧または契約電力が500kW以上の高圧＝協議制

協議制の契約電力 ＝ 電力会社とユーザー企業との協議で決定する

契約電力が500kW未満の高圧＝実量制

実量制の契約電力 ＝ 過去12カ月での各月の最大需要電力のうち最も大きい値を取る

なお、低圧でも「低圧電力」などと呼ばれる動力契約にも、複数の契約電力の決め方があります。「負荷設備契約」と「主開閉器契約」は、協議制と同様に、あらかじめ契約電力を決定します。「実量制」の場合は、高圧の実量制と同様になります。

図表 1-13　契約電力の決定方法

協議制【契約電力が 500kW 以上の場合】

電力会社とユーザー企業との協議により決定した契約電力

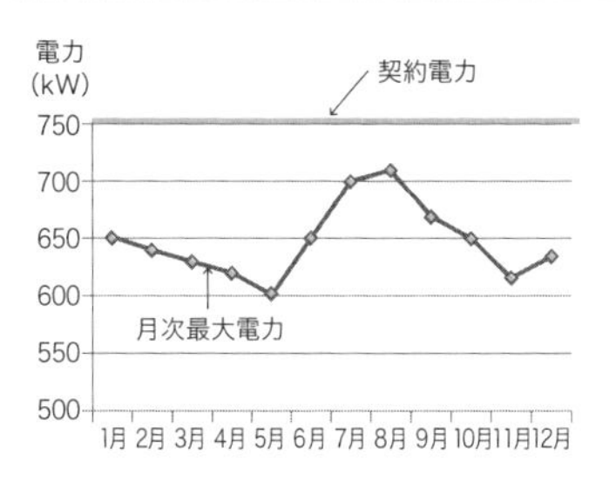

※協議制の場合、月の最大需要電力が契約電力を超過した場合は契約超過金（≒違約金）が発生

実量制【契約電力が 500kW 未満の場合】

過去12カ月での各月の最大需要電力のうち最も大きい値が契約電力

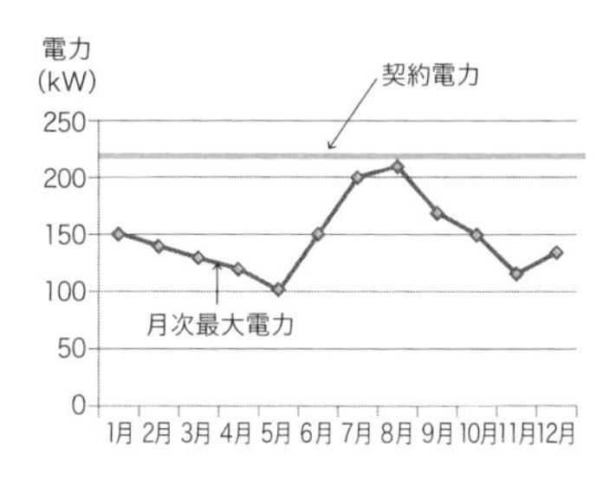

また、自動車の燃費に相当する**「力率」**は、100%に近いほど効率的な電力使用ができていることを意味します。

力率は85%が基準

- **特別高圧および高圧で電力の供給を受ける場合：**
  力率85%を基準として、基本料金を15%割引から15%割増で変動

- **低圧で電力の供給を受け、業務用の空調機器や冷蔵庫など動力設備を使用する場合：**
  85%を上回る場合は基本料金を5%割引
  85%を下回る場合は基本料金を5%割増

電力量料金（従量料金）の決め方

その月の使用電力量によって支払うのが電力量料金（従量料金）です。下記の式で算出します。

電力量料金＝電力量料金単価（円／kWh）×使用電力量（kWh）

契約しているメニューによって、電力量料金単価はさまざまです。

使用電力量に従い1、2、3段階という区分を設定し、それぞれに単価を定めたメニューであったり、「ピーク、昼、夜」という時間帯によって単価が異なるメニューがあったりします。このような場合は、区分ごとに単価と使用電力量を掛け合わせ、電力量料金を計算し、その後、全ての区分の電力量料金を足し合わせることで算出します。

1、2、3段階で単価が変わる「3段階料金」は、家庭向けなどでも広くみられる料金メニューです。例えば、東京電力エナジーパートナーの「従量電灯B」というメニューの場合、図表1-14のように、使用電力量が0～120kWhの場合、120～300kWh、300kWh以上で、それぞれに電力量料金単価を定めています。使用電力量が少ないほど単価が安いのが一般的です。

「ピーク・昼・夜」区分のメニューの場合、各電力会社がピークは何時から何時まで、昼は何時から何時までと時間を決め、それぞれに電力量料金単価を定めています。電力会社によって、同じ「昼」でも該当する時間帯が異なるため、注意が必要です。

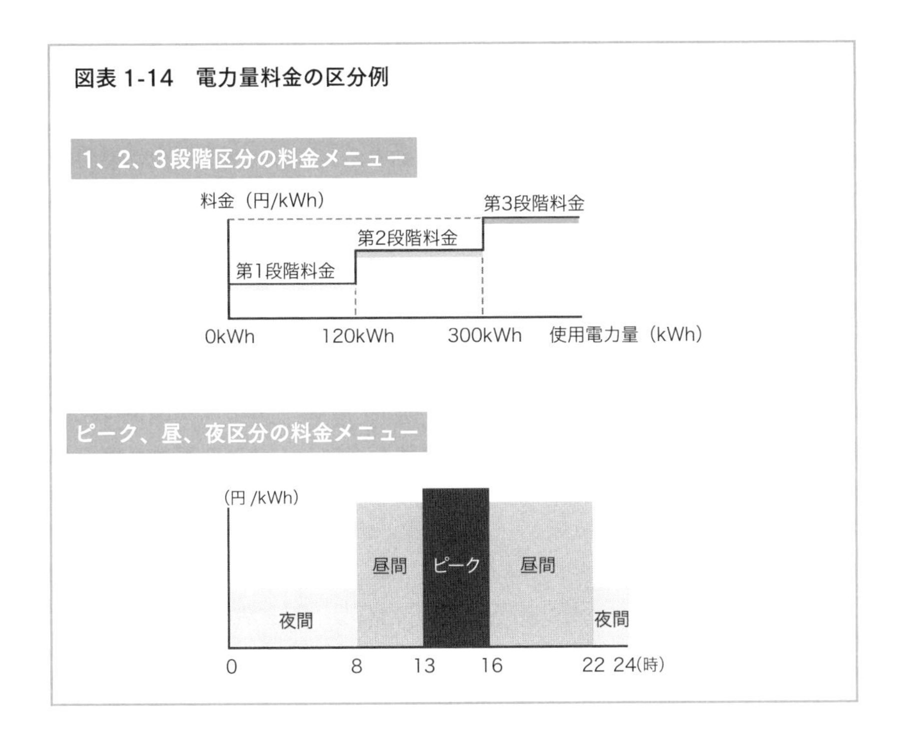

燃料費調整額は航空機の燃油サーチャージのようなもの

燃料費調整額は、航空機の運賃に上乗せされる燃油サーチャージのようなものです。

日本の電力の半分以上が、火力発電によって発電されています。火力発電には原油、LNG（液化天然ガス）、石炭といった燃料を使いますが、その輸入価格は為替レートや産油国の情勢によって変動します。この燃料の価格変動により発電コストも大きく変動します。

仮に、この変動を電力会社が自社で吸収して固定価格で小売りするとします。するとリスクを考慮した固定価格になり、仕上がりの電気料金はかえって高くなってしまうかもしれません。

そこで燃料価格の変動を都度、電気料金に追加で反映させる燃料費調整制度が1996年にスタートしました。

原油価格に連動してガソリン価格が変動するように、電気料金は燃料費調整額によって変動しているのです。

燃料費調整額＝燃料費調整単価（円／kWh）×使用電力量（kWh）

ただ、ガソリン代が日々変動するのに対して、**燃料費調整単価は月ごとに、過去3カ月間の実績から平均燃料価格を算定し、それを調整単価として適用する**という違いがあります。

図表 1-15　燃料費調整単価の振れ幅（例：東京電力エリア 高圧契約）

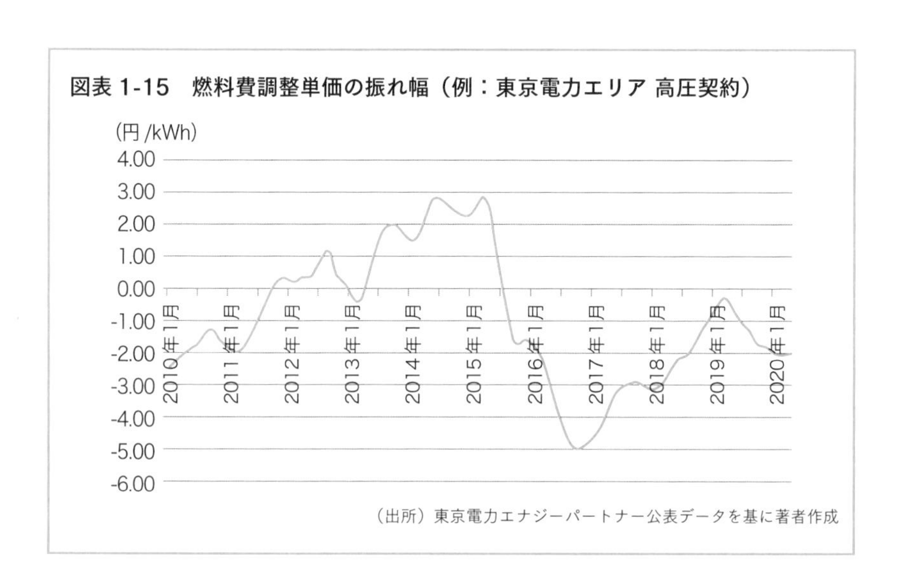

（出所）東京電力エナジーパートナー公表データを基に著者作成

燃料費調整単価はエリアの電力会社ごとに異なります。

例えば、同じタイミングでも、エリアによって高いところでプラス2円、安いところでマイナス3円といった具合に幅があります。また、同じエリアでも5年間で、マイナス5円からプラス3円まで上がることもあります。

燃料費調整制度は、火力発電所を多数保有する電力会社にとって、原価の変動を正しく販売価格に反映させるための生命線といえる制度なのです。

再エネの導入を促進する再エネ賦課金

再エネ賦課金も、ユーザー企業にとっては、隠れたコスト増の要素になり得ます。

再エネ賦課金とは、FIT制度（固定価格買取制度）を活用して増やしたFIT電気のコストを国民が広く負担するための料金です。

2011年の東日本大震災以降、原子力発電による電力供給量が低下したため、火力発電に頼らざるを得なくなり、結果として燃料の輸入が増えました。

海外の資源国がビジネスチャンスとばかりに日本向けの燃料価格をつり上げたことで、日本のエネルギー調達の安定性について脆さが露呈しました。

また、気候変動に伴う自然災害などを受けて、国全体のCO_2排出量の抑制を進めているにもかかわらず、火力発電の割合が多くなるとCO_2排出量が増えてしまいます。

こうしたエネルギー調達の安定性や環境対策などの課題への対処として、日本は官民挙げて太陽光など再エネによる発電の普及・拡大に努めるようになりました。再エネに投資を呼び込むために作られたのが固定価格買取制度（FIT制度）なのです。

FIT制度は家庭用は10年間、業務用は20年間、国が電力会社に固定価

格で電力を買い取らせるというものですが、その資金は再エネ賦課金として、電気料金を介して、すべての需要家が負担する仕組みになっています。

ユーザーが支払う再エネ賦課金は下記のように計算します。使用電力量が多ければ多いほど、再エネ賦課金も高くなる仕組みです。**再エネ賦課金の単価は国が定めるため、全国共通で、毎年5月に見直されます。**

再エネ賦課金＝再エネ賦課金単価（円/kWh）×使用電力量（kWh）

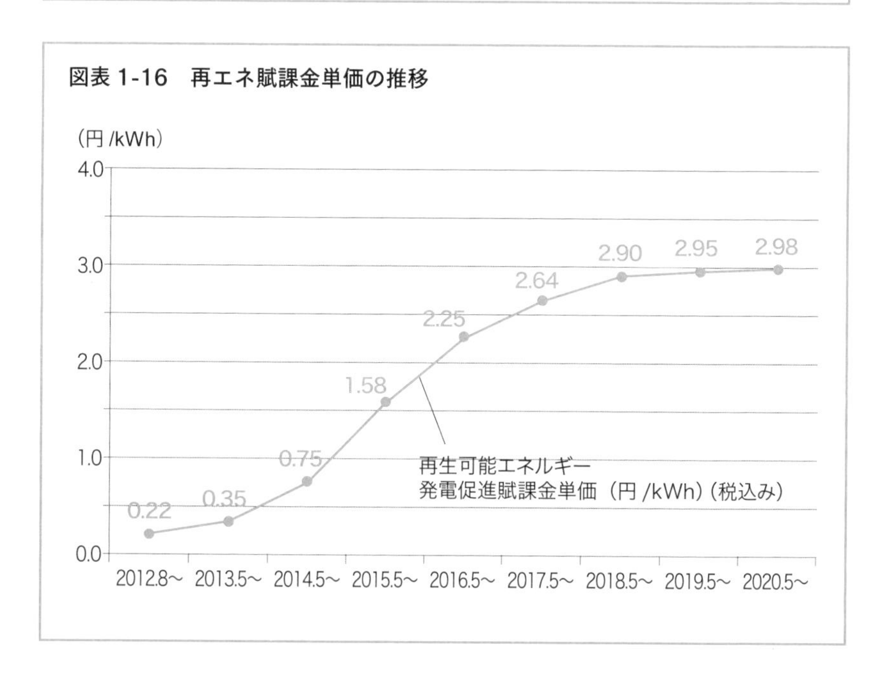

図表1-16　再エネ賦課金単価の推移

再エネ賦課金はFIT制度を利用した再エネ発電所が増えるのに伴い、価格が上昇する仕組みです。

需要家の負担額は全国一律で、以前は使用電力量（kWh）あたり1.3円ほどでしたが、次第に価格が上昇し、今は3円弱まで伸びています（2020年5月現在）。

なお、再エネ賦課金は、使用電力量が年間100万kWhを超え、売上高に占める電気料金の割合が特別大きいユーザー企業の場合、条件を満たせば2～8割が減免されます。電力を多く使って製品を作る製造業などが、この減免措置の対象です。

電気料金を計算してみよう

電気料金を構成する各項目を理解できましたか。ここで改めて、図表1-17を使って電気料金を計算するための構造式を整理しましょう。

まず、基本料金を計算します。

次に、電力量料金を計算し、基本料金に加算します。

ここでの注意点があります。燃料費調整額は、前述の解説では分かりやすいように「その他の料金」に区分していましたが、実務上では「電力量料金」に含めます。

もちろん、追加料金なので「その他の料金」とも言えます。ただし、そもそもは電力量料金を調整するための料金なので「電力量料金」として扱うのが一般的です。電力会社から届く電気料金の請求書でも、電力量料金の内訳として記載されていることが一般的ですので注意してください。

最後に、その他の料金である再エネ賦課金を計算し、加算します。

「基本料金」は月額で固定の料金が発生する固定費です。一方、「電力量料金」と「再エネ賦課金」は使用量によって課金される変動費です。

図表 1-17　電気料金の構造

電気料金の構成		備 考
基本料金 基本料金単価（円 /kW）× 契約電力（kW）× 力率割引	固定費	・基本料金は、使用電力量がゼロの月は半額になる ・力率に応じて、基本料金は割引が設定される
＋		
電力量料金 電力量料金単価（円/kWh）× 使用電力量（kWh） ＋ 燃料費調整単価（円/kWh）× 使用電力量（kWh）	変動費	・使用電力量は、前回検針日から当月検針日前日までの期間で計量する ・燃料費調整単価は、エリアの大手電力会社ごとに異なる
＋		
再エネ賦課金 再エネ賦課金単価（円/kWh）× 使用電力量（kWh）	変動費	・再エネ賦課金単価は、毎年、国が算定する ※電力会社エリアに関わらず共通

5 電気料金の値下げ原理

電力会社によって異なる「値引きのツボ」

では、電力会社が電気料金の値引きをする際に、どの部分がどの程度、安くできるものなのでしょうか。また、なぜ安くすることが可能なのか、具体的なケースを見ながら考えていきましょう。**電気料金が下がるのには、きちんとした理由があるのです。**

試算条件

- 高圧の業務用電力、契約電力100kW、使用電力量10,000kWh
- 電気料金の構造は、いずれの電力会社も下記とする
「基本料金＋電力量料金（燃料費調整額含む）＋再エネ賦課金」

※分かりやすくするため、力率割引、燃料費調整額および再エネ賦課金は発生しないものとして仮定します

- 大手電力会社（標準メニュー、割引メニュー）および新電力

※分かりやすくするため、単価や計算式などをシンプルにしており、実際とは異なります

大手電力会社の標準メニュー

ベースとなる電気料金は、「大手電力会社が公表している標準メニュ

ー」です。電力自由化前は、ユーザー企業の多くがこうしたメニューで電力を契約していました。

大手電力会社は自社で発電所を保有しているため、発電所の固定費が基本料金に乗ってきます。その代わり、発電した電力量あたりの料金は最低限に抑えられるため、電力量料金は安く仕上がります。

具体例としては、基本料金単価1,500円/kW、電力量料金単価16.00円/kWh程度の水準を想定します。この場合、当月の基本料金、電力量料金は以下のようになります。

大手電力会社が公表している標準メニューの場合

項目	月額料金
基本料金	1,500円/kW ×契約電力 100kW = 150,000円
電力量料金	16.00円/kWh ×契約電力 10,000kWh = 160,000円

大手電力会社の割引メニュー

2つ目は、「大手電力会社の割引メニュー」を計算してみましょう。なお、新電力であっても自社で発電所を保有している比率が高い場合は、同じ計算になります。

この場合も、自社で発電所を保有しているため、発電所の固定費を基本料金に乗せて、その代わりに発電量当たりの料金を最低限に設定します。

ただし、標準的なメニューの提供で用いた発電所ではなく、設備の減価償却が終わっていたり、価格競争力がある発電所を使う想定にして、コスト削減を図ります。価格競争力がある発電所を優先的にこのメニューに適用することで、基本料金単価も電力量料金単価も標準メニューよりは安い単価に設定します。

具体例としては、基本料金単価：1,350円/kW(標準メニューの1割引)、電力量料金単価14.40円/kWh（同じく1割引）とします。この場合、当月の基本料金、電力量料金は以下のようになります。

大手電力会社の割引メニュー（標準よりコスト競争力がある発電所を使用）

基本料金	1,350円/kW×契約電力100kW = 135,000円
電力量料金	14.40円/kWh×契約電力10,000kWh = 144,000円

新電力のメニュー

3つ目の試算が「新電力のメニュー」です。**大手電力会社と新電力ではコスト構造が異なるため、値段が下がる理由も違います。**

大半の新電力は、自社発電所をあまり保有していないため、基本料金はおおむね託送費の基本料金相当で500円/kW程度です。託送料金とは、新電力が需要家へ電力を送る際の送配電設備の使用料金です。

新電力は、販売する電力の多くを電力取引市場や相対契約した発電所から調達します。

その調達費用が単価12.00円/kWhだとします。託送電力量料金が4.00円/kWh程度のプラスになるので、電力量料金のコストは16.00円/kWhということになります。(実際には、ここに新電力の利益が乗るため16.00円/kWhは超過します)。

つまり、**新電力は基本料金の部分では競争力がありますが、電力量料金は発電所を保有している大手電力会社の方がコスト競争力がある**といえるわけです。ただし、原油価格が下落したり、需要に対して供給が過剰な場合には、市場価格の方が割安になるため、この限りではありません。

具体例としては、基本料金単価は、託送基本料金500円/kWに利益500

円 /kW を上乗せした1,000円 /kW とします。電力量料金単価は16.00円 / kWh とします。

電力量料金のコストに電力会社の利益を乗せると電力会社標準メニューの16.00円 /kWh を超過してしまうため、電力量料金は16.00円 /kWh に据え置き、その分を基本料金に上乗せしてカバーすることが多い傾向があります。そうすることで、ユーザー企業に対して、大手電力会社の標準メニューより確実に安くなることを示すことができるからです。

この場合、当月の基本料金、電力量料金は以下のようになります。

基本料金	1,000 円 /kW ×契約電力 100kW = 100,000 円
電力量料金	1,600 円 /kWh ×契約電力 10,000kWh = 160,000 円

電力会社によって値引きできる部分が違う

このように、大手電力会社と新電力では同じ削減提案であっても、実際には削減できる部分と根拠が全く異なります。

	大手電力会社の標準メニュー	大手電力会社の割引メニュー	新電力のメニュー
基本料金単価（kW/ 円）	1,500 円	1,350 円	1,000 円
基本料金単価の比較	高	中	安
電力量料金単価（kWh/ 円）	16.00 円	14.40 円	16.00 円
電力量料金単価の比較	高	安	高

今回の使用電力量の場合には、新電力のメニューが最も安いという計算結果になりました。一方で、同じ契約電力のまま、使用電力量が大幅に増えたり、減ったりした場合はどうなるでしょうか。

次の図のように、使用電力量が大幅に減る場合には、基本料金の影響が大きくなるため、新電力の方が圧倒的に安くなります。逆に、使用電力量が大幅に増える場合には、電力量料金の影響が大きくなるため、大手電力会社の割引メニューが最も安くなります。

このように、**電力の使い方のパターンによって、大手電力会社と新電力のどちらが安くなるかが変わるのです。**

図表1-18　使用電力量による電気料金比較

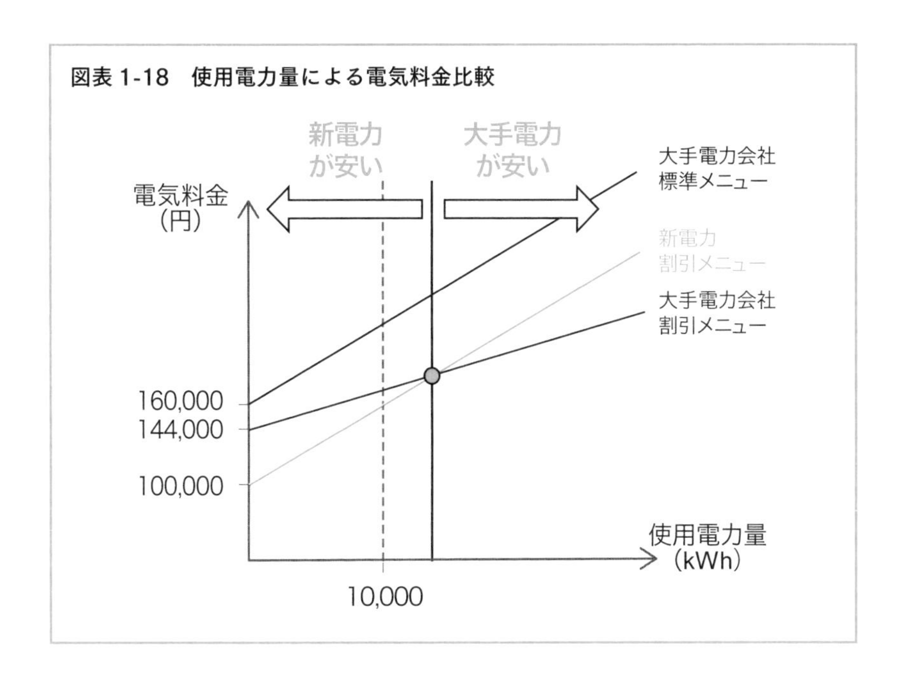

「負荷率」によって選ぶ電力会社が変わる

では、自社の電力の使い方は、大手電力会社と新電力のどちらから、より大きな割引を引き出しやすいのでしょうか。これを見極めるのに参考になる指標が「負荷率」です。

負荷率とは、契約電力（その月に使える最大容量）に対して、実際にどれだけの電力を使用したかを割合で表す指標です。

年間の実際の使用電力量を、24時間365日にわたり契約電力の上限一杯まで使い続けた場合の使用電力量で割り算することで計算できます。

おさらいですが、契約電力は1時間で最大に使える電力（kW）のことです。契約している電力を、24時間365日、フルで使った場合は100%、全く使わなかった場合は0%です。負荷率は、以下の計算式で定義します。

$$負荷率（\%）= \frac{年間使用電力量}{契約電力 \times 24 \times 365} \times 100$$

電力の使い方が、契約電力に対して月当たりの使用電力量が少ない場合に「負荷率が低い」と表現します。例えばオフィスビル、役所、保育園・幼稚園などが該当します。

逆に、契約電力に対して、月当たり使用電力量が多い使い方を「負荷率が高い」と表現します。例えば工場、データセンター、コンビニエンスストアなどが該当します。その拠点の稼働率を示しているともいえます。

なお、**縦軸に電力(kW)、横軸に1日の時間を並べたものを需要カーブ（ロードカーブ）といい、どのような電力の使い方をする施設なのかを判別するために良く用いられます。**

負荷率が高い企業は大手電力会社、低ければ新電力

さて、話を戻しましょう。自社の電力の使い方が、負荷率が高いのか、低いのかによって、選ぶべき電力会社が変わります。

大手電力会社は、昼夜問わず電力を使うような、負荷率の高い需要家に対して競争力を発揮しやすいです。

大手電力会社からすると、自社の発電設備をフル稼働に近い形態で動かすことで設備稼働率が上がり、発電コストが下がります。ここから値引きの余力が出てくるのです。当然ながら、見た目の施設の規模よりも電気料金の規模が大きくなりますから魅力的な顧客に映ります。

そのため、営業時には多少安い料金設定にしてでも契約を勝ち取ろうとします。高負荷率の拠点の電力契約を検討するユーザー企業は、大手電力会社に声をかけると安くなりやすい傾向があるのです。

一方で、オフィスビルや役所など負荷率が低い拠点の契約切り替え時には、新電力の方が安い価格を提示してもらいやすい傾向があります。

負荷率が低いということは、契約電力に対する使用電力量の割合が少ないため、電気料金全体に占める基本料金の割合が大きくなります。したがって、基本料金を割り引きしやすいコスト構造である新電力の方が下げやすくなります。

このように、料金値下げの向き不向きに関して、電力会社の特性による傾向は確かにあります。しかし近年は、大手電力会社と新電力が入り乱れて熾烈な顧客争奪戦を繰り広げており、この原理が通用しない局面も出てきています。

特に大手電力会社は大口の需要家に対して、電力自由化前から選択約款と呼ばれる各種の割引メニューなどを駆使して関係を構築してきた経緯も

あり、ギリギリのラインまで値下げして契約を維持しようとしています。

ユーザー企業の側から見れば、大手電力会社でも新電力でも、値下げを交渉する余地は大きくなっているのです。言い換えれば、調達担当者の腕次第というわけです。

図表 1-19　低負荷率と高負荷率

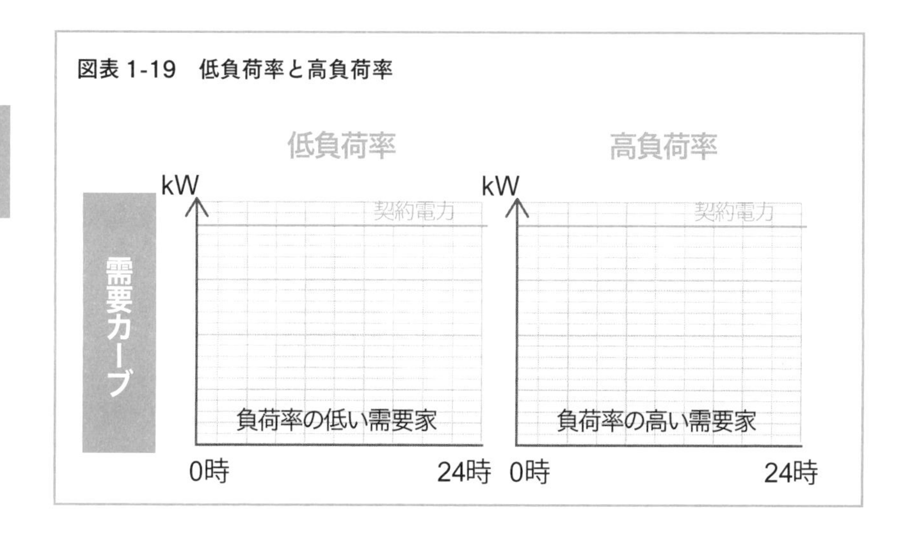

第2章

電力調達でコストを下げる実務のコツ

電気料金は間接材のなかでも大きなコスト割合を占めています。電力調達改革を実践すれば、電気料金は安くなります。しかも、ただ安くなるだけでなく、最適化することで、今後も継続してコストを抑えることができるのです。

電力調達改革のアプローチ方法は大きく10のステップで構成され、それぞれ成功に導くためのポイントがあります。本章では、電力調達の方針決めから見積もり依頼、契約に向けた協議や契約時の注意点、契約後のモニタリングなど、10のステップそれぞれのポイントを解説します。

1 短期間で効果絶大、電力調達改革をやってみよう

多くのユーザー企業が、1990年代のバブル崩壊や、2008年のリーマンショックなど景気の悪化を機に、大規模なコスト削減に挑戦してきました。ただ、電気料金については、全く手が付いていなかったり、コスト削減余地を残しているケースが珍しくありません。

広告宣伝費、施設賃料、オフィス用品、IT費用、水道光熱費などの「間接材」のコスト削減は、自社のモノ・サービスを生み出すために直接的に必要な原料、材料、部品、商品などの「直接材」に比べると、調達改革が不十分なことが多いようです。自社のコア事業からは遠く、対象となる項目も多いため、どうしても目が行き届きにくいためです。

「間接材」の中でも、広告宣伝費、施設賃料、オフィス用品などは、仕様が分かりやすいため、サプライヤーを数社呼んで相見積もりを取って競わせれば、価格を比べるだけで選定することができます。

これに対して、**IT費用や水道光熱費、中でも電気料金は、**「そもそも手を付けようにも、専門性が高く、どう見積もり依頼していいか、価格だけで決めてしまって良いのか分からない」、「交渉しようにも、サプライヤーが大手で手強い」という声が聞こえてきます。**最適化するための方法論が分からないという理由で積極的には手を付けていない企業が多い**のではないでしょうか。

一方、多くの企業にとって、**電気料金は間接材の中でも、かなり大きなコスト割合を占めています。**ですから、自社のコア事業からは遠かったり、専門性が高くブラックボックスに見えていたりしても、積極的に見直

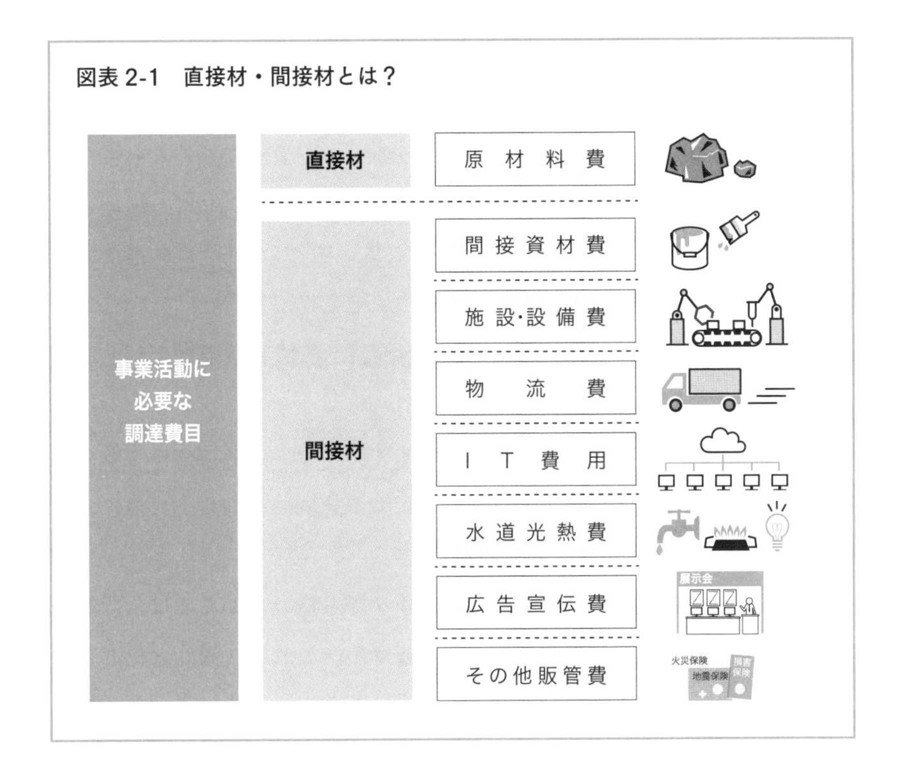

図表 2-1　直接材・間接材とは？

しを行うメリットは非常に大きいのです。

電気料金のコスト削減は、一筋縄ではいかないことも多いですが、上手く取り組むと、「自社の商品・サービス品質に一切影響を与えず、短期間で大きな成果」が得られることに、驚くはずです。

経営層は「コスト削減＝利益増大」の原則に立ち返ろう

経営層の多くは、事業の売り上げを伸ばすことに注力しがちです。コスト管理に介入するとしても、せいぜい直接材までで、電気料金にまで口出しすることはそれほど多くありません。

経営層のそうした姿勢によって、「間接材の管理業務は花形ではない」というネガティブなイメージが現場に浸透している感が否めません。結果として、電力調達の改革に向けたモチベーションが育ちにくくなってしまっているのではないでしょうか。担当者は電気料金を削減しても褒められないうえ、既に前期と同じ予算取りがされているなら、「仕事を増やす必要はない」と考えてしまうのも無理はありません。

第2章

経営層に今一度訴えたいのは、**「コスト削減＝最終利益の増大」**というビジネスの大原則です。外資系企業は、外部のコンサルタントなどを起用してでも、コスト管理を緻密に行っています。また、企業再生や収益拡大のプロである投資ファンドも、投資先企業の企業価値を高めるために、間接材を含めたコストを徹底的に削減します。

今後、**日本企業が国内外での激しい競争を勝ち抜いていくには、聖域のないシビアなコスト管理の実行が欠かせません。**これまで漫然と電力を調達してきた企業であればなおのこと、経営層が踏み込んでコスト削減を図り、利益の拡大につなげることに大きな意味があります。**経営層は電力調達改革を経営改革の1テーマとして取り上げるべきです。**それと同時に、**調達改革や実績管理に携わった人を評価することも欠かせません。**

電力調達はおざなり？担当者不在が招く管理の不徹底

そもそも、電力調達の担当者がいない企業は少なくありません。「電力調達を見直してみないか？」という話が社内で挙がっても、部署間、担当者間で顔を見合わせ、それぞれが「自分の仕事ではない」と言い張り、結局、三遊間に落ちて流れてしまうことも多いようです。

総務や調達部門が膨大な仕事を抱える中で、電力調達の見直しはおざなりになってしまっているケースもあります。本部の人手が足りないために各拠点の緩い管理に任せてしまっている企業もあります。担当者不在であるがゆえに、最低限行うべきデータ管理がおろそかになるパターンも見受けられます。結果としてずさんな調達になってしまい、コスト削減が実現できないのです。

電力は企業活動の全てで使われる、いわば血液のようなものです。電力は本来、本部で集中購買すべき費目であり、電力調達にまつわるデータは経営に資するデータとしてしっかり管理すべきものです。

裏を返せば、**管理を徹底することが電力調達改革を成功に導く1つのカギ**です。電力調達改革を上手く進めている企業は、兼務であったとしても調達担当者を配置しています。ルーティン業務に携わる人とは別に改革を実行するチームを置いたり、デジタル化を進めるといった改善策を着実に実施しています。

サプライヤーとの〝なれ合い商習慣〟が改革を阻む

自社の事業所、工場などの調達現場と現在契約している電力会社は、なれ合いの関係になっていませんか。現場の担当者にとっては、「聞けば何でも教えてくれる」「呼べば営業担当者が工場まで来てくれる」「更新手続きなどの書類を代理作成してくれる」、そんな都合の良いサプライヤーとの取引を続けたいというインセンティブが働きます。

これではぬるま湯に浸かっているのと同じで、電力調達改革をしようと考えても難しい状況だと言わざるを得ません。**電力調達を現場に任せ切りにせず、どの電力会社と、どのように付き合うかを本部、経営レベルで判断すべきです。**

電力調達への知識不足が不安をかき立てる

「電力調達は難しい」という声をユーザー企業の担当者からよく聞きます。「値下げ交渉しようものなら現契約の電力会社に意地悪をされるのでは」「電力会社との関係が悪化するのでは」と心配しています。不安が先立って、チャレンジすることを諦めてしまっている担当者が多くいます。

一方、電気料金を毎年、順調に削減できている担当者からも、「社内では毎年、前年比1割引の目標を設定しているため、来年も下がらないと困る」「電気料金にも原価があるはずだから、値下げできる限界があると思うが、そのラインがわからない」といった悩みをよく耳にします。

いずれのケースも、電力調達に関する知識が不足していることに起因する現象です。逆に言えば、知識さえ身に着けてしまえば、「どの程度下がるのが妥当か」「継続してコスト削減を続けるには」という命題に仮説を持って取り組めるようになるはずです。

コスト削減の目的は、電力会社を叩いて価格を無理やり下げることではありません。あくまで電力会社が必要最低限の利益を確保した上で、無駄な余剰利益を乗せていない価格で調達することにあります。

電力会社は継続的に取引するパートナーですから、中長期で信頼関係を構築することを前提とした方法論を選択する必要がある点に留意してください。

2 電力調達は全部で10ステップ

電力調達改革の重要性について押さえたところで、次は具体的なコスト削減方法を解説していきます。電力調達実務について、どのようなアプローチ方法で進めていけばよいのかを詳しく見ていきましょう。

電力調達改革の実務のアプローチ方法は、おおよそ図表2-2の通りです。

アプローチ方法は大きく分けて10ステップあります。それぞれのステップについて、概要を見ていきましょう。

①電力調達改革の方針決め

最初に、電力調達の方針を決めます。まず、自社のどの拠点に関して、どのような方向性で取り組むかを決めます。各拠点で分散購買で進めるか、本部での集中購買で進めるのか。グループ会社や関連会社などがある場合、どの拠点を対象に含めるのかを決める必要があります。

また、コスト最優先でとことん下げにいくのか、今の電力会社との契約を維持しながらその中でコストを最大限、下げてもらうことを目指すのか。再エネ電力を調達するのかといった方向性を決めることも重要です。

方向性が決まったら、電力調達を実行するためのスケジュールを作成します。新たな電力会社に申し込んでから供給開始まで何日かかるのか、その手前の社内の承認にどれくらいの日数が必要か、さらにその手前の電力会社との契約条件の交渉にどのくらいかかるか、見積もり依頼を出してから電力会社が応じるまでにどれくらいを見込むかなど、もろもろの要素を逆算して検討に着手するタイミングを設定します。

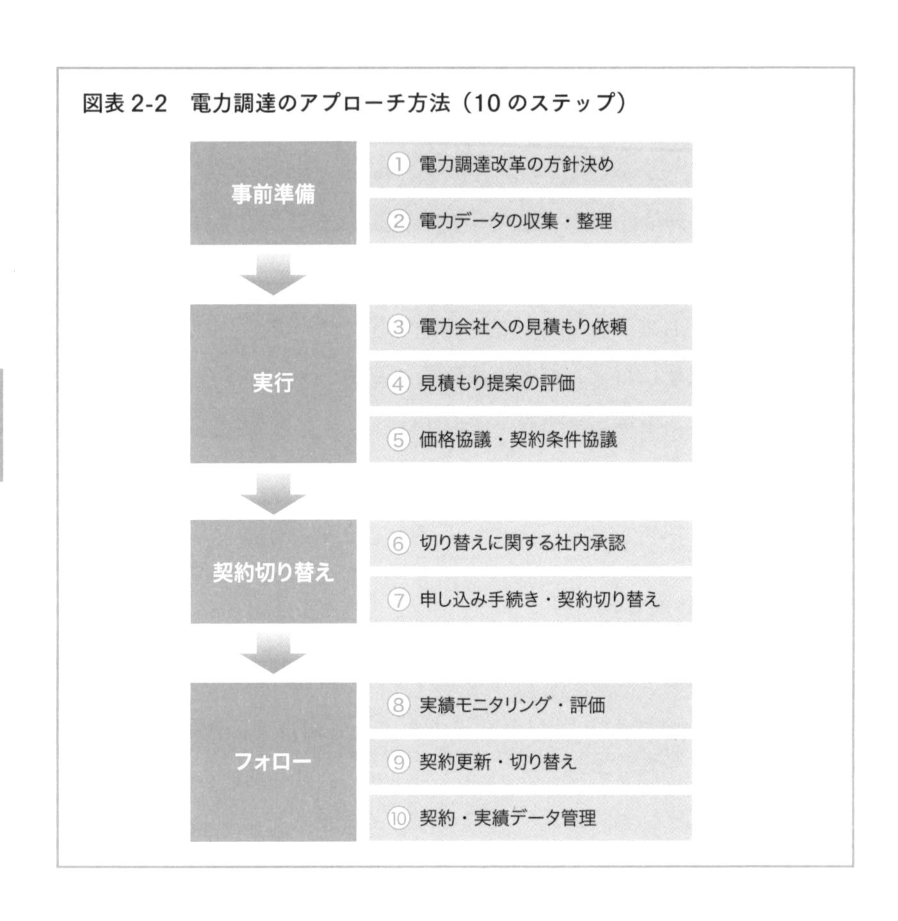

②電力データの収集・整理

次は電力データの収集・整理です。電力調達改革の検討を行う拠点のデータがそろっていないと現状が把握できません。このデータ整理が上手くできないと、データの抜け漏れや重複が発生してしまい、電力会社が見積もり依頼に応じてくれなかったり、応じてくれたとしてもあまり良い提案につながらなかったりします。電力会社が心地よく見積もり依頼を受け取って、良い価格を出そうと思ってもらえる、しっかりとしたデータをそろえることが非常に重要です。

③電力会社への見積もり依頼

電力データが揃ったら電力会社へ提案（見積もり）を依頼します。このステップでは、「何社に声を掛けるか」「どの電力会社に声を掛けるか」「どう依頼するのか」を決めます。

まず、とにかくたくさんの会社を競わせるのか、あらかじめ目星をつけた数社に個別で声をかけて協議を進めるのか、それとも、契約中の電力会社との協議を主軸にしつつ、バックアップとして、もう1社に打診するのかなど、「何社に声をかけるか」の方針を決めます。

ここは1つの勘所です。超大手のユーザー企業はともかく、それ以外の場合、多くの電力会社を競わせて値下げに臨むよりも、ある程度、電力会社を絞り込んでじっくりと交渉する方が賢明です。

次に見積もりの依頼先を決めていきます。ユーザー企業の間での評判や過去の公共入札結果が分かるWebサイト、販売電力量を伸ばしている（競争力のある）新電力を見つけられるWebサイトなどを参考にしながら、あまり網を広げ過ぎずに依頼先を選定しましょう。

選んだ電力会社に見積もりを依頼する際は、良い提案をもらえるようにユーザー企業側の工夫が必要です。複数社の見積もりを比較する場合には前提条件をそろえることが不可欠ですし、契約に盛り込んでほしい要素を、あらかじめリクエストしておくことも重要です。良好な関係構築に役立つような、効果的な見積もりの頼み方を心得ておきましょう。

④各社見積提案の評価

電力会社から出てきた見積もりを、しっかりと確認・評価しましょう。

前提条件は合っているか、リクエストした要素が織り込まれているかなどを精査します。また、電力会社の見積もり作成と営業が別の担当者であることもよくあるため、口頭での説明と見積もりの内容に食い違いがないかも、忘れずに確認しましょう。

⑤契約条件協議

最終的に電力会社との間で調達条件を確定させるのは契約書です。したがって、自社が希望する条件がきちんと契約書に織り込まれているか、リスクは最低限に抑えられているかなどを確認しましょう。また、自社の事業環境の変化で想定されるリスク事項があれば、できるだけ自社に有利なように、制約条件を除外、緩和しておくことが必要です。

⑥社内承認

契約の締結手続きの前に、社内の承認が必要です。電力業界の動向や電気料金の市況などに詳しくない経営層も多いので、丁寧な説明を心がけます。今回の取り組みの概略、その電力会社を選んだ理由、現状との違い（価格、契約条件など）を分かりやすくまとめます。

⑦申込み手続き・契約切り替え

社内の承認が得られたら、契約の切り替えを進めます。切り替えに当たっては、様々なデータの整理と書類作成が必要です。これを機に、きちんとフォーマットを作成し、今後の切り替えの際に必要箇所をアップデートしておけば、毎年の調達を効率化できます。

⑧実績モニタリング・評価

新たな電力会社から電力の供給が開始した後、切り替えによって想定していた効果が実際に出ているかをモニタリング・評価しましょう。

電気料金が従来よりも高くなってしまった場合も、いろいろな要因が考えられます。燃料費の上昇や、国の制度改正によって根本的なルールが変わったということもあるでしょう。外部要因とそれを取り除いた真水の電気料金を確認します。こうした検証をすることで、複数ある外部要因のうち、何が悪さをして価格が上がってしまったのかを、きちんと評価することができます。

さまざまな角度から要因分析をして、翌期の予算取りや、さらなる電力調達改革につなげていくことが重要です。

⑨契約更新・切り替え

電力調達改革は、一度実施すれば終わりというものではありません。市況が下がれば、そのタイミングでどの電力会社から調達するのが最適かを見直す必要もあります。市況が上がれば、できるだけ上がらないように、現状維持に努めることも重要な取り組みです。

また、事業エリアの拡大や工場の増設、店舗の整理、稼働状況に合わせた設備の減設など、自社の事業の状況によっても、見直す必要は生じるでしょう。**一度の契約更新で終わりではなく、調達を常にアップデートさせていくという、マインドセットそのものが改革の肝といえます。**

⑩契約データ管理

電力調達改革を継続するには、自社の電力の契約情報や実績データに関するマスターデータを蓄積し、更新していく必要があります。ここまできちんと管理が出来るようになれば、**自社の電力調達改革は国内トップクラスのレベルに達することでしょう。**

図表 2-3　電力調達のアプローチ方法（10 のステップとポイント）

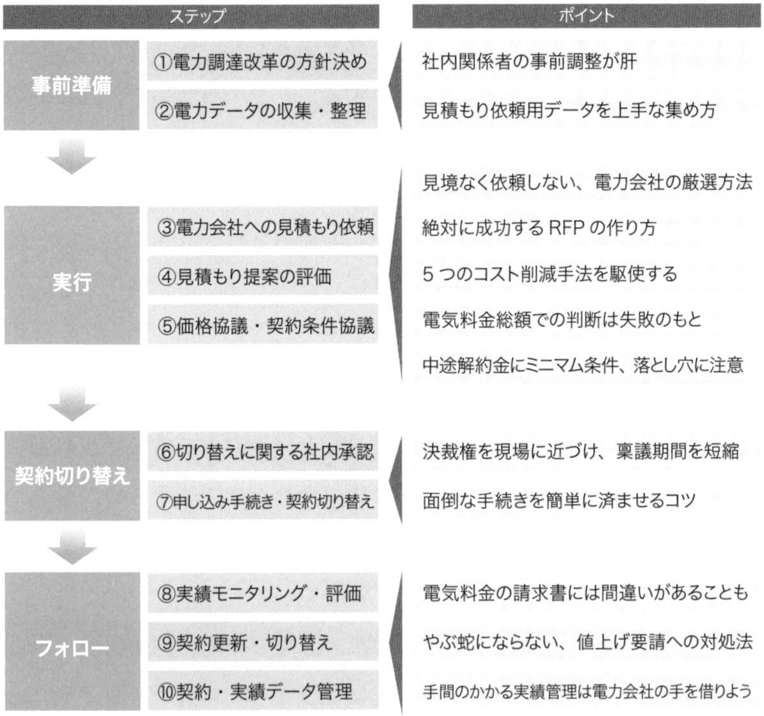

ステップ		ポイント
事前準備	①電力調達改革の方針決め	社内関係者の事前調整が肝
	②電力データの収集・整理	見積もり依頼用データを上手な集め方
実行	③電力会社への見積もり依頼	見境なく依頼しない、電力会社の厳選方法
	④見積もり提案の評価	絶対に成功する RFP の作り方
	⑤価格協議・契約条件協議	5 つのコスト削減手法を駆使する
		電気料金総額での判断は失敗のもと
		中途解約金にミニマム条件、落とし穴に注意
契約切り替え	⑥切り替えに関する社内承認	決裁権を現場に近づけ、稟議期間を短縮
	⑦申し込み手続き・契約切り替え	面倒な手続きを簡単に済ませるコツ
フォロー	⑧実績モニタリング・評価	電気料金の請求書には間違いがあることも
	⑨契約更新・切り替え	やぶ蛇にならない、値上げ要請への対処法
	⑩契約・実績データ管理	手間のかかる実績管理は電力会社の手を借りよう

ステップ①電力調達改革の方針決め

3 社内関係者の事前調整が肝

サプライヤーから信用を失う空(から)の見積もり依頼

ユーザー企業の本部がコスト優先で電力会社を選定すると決めて見積もりを依頼したところ、各工場の工場長から「いま契約している電力会社に省エネについて相談して協力してもらっていたのに、勝手に相見積もりなどやられたら信頼関係が崩れて困る」とクレームが入って、頓挫するケースを見聞きします。

他にも、IRやCSRの部署が再エネ電力を調達しようとしたけれども、調達部門にはコスト削減目標があって、社内で紛糾した挙句、電力調達改革が頓挫する場合もあります。

見積もりを依頼した後に、社内の調整がつかないことが原因で発注を取りやめる、すなわち**空の見積もり依頼を出すことは、電力会社からの信用を失う行為にほかなりません。**

電力会社が見積もり提案を作成するのは、ユーザー企業が思っている以上に労力がかかる大変な作業であることを理解する必要があります。

1つの見積金額を算出するために、さまざまなデータを打ち込む必要がありますし、良い価格を提案するために、電力会社の社内でも数日、場合によると1～2週間かけて検討することもあります。

そこまで手間と時間をかけたにもかかわらず、ユーザー企業側が決めきれないと、「もうこのお客さんには深入りしないようにしよう」と愛想をつかされてしまいます。

空見積もりではなく、実際にどこかの電力会社に切り替えようと決めていたとしても、例えば「1年、3年、5年それぞれの契約期間で見積もりを出してほしい」「つまみ食いのように拠点ごとに契約する場合と、エリアの拠点を全部任せる場合とで見積もりを出してほしい」「CO_2ゼロのプランがほしい」といった具合に、パターンを増やせば増やすだけサプライヤーに負荷がかかります。

いったん見積もりを出してもらった後に、仕様の変更を要求するパターンも同じで、再見積もりの依頼は電力会社からの信用を失いかねません。結果として、電力会社がそれ以降の提案を嫌がって逃げてしまったり、提案はしてくれても良い価格が提示されないということがあるのです。

最初に電力調達の「対象範囲」を決める

空見積もりや、見積もり後の混乱を避け、電力会社と良好な関係を築くことが、電力調達改革をスムーズに成し遂げるために欠かせません。そのためには、総務や調達の部門、各拠点、IRやCSRの担当者など、社内の関係者との事前調整が重要です。

このステップでは、まず、今回の取り組みの対象範囲を決めます。自社の拠点すべての電力調達を見直すのか、それとも一部だけなのか、グループ会社や関連会社も含めるのか、本部で一括して手掛けるのか、拠点ごとに個別に行うのかなどを決めるのです。

調達検討において、どの範囲までを対象とするかを判断する際には、「分散購買と集中購買」という概念を考える必要があります。

分散購買は各拠点で個別に調達することを指し、集中購買はグループ会社、関連会社なども含めて本部が一括で調達することを指します。

図表2-4に分散購買と集中購買のメリット・デメリットを整理しました。どちらが適しているかは、調達する商材の特性や、その商材をどこで使っているかによって変わります。

分散購買のメリットは、使用や納期に柔軟性を持たせられることです。その反面、コストが上振れしやすく、購買手続きの手間がかかります。一方、集中購買は、購買方針を全社で徹底でき、統一した仕様で大量に購買できることから価格交渉が有利になります。その反面、納期や仕様の柔軟性には乏しくなります。

図表 2-4　分散購買と集中購買のメリット・デメリット

	分散購買	集中購買
メリット	・自主的に購買可能 ・工場や事業所の特殊な要求にも対応可能 ・生産工程の変更が柔軟 ・短納期で緊急な需要にも対応可能	・購買方針の全社徹底が可能 ・仕様の統一が推進しやすい ・価格交渉が有利 ・寡占市場の商材も交渉可能 ・購買手続や業務を集約可能
デメリット	・各現場にとって望ましい形態だが、コスト意識が低下 ・仕様の統一が推進し難い ・価格交渉が不利 ・購買手続や業務が膨らみがち	・各現場の購買への意識が低下 ・工場や事業所の特殊な要求への対応が困難 ・生産工程の変更に適合し難い ・緊急な需要への対応が困難
向いている商材	・特注の商材 ・低額な商材や発注金額の安い商材	・全ての工場や事業所で共通に使用される商材 ・高額な商材や発注金額の高い商材

以上をふまえると、**電力調達する場合には、間違いなく集中購買が適し**

ています。

ただし電力は、集中購買により調達ロットを大規模にしたとしても、計算上は、電力会社の製造原価は規模の経済によるコストダウンは生じません。例えば、火力発電によって発電した電力を調達する場合、販売する電力の分だけ、天然ガスや石炭といった燃料を燃やさなくてはなりません。

この時、発電所では、個別注文ごとに発電するわけではなく、多くの注文を束ねた量を発電します。従って注文の規模によらず発電単価は一定です。調達量が増えることによるコストダウンは、販管費に限られます。

それでも、実際の営業現場では集中購買によるユーザー企業のメリットは大きくなります。集中購買は購入金額が大きいので、電力会社にとって、より大事な顧客となるわけです。営業担当者をきちんと付けてくれるでしょうし、親身に相談に乗ってくれたり、より良い提案をしようと注力してくれるようになります。

また、集中購買を行うことでユーザー企業の調達関連業務の効率化が進んだり、管理の高度化につながるといった副次的なメリットも得られます。電力調達においては、できる限りボリュームを集約して集中購買を心がけましょう。

集中購買は「対象の集約」と「タイミングの集約」の2つ

では、何を集約して購買するのが良いのでしょうか。具体的な集約の仕方には**「対象の集約」**と**「タイミングの集約」**の2つの方法があります。

対象の集約

契約対象の拠点を、いかに集約するかが「対象の集約」です。自社で保有する拠点をすべて集約するのはもちろんのこと、自社に子会社や関連会社などのグループ会社がある場合には、各会社、事業所ごとに個別で契約していたものを集約し、グループ全体でまとめた契約に切り替えるといった工夫が考えられます。

また、自社で電気料金のコストを最終的には負担しているものの、表向きの電力契約は不動産会社や施設管理会社が行い、支払い代行していることもあるでしょう。こうした拠点も対象に含めて契約を見直すことで、大幅なコスト削減につなげられる可能性があります。

タイミングの集約

各拠点の電力契約を何も意識せずに更新していると、電気料金の割引適用の満了時期が拠点によってバラバラになってしまいます。また、各拠点の更新時期を一度そろえたことがある企業の場合でも、企業買収などにより管理する拠点が増えると、他の拠点と更新時期にズレが生じてしまいます。

契約更新は、業務負荷の軽減の観点からも、交渉力の観点からも、特別な事情がない限りは年1回、毎年決まった月に行うことが望ましいでしょう。現状の更新時期がバラバラであっても、全拠点を一括りにして、決まった月に切り替え検討をする方法もあります。

翌期に向けては、更新時期がずれている拠点の契約期間を少し延ばすなどして、全体の更新のタイミングをそろえることをお勧めします。

コスト？支払いサイクル？何を優先するのか決める

「どの範囲までを対象にするか」を決めたら、次は、**「どのような方向性**

で取り組むか」を社内で決めましょう。

電力会社を問わず、とにかくコスト削減したいのか。あるいは、コスト削減を重視しつつも、現在契約している電力会社など、特定の事業者から調達することを優先したいのか。CO_2排出係数が少ない電力や再エネ電力など環境対応に重きをおくユーザー企業もいるでしょう。社内ルールに合う支払いサイクルや、推奨されている支払い方法を指定するなど、独自の要望を満たす調達を実現するなど、調達の軸（方向性）を検討します。

調達の軸をどこに置くかによって、その後の電力会社の候補選びや見積もり依頼、契約などが大きく左右されます。社内で検討を重ね、関係者間で合意しておきましょう。

図表 2-5　調達方針ごとの特徴

調達の軸	概要
コスト重視型	最低限の水準を満たせば、電力会社は問わない。とにかくコスト削減したいケース（電力会社の実績、評判などはあまり気にしない）
コスト＆信頼性重視型	コスト削減を重視しつつも、現在契約している電力会社や大手電力などの特定の事業者から調達することを重視したいケース（電力会社の実績、評判を考慮）
素材品質重視型	コストは現状維持もしくは多少上がってしまったとしても、CO_2排出係数が少ない電力や再エネ電力など環境対応を重視するケース
業務効率重視型	社内ルールに合う支払いサイクルや推奨されている支払い方法を指定するなど、業務品質や効率を重視したいケース

計画的なスケジュールを作成しよう

調達方針を決める中で意外と見落としがちなのが、電力調達の完了までのスケジュールです。電力会社との契約を見直そうと思い立っても、切り替えには5～6カ月もの期間がかかります。

調達担当者の方から「それぞれのプロセスにどのくらいの期間を見ておけばよいか」と聞かれることは少なくありません。図表2-6はスケジュールの一例です。

スケジュールの長短は、以下の5つの期間によって決まります。あらかじめ、どれくらいの時間がかかりそうか、通常スケジュールよりも時間がかかりそうな要素がないかを確認しておきましょう。

特に、現在契約中の電力会社への解約予告や契約切り替えタイミングに間に合わない場合には、現電力会社への違約金が発生したり、暫定的につなぎで電力調達することによる追加費用が生じることがあります。無駄な出費を控えるため、**契約満了日から逆算して実務を進め、期日までに確実に切り替えを完了させましょう。**

①方針決め・電力データの整理期間

- 既におおむねの方針が決まっていて、電力データも毎年きちんと整理できている企業であれば別ですが、このプロセスがおろそかになると後工程が散々な結果になります。社内の意思統一がスムーズにいかないなどのトラブルにも備えて、3週間～1カ月程度の余裕を見ておいた方が良いでしょう。

図表 2-6　電力調達スケジュールの一例

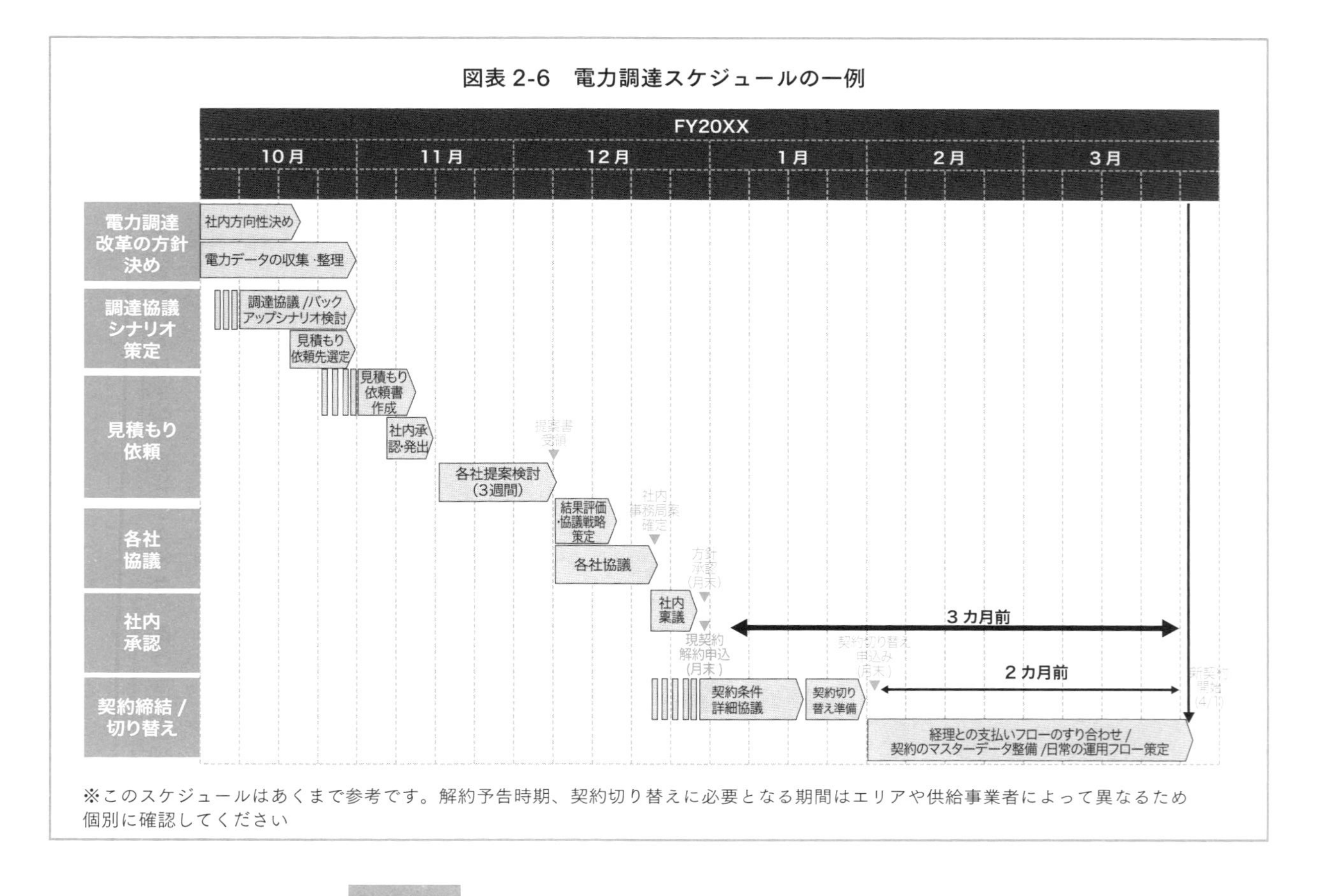

※このスケジュールはあくまで参考です。解約予告時期、契約切り替えに必要となる期間はエリアや供給事業者によって異なるため個別に確認してください

②見積もり依頼を出した後、電力会社から提案をもらうまでの期間

- 検討の着手タイミングが遅れてしまったために、この期間を短期にしてしまうケースをよく見かけます。ですが、良い提案をもらうためにはこの期間は最低2週間、出来れば3週間程度、設けるようにしましょう。

③電力会社との契約条件の協議期間

- 「現状価格から大幅な値下げは求めずに現状維持でも良い、契約条件も通常の大手電力の約款と同等条件で良い」という場合には、1週間も見ておけば良いでしょう。
- 一方で、価格条件や契約条件に関してそれなりに要望を聞いてほしい場合には、2～3週間は協議期間として設定しましょう。

④電力会社に申し込んでから供給開始までの期間

- 現契約の電力会社への解約予告期間によって大きく影響を受けます。通常、新たな電力会社に切り替える場合、3カ月前までに現電力会社に解約届出書を提出しないといけないケースが多いようです。
- 新たな電力会社への契約申し込みの締め切りは、通常2週間～2カ月前。解約予告より短いことが多いので、まずは解約予告を優先して進めましょう。

⑤見積提案書の受領から供給開始までの期間

- 調達担当者の方から、しばしば「翌期の供給開始の何カ月前から見積もりを出してほしい」と聞かれることがあります。供給開始時期よ

り、どれくらいさかのぼって見積もり提案が可能かは、電力会社のスタンス次第です。通常は、6〜9カ月後の供給開始分までは見積もり提案を出してくれることが多い印象です。

- 供給開始までの期間がこれ以上長くなってしまうと、電力会社も市況（電力の原価である原油価格など）の動向が読み切れなくなります。市況の変動リスクを安全サイドに立って上乗せしないといけなくなるため、「見積もり提案不可」か「割高な見積もり提案」となってしまうことが多いようです。
- なお、翌期に向けて市況が下がり基調か上がり基調かによって、見積もりを取るタイミングを変えている企業もあるようで、非常に効果的な工夫です。市況が下がり基調の場合には、最も遅めのスケジュール（供給開始の3.5〜4カ月前程度）で見積もりを取ることで、直近の好材料がある前提で有利な提案価格を得ることができます。上がり基調の場合には、早めのスケジュール（供給開始の6〜8カ月前程度）で見積もりを取ってしまうことで、悪い材料が出てくる前に提案価格を確定させることが可能です。

ステップ②電力データの収集・整理

4 見積もり依頼用データの上手な集め方

現状把握が出来ないと何も始まらない

社長から「電力コストを削減せよ！」と号令がかかり、社内でプロジェクトチームが立ち上がったものの、初回のミーティングでいきなりつまずく――。そんなケースをよく耳にします。

どの拠点がどこの電力会社と契約しているのか、それぞれ電気料金がいくらかかっているかといった現状が、さっぱり分からず、調達先の検討どころではなくなるという具合です。

「そんなデータも整理できていないの？」を思われるかもしれません。ですが、自社の電力契約を全て正確に把握できている会社は意外と少ないのが実情です。というのも、以下のような複雑な状況があるからです。

ビルオーナーが賃料と電気料金を合算請求

- 電力会社と自社で直接契約している拠点もあれば、ビルにテナントとして入居していてビルオーナーから賃料と合わせて請求される拠点もあります。後者の場合、ビルオーナーから「電気料金」としてではなく、「水道光熱費一式」として請求されているケースもあります。

自社ビルのテナントに電気料金を請求

- 自社でビルを所有していて、その一部をほかの企業へテナント貸しし、借り主に電気料金を請求しています。自社で所有していなくても、ビル全体の電気料金を支払っていて、一部テナントに電気料金を請求しているケースもあります。この場合は、本来はビル全体の電気料金からテナント貸し部分の電気料金を差し引いた金額で管理する必要があります。

- ある会社では、テナント貸ししている会社に、数年に渡り電気料金を請求し損ねていたという事実が、電力調達の見直しによって初めて明らかになりました。

第2章

駐車場や看板などの電気料金

- 各事業所にひも付く電力契約の内容は把握できていても、事業所脇の駐車場や集客用の野立て看板の照明の電力契約、寒冷地の融雪用の電力契約など、付帯契約が管理できていないケースも散見されます。

出退店など拠点数の増減が発生

- 一度きれいに全拠点の電力契約や使用状況を整理したとしても、その後のアップデートは欠かせません。例えば小売業では、出退店で契約が増減します。また、一部店舗の買収や売却の場合には、増減だけでなく契約名義も自社と異なるため、把握がより煩雑になります。

このように、**企業の規模が大きくなるほど、施設や設備が増えると同時に管理も複雑になるため、注意が必要です。**コスト削減や省エネ、CO_2削減を図るにしても、まずは現状把握が大切です。

効率的に現状把握するために必要なデータとは?

現状を把握するといっても、多くの項目について細かい数字を追っていくのは面倒で、骨も折れます。効率的に把握するために、ピンポイントで情報を集めましょう。

整理しておきたいデータは、大きく2つに分けられます。1つが**各月の請求書に記載されている「過去12カ月分の実績データ」**、もう1つが**契約書に記載されている「契約期間と中途解約条件」**です。

「実績データ」は過去12カ月分が必要

電力の使い方には、空調を使用する夏や冬の使用電力量が多く、春や秋の使用電力量は少ないといった季節性があります。

そのため、電力会社に現状の電気料金に見積もり提案してもらうには、過去12カ月分の実績データが必要です。家庭や小規模店舗などの低圧契約の場合には、1～2カ月分の実績データだけで見積もりしてもらえることもあります。

実績データは請求書内訳に記載されていますので、見積もり提案を依頼する前に、整理しておきましょう。「必須」の項目は、コスト削減に向けた評価のために必要な項目です。「任意」の項目もコスト評価に役立ちますが、なければ相応の条件で仮定することができます。

使用実績に関するデータ

- 必須　電力会社名
- 必須　契約種別名
- 必須　契約電力（kW）
- 必須　使用電力量（kWh）
- 任意　力率（りきりつ）（%）⇒100%と仮定することも可能
- 任意　月次最大電力（kW）⇒契約電力を見直すため必要
- 任意　電力会社の CO_2 排出係数

電気料金実績に関するデータ

必須　基本料金

必須　電力量料金

必須　割引料金や追加課金料金

※　電気料金実績は、燃料費調整額や再生可能エネルギー発電促進賦課金（再エネ賦課金）を除いた金額を整理しましょう

※　データ取得期間中に消費税率が変更になった場合は、増税前の各金額は最新の税率で再計算した金額で整理しましょう

電力会社名

- 現在契約している電力会社の社名です。

契約種別名

- 「契約種別名」は、「特別高圧」「高圧」などの電圧の区分や、「業務用」「産業用」といった用途を指します。また、「季節別時間帯別契約」「ウィークエンド契約」などは、特徴のある電力の使い方をすることによって割引が適用されています。
- 契約種別によって現状の価格水準が異なり、それにより値下げの幅が変わってくるため、この項目は必ずチェックしておきましょう。

契約電力（kW）

- 基本料金を計算するとき必要になります。第1章でも触れましたが、水道の蛇口に例えると、水道管の太さに当てはまるものです。その月に電力をたくさん使っても、少ししか使わなくても、最も多くの量を使うピークのタイミングを想定した蛇口の口径代（月額固定の基本料金）を支払う仕組みになっています。契約容量とも言います。

使用電力量（kWh）

- 蛇口から流れた水の量に該当しますが、その月に使った電力の量を指します。夏季／他季、昼／夜など請求書明細の記載区分に合わせて、区分ごとの使用電力量を整理し、合計の月次使用量も整理しましょう。

基本料金

- 「基本料金単価×契約電力」を算出し、そこに力率割引を適用した金額です。その月の使用電力量に関わらず毎月必ず支払う固定の料金を指します。
- 「料金計算を改めてしてみたら、基本料金の計算が合わない」という声をよく聞きます。原因の大半は計算時の力率割引の適用忘れですので注意してください。

電力量料金

- 夏季／他季、昼／夜などの区分ごとの単価×区分ごとの使用電力量の料金を指します。

割引料金や付帯契約に伴う追加課金

- 契約内容によって、該当する場合としない場合があります
- 割引料金は、電力会社が特別に自社向けに設定している割引がある場合の料金を指します。料金全体に対して「○%割引」とか、「契約容量（kW）当たり△円割引」など、様々なケースがあります。
- 付帯契約に伴う追加課金は、停電時の冗長性を考えて予備線 / 予備電源と呼ばれるバックアップ契約の料金や、自家用発電設備が停止した際の補給契約などを指します。

「契約期間と中途解約条件」は契約書を再確認

もう1つの整理すべきデータが、現契約の電力会社の契約書に記載されている「契約期間及び中途解約条件」です。

契約開始から1年以内であったり、契約更新のタイミング以外での電力契約の切り替えは要注意です。なぜなら、中途解約の違約金が発生する場合があるからです。

電力契約を切り替えることでコスト削減を図ろうとしても、違約金を勘案すると、結局は、契約更新時まで切り替えない方がいいという結論に至ることも少なくありません。**無駄な出費を避け、適切な調達を行うためにも、現在の契約内容の確認が必須**なのです。

なお、電力会社によっては、**1拠点の契約であるにも関わらず、契約書が①需給契約書、②大口法人割引特約、③長期割引特約、④継続割引特約など複数に及ぶことがあります。**

それぞれに契約期間や中途解約条件が設定されていることもあるので注意してください。必ず各契約書の契約期間、割引条件、中途解約、および料金精算の条項を再確認するようにしましょう。

現契約の電力会社の力を借りるのも一手

見積もり依頼をする前には、前述の通り、「過去12カ月分の実績データ」と「契約期間と中途解約条件」の資料を集めて、データを整理する必要があります。ただし、各資料の収集そのものが手間で、集めたデータが社内で散逸していたり、契約書に書かれている表現が難しく、理解に苦しむケースも少なくありません。

実際に、様々なユーザー企業の調達担当者から「現状把握の良い方法はありませんか。これさえ手間なく出来るなら電力調達改革に取り組みたいのですが」とよく相談を受けます。

こうした企業の方々には、次の2つの方法をアドバイスしています。

①現契約の電力会社の営業担当者に相談する

- 電力会社の営業担当者は、ユーザー企業側の動きを早めに把握して、契約継続につなげたいと考えています。そのため、相談しても嫌な顔はされないことが多いはずです。
- 営業担当者に、12カ月分のデータを提供してもらい、契約条件についても質問して教えてもらいましょう。
- 電力会社の営業担当者に「何のためにデータが必要なのか？」と聞かれた際には、「社内で様々なコスト費目について、現状把握して報告するように求められているため教えてほしい」「契約情報や実績情報について、社内できちんと管理する方針になったため、教えてほしい」など、自社の状況に合わせて丁寧に回答しましょう。

②現契約の電力会社のカスタマーセンターに電話して相談する

- 現電力会社の営業担当者が付いていない場合は、カスタマーセンターに電話して相談します。自社の契約実績について閲覧できるマイページ情報を案内される場合もありますし、過去の請求書について再発行してもらえる場合もあります。所定の手続きで開示請求を依頼するやり方を案内される場合もあります。
- 多少時間はかかるかもしれませんが、自前でデータをそろえるのが難しい場合は、検討してみましょう。

図表 2-7　電気料金の請求書サンプル

株式会社●●　様

❶ ●●電力株式会社
●●支店
0120-xxx-xxx

電気料金等請求書
(Electric bills)

毎度ご利用いただきありがとうございます。令和●年●月分の電気料金等を下記のとおりご請求させていただきます。

有限会社●●　様

ご請求金額	●●●, ●●●円
うち消費税等相当額	●, ●●●円

ご使用場所	●●区　●●町　●－●				
地区番号	●(計量日:●)	お客様番号	xxxxx－xxxxx－x－xx	地点番号	xxxxx－xxxxx－x…
お支払期限日	令和●年●月●日	口座振替日	令和●●年●月●日		

○ご契約内容　契約種別　業務用電力 ❷　使用期間　○月○日　～　○月○日

契約電力　主契約　○○kW ❸

供給電圧　主契約　○○kV ❹

○ご使用実績　使用電力量　合計　○○○, ○○○kWh ❺　最大需要電力　○○kW ❻

○過去1年間の最大需要電力(kW)

令和○年1月　○kW	令和○年12月　○kW	令和○年11月　○kW	令和○年10月　○kW
令和○年9月　○kW	令和○年　8月　○kW	令和○年　7月　○kW	令和○年　6月　○kW
令和○年5月　○kW	令和○年　4月　○kW	令和○年　3月　○kW	令和○年　2月　○kW

契約電力は、当月を含む過去12ヶ月における各月の最大需要電力のうちで最も大きい値となります。

託送料金相当額　●●●, ●●●円　左記は、託送供給約款の標準接続送電サービス等に基づき算定した参考値です。ご請求金額には、法律で定められた使用済燃料再処理等既発電費相当額(○.○○円／kWh)を含んでおります。

電気料金等領収書(Electric rate receipt)

毎度ご利用いただきありがとうございます。下記金額を○月○日に口座振替により領収します。

年　月　分	平成○年○月
領　収　金　額	●●●, ●●●円
うち消費税等相当額	●, ●●●円

ご使用場所
●●区　●●町　●－●

地区番号	●	お客様番号	xxxxx－xxxxx－x－xx

金融機関名	平成○年○月
店舗コード	●●●, ●●●円
口座名義	●, ●●●円

電気料金等内訳書

当月のお客様のご契約内容は記載のとおりです。内容をご確認の上、ご不明な点が御座いましたらお早めにご連絡ください。
なお、記載されていない事項につきましては、当社の電気需給約款および契約種別に応じた約款になります。

お客様番号	XXXXX－XXXXX－X－XX
契約種別	業務用電力

料金項目	単価	kW/kWh ❶	金額(円)	備　考 ❼
基本料金	0, 000. 00 [1]	000	000, 000. 00 [3]	力率　100%
電力量料金				
・夏季	00. 00 [2]	00, 000 ❺	000, 000. 00 [4]	
・その他季	00. 00	00, 000	000, 000. 00	
・燃料費調整額	−0. 00	00, 000	−00, 000. 00	
再エネ発電割賦金	0.00	00, 000	0, 000. 00	
その他割引額			−0, 000. 00 [5]	

○ XXXXXX XXXXXX XXXXXX XXXXXX XXXXXX
○ XXXXXX XXXXXX XXXXXX XXXXXX XXXXXX

❶ 電力会社名
❷ 契約種別
❸ 契約電力
❹ 供給電圧
❺ 使用電力量
❻ 最大需要電力
❼ 力率

[1] 基本料金単価
[2] 電力量料金単価
[3] 基本料金（月額）
[4] 電力量料金（月額）
[5] 割引額/追加課金額（月額）

ステップ③ 電力会社への見積もり依頼

5 見境なく依頼しない、電力会社の厳選方法

「数撃ちゃ当たる」はユーザー企業の勘違い

第2章

現状データを整理したら、電力会社に見積もりを依頼します。ありがちなのが、とにかく多くの電力会社に声をかけて、その中から一番安いところを選ぶというものです。実際、ある企業の調達担当者は「電力会社10社以上に声をかけて競争入札しているから最安値が出るはず」と話していました。

しかし、この企業に関して電力会社の営業担当者は、「あの会社さんは毎年10社以上に声をかけるので、提案を辞退しようか迷っている。提案を出すとしても弱い価格で出す予定」と打ち明けました。

電力会社が見積もりを出すには、時間も手間もかかります。ですから、受注確度が低い提案に、それほど注力しないのは当然のことといえます。競争力のある提案がほしいのならば、電力会社に「価格だけで選ぶ企業」と見られてはダメです。「自社を優先的に検討してくれる企業」となれば、提案の中身は大きく変わってきます。

一方的に買い叩くと、場合によっては、優良な電力会社が提案辞退することもあり得ます。とにかくたくさんの電力会社に声をかけて競争入札するのが最善の手だというのは、ユーザーの勘違いにほかなりません。

電力会社への打診に当たって重要なのは、受注したいと思ってもらい、積極的な提案を出してもらうための工夫です。具体的には、見積もりを「何社に依頼するか？」「どの会社に依頼するか？」「どのように依頼する

3点を踏まえることです。

何社に見積もり依頼するべきか？

第1に、声をかける社数の方針を決めます。

とにかく多くの会社を競わせるのか、あらかじめ目星をつけた数社に個別で声を掛けて協議するのか、それとも、現契約の電力会社との協議を主軸にしつつバックアップとしてもう1社程度に打診するのかなど、方向性を検討します。

ここは調達の最終結果の成否に大きく影響します。ユーザー企業は、どうしても保守的に幅広く多くの電力会社に声をかけがちです。ただし、前述の「ユーザー企業の勘違い」のように、調達の世界では、多くのサプライヤーに声をかけて、入札で競わせるのが良い結果につながるわけではありません。

超大手のユーザー企業はともかく、それ以外の場合、多くの電力会社を競わせて値下げに臨むよりも、ある程度、電力会社を絞り込んでじっくりと交渉する方が賢明です。

電力会社の積極性を引き出す工夫を

電力会社にとって最も営業コストがかからず、工夫がいらない顧客は公共入札案件です。つまり、公共入札価格より安い提案を要求されるのであれば、電力会社にとって別のメリットがない限り、そのユーザー企業を獲得する必要性はありません。電力会社内でも特別な価格で提案する承認が通らないはずです。

そのような状況で電力会社に積極的な提案をしてもらうには、顧客側の工夫とコミュニケーションが必要です。

10社以上に声をかけるとなると、見積もりを依頼する側も、名簿作り、提案依頼書の作成・送付、問い合わせへの返答など、管理業務に追われます。結果として、電力会社への応対が画一的になります。

すると電力会社も「自分たちは大多数の中の1社に過ぎないのか」と察知してしまいます。それまでの積極さは消え去り、「適当な数字を出しておけばいい」「今回は辞退しよう」ということになりかねません。結果として魅力的な提案がもらえないというわけです。

だからこそ、手あたり次第に対象を広げるのではなく、3〜5社程度に対象を絞って、電力会社と十分にコミュニケーションを取り、積極的な提案をしてもらうことが有効というわけです。

大手電力と新電力を織り交ぜて見積もりを依頼しよう

数多くの電力会社が存在する中で、「どの会社に依頼するか」を決める必要があります。積極的に提案してくれる電力会社でないといけませんし、提案が積極的でも、無理をし過ぎていて事業継続性がない電力会社も避けるべきでしょう。

ポイントは、見積もりを依頼する際には、大手電力と新電力を織り交ぜることです。

まず、何か特別な事情がない限りは、現契約の電力会社には声をかけましょう。お互い顔が見えているため、頑張った提案をしてくれる可能性が高いためです。そうでなくても親身に相談に乗ってくれるはずです。

ですから「他の会社に乗り換える可能性がある中で相談しにくい」などと悩まず、コミュニケーションを取ってみましょう。

次に、社内の納得感を引き出すという意味でも、地域の大手電力会社が有力候補となるでしょう。電力自由化以前の付き合いがあり、信頼性も高いので、社内の合意形成も容易です。

過去に契約していた電力会社があれば、声をかけてみましょう。「お客さんが戻って来てくれる」という期待感から良い提案を出してくれるかもしれません。

最後に、良い評判を耳にしたり、直近で勢いがある電力会社があれば、1～2社追加してみるのが良いでしょう。また、自社が再エネ電力の調達も検討したいのであれば、再エネに強みがある電力会社にも声を掛けましょう（詳細は第6章を参照）。

改めてまとめると、3～5社に見積もりを依頼するのが妥当です。

見積もり依頼をすべき電力会社

- **現供給の電力会社**
- **地域の大手電力会社**
- **過去に供給を受けていた電力会社**
- **評判が良い / 勢いがある電力会社**

「評判が良い / 勢いがある電力会社」を開拓するには

数多くある電力会社の中から、「評判が良い / 勢いがある電力会社」を開拓するのは、非常に難しいことです。どの企業の調達担当者も、様々な商材を調達している中で電力業界について詳しく調べている時間は無いでしょうから、情報収集に工夫が必要になります。

ここでは、情報収集のポイントを4つ、紹介しましょう。

同業や同じ地域の企業から聞く

1つ目の情報収集の仕方は、**同業や同じ地域にある企業の調達担当者同士の伝手で情報を収集することです。**

本来、お得な情報は他人には教えたくないものですが、その調達担当者を経由してその電力会社を紹介してもらうとなればどうでしょうか。電力会社は新たな営業機会を得ることになるため、紹介した調達担当者はその電力会社から非常に喜ばれます。

結果いかんに関わらず、紹介した企業の次回更新時には、その電力会社から最も有利な待遇を受けられるはずです。

三方良しのストーリーで、他社の調達担当者から情報収集できないか模索してみましょう。

電力会社の営業担当者から聞く

2つ目の情報収集の仕方は、**業界の動向に熟知している電力会社の営業担当者に直接聞くことです。**「そんなの教えてくれるはずがないのでは？」と思われるかもしれません。けれども、実際には非常に有効な方法なのです。

過去に契約していた電力会社や付き合いがある電力会社がいて、今回の価格水準の勝負に勝てないと思っている場合もあります。そのような心当たりがあれば、うまくコミュニケーションを取り相談しながら、ざっくばらんに相談するのが効果的です。

情報提供を通じて、顧客と接点を持てることは電力会社にもメリットがあります。営業担当者が自社には勝ち目がないと判断している場合には、客観的な立場から有力な電力会社を教えてくれることが良くあります。

調達側と提案側というと、通常は距離を置くべきと考えがちですが、調達の現場は情報戦です。ストレートにやり取りをしたほうが有益な情報が得られることもあるので、あの手この手でアプローチしてみましょう。

電力業界の有識者に聞く

3つ目の情報収集の仕方は、**電力業界の有識者にヒアリングする「エキスパートインタビュー」です。**日本ではまだ認知度が低いですが、海外では異業種に投資判断をする時や、専門知識が必要な業務に取り組む際によく利用されている方法です。

本格的に取り組む時は、専門のコンサルティング会社に頼むことになるかと思いますが、今回のようにスポットで業界の最新情報が得られれば良いだけの場合には、エキスパートインタビューが効果的です。

海外では米GLG（ガーソン・レーマン・グループ）や米Guidepoint（ガイドポイント）など多くのサービス事業者がいます。国内では、ビザスクが運営をする「ビザスクlite」やユーザベースグループの「エキスパートリサーチ」があります。

情報サイトで調べる

4つ目の情報収集の仕方は、**電力販売実績の情報サイトで調べること**です。

最も簡単なのは、監督官庁である資源エネルギー庁が公表している「電力取引報」です。エネ庁が電力各社に販売電力量を月次で報告させて公表しているため、その情報をモニタリングすれば、成長株の電力会社を見つけることできます。

自社で評価分析するのが大変であれば、電力各社の販売量とそのランキングを時系列で整理したウェブサイト「新電力ネット」や「エネルギー情報局」を活用することもできます。

再エネ電力がほしいなら、得意な電力会社へ

最近は、再エネなど環境に配慮した電力を調達したいという要望も増えています。こうした場合は、再エネ電力を得意とした電力会社にアプローチしましょう。

再エネを強みとしている電力会社ではない場合は、ユーザー企業の目から見て使えるサービスメニューを持っていないことが多く、持っていたとしても値段が張る場合が少なくありません。

再エネを強みとしている電力会社を開拓すると同時に、現契約の電力会社にも「こういう電力調達をしたい。もしできなければ他の電力会社に切り替えないといけなくて……」という具合に相談すると、カスタマイズメニューを提案してくれることもあります。

このあたりは、まさに電力会社とのコミュニケーションがものを言います。自分たちの要望を伝え、場合によっては、契約を切り替えなければならないほど重要な意思決定要素であることを伝えます。営業担当者にも本気になってもらい社内を調整して提案検討してもらうこと、これが調達を成功に導く第一歩です。

出退店が多い時は？事業に合った電力会社を選ぶ

コンビニエンスストアやドラッグストアのような小売業では、頻繁な出退店を余儀なくされるケースもあります。採算が取れないと判断すると、出店後2、3カ月で店を撤退することも少なくありません。

その場合、違約金がかかることがあるので注意が必要です。ただし、新電力、大手電力会社ともに退店時の違約金の扱いについて免責を入れてくれることがあります。

新規契約後の最初の1年間は電気料金の割引が効かないことが多いため、例えば不動産業では、工事期間中の電気料金が高くなりがちです。製造業ならば、工場の発電機の定期点検やトラブルが発生した際は、電力会社から電力の供給を受けなければなりません。

単価ではなく、こうした自社事業の特殊性をふまえた対応をしてくれるかということも、電力会社を選ぶポイントといえるでしょう。

大手電力では各エリアの全ユーザー向けに標準的なメニューがある手前、特定のユーザーだけに特別対応することが難しいケースもあります。その点、新電力の方が融通が利きやすいかもしれません。柔軟性の良し悪しで電力会社を選ぶという視点もあります。

ステップ③ 電力会社への見積もり依頼・その2

6 絶対に成功するRFPの作り方

見積もり依頼の生命線、RFPに何を書く？

第2章

電力会社からの見積もり提案を正しく評価するには、「Apple to Apple」（同一条件の比較）が鉄則です。言い換えれば電力会社が見積もる際の前提条件を明確にしておかないと、複数の電力会社から提案をもらっても、比較することができません。

「見積もりの前提ってそんなに大事なの？」と思う方もいることでしょう。例えば、こんなケースが考えられます。

あるユーザー企業では、契約電力（kW）が過去12カ月の間で大幅に上がっていました。この場合、過去12カ月の各月の契約電力を前提として見積もる電力会社もいれば、直近の契約電力が今後12カ月継続する前提で見積もる電力会社もいます。提案の電気料金単価自体は後者のほうが安価だったにも関わらず、あてはめる計算式（基本料金単価に掛ける契約電力）が異なっていたために、このユーザー企業は前者を選定してしまいました。

見積もりの前提条件が違うと、全く違う金額が出てきてしまい、より良い提案を選択し損ねてしまう可能性もあるのです。

こうした失敗を避けるため、**見積もりの前提を「RFP（提案依頼書）」に定めることが重要です。**では、RFPにおいて、どの項目をどのように設定すればよいのでしょうか。RFPに記載すべき項目は以下になります。

RFPに記載すべき項目

- 消費税
- 契約電力
- 使用電力量
- 燃料費調整額
- 再エネ賦課金
- 付帯契約

消費税

・電力の世界では通常、税込みでやり取りします。RFPには、税込みの前提であることを明示しましょう。

・見積もり提案してもらう12カ月の途中で税率の変更がある場合には、その前提についても記載しておきましょう。

契約電力

・過去12カ月の各月の契約電力を使って見積もりをするのか、直近の契約電力を使うかを指定しましょう。各月の契約電力の変動幅がおおよそ2割に満たない場合は、どちらの前提でも良いでしょう。

・設備の減設、増設などにより、変動幅が2割以上ある場合には、変動前のデータは使いものになりません。「直近の契約電力」を採用しましょう。

使用電力量

・12カ月分の実績データがあれば問題ありませんが、データがそろわない場合は工夫が必要です。

・例えば、現契約の電力会社に切り替えて1年が経過していない場合、12カ月分のデータを集めようとすると、契約切り替え後の実績データと、その前に契約していた電力会社による実績データの収集が必要になります。これを集め切れず、データが不足しているケースをよく見かけます。どうしても集められない場合は、「手元にある月のデータ平均値を取る」など、前提条件を決めましょう。

・設備の減設、増設などがある場合には、契約電力だけでなく、使用電力量も大幅に変わっているはずです。この場合には、電力会社に見積もり依頼の前提条件をどうすれば良いか、直接、相談しましょう。

燃料費調整額、再エネ賦課金

・この2つの金額を含めない金額で提案するのが電力業界の常識になっています。その旨をRFPに明示しておきましょう。

付帯契約

・付帯契約には、停電時の冗長性を考えて予備線/予備電源と呼ばれる「バックアップ契約」や、自家用発電設備が停止した際に電力供給を受けるための「補給契約」などがあります。付帯契約を締結している場合には、これらの前提条件も決めておく必要があります。

・通常時は使用しない契約なので、基本的には契約電力を明示して、使用電力量ゼロの条件で見積もってもらうのが良いでしょう。実際に使用電力量が発生した場合の電力量単価は、別枠で提案を受けるようにしましょう。

積極的な提案を引き出す依頼の仕方

前述のように、電力会社が安い金額を提示するのには、安く出すための理由が必要です。

新電力は、各エリアの大手電力会社に比べて、自社で保有している発電所が少ないため、卸電力市場で電力を調達してくる必要があります。つまり、市場調達価格によって原価が決まってしまうのです。ですから、「逆ざやにならない限り取りに行くユーザー企業」と「一定の利益が確保できなければ無理して取りにいかないユーザー企業」に選別することがあります。

大手電力の場合も、「公表している標準メニューと同水準の値段でしか供給しないユーザー企業」と「大きく値引いても契約を取りたいユーザー企業」のバランスを取りながら収益を確保しています。

つまり、**新電力にせよ大手電力にせよ、電力会社から好かれない限り、魅力的な提案はもらえないということです。**

好かれるユーザー企業の条件とは？

では、どういうユーザー企業が好かれるのか。それは決して取引量の大きさや契約期間の長さだけでは決まりません。そうした要素も無視はできませんが、突き詰めると、コミュニケーションの問題に帰着します。

「このお客さんは自分たちを選ぼうとしてくれている。ならば頑張って良い価格を出して期待に応えよう」という関係性を作れるかどうかです。

第1章の青空市場の例えで、売り手になったと想像してみてください。高圧的な態度で買い叩いたり、商品に難癖をつけて結局は買わないお客さんには良い印象を持ちません。「買ってくれなくて結構」という気持ちにさえなるかもしれません。反対に、気さくに話しかけてくれたり、商品を褒めてくれたり、商売の苦労をねぎらう言葉をかけてくれるお客さんには、喜んでもらいたいという気持ちが湧くのではないでしょうか。

これと同じような関係性が、調達担当者と電力会社の営業担当者の間にもあるということです。そうした機微をうまく捉えながら、**電力会社とのパートナーシップの構築を常に心がけてコミュニケーションを取ることが、電力会社から積極的な提案をもらう上で重要なのです。**

ステップ④ 見積もり提案の評価

7 5つのコスト削減手法を駆使する

電力のコスト削減手法は大きく5つ

電力調達改革の目的をコスト削減とした場合、コスト削減の方法は複数あります。**考え得る手法を大きく分けると、「集中購買」「市場ベンチマーク」「原価推計」「仕様協議」「関係強化」の5つが挙げられます。**順を追って見ていきましょう。

図表 2-8　電力調達のコスト削減手法

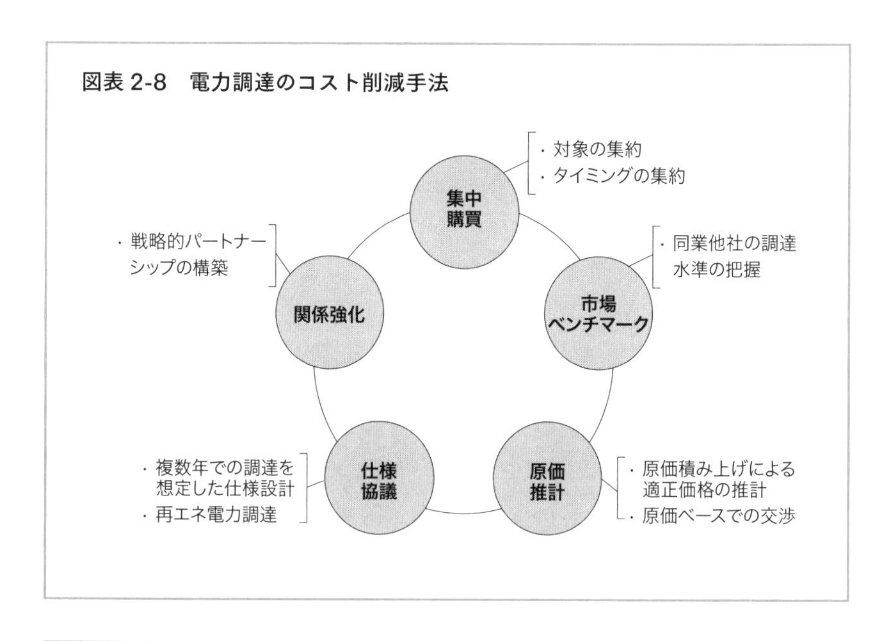

①集約購買

ボリュームディスカウントは、コスト削減策として一般的な手法ですが、**電力調達にはボリュームディスカウントが効きにくいことを理解しておきましょう。**

ユーザー企業の調達担当者から「当社は大企業だからボリュームディスカウントが効くだろう」という話をよく聞きます。しかし、固定費と変動費の観点から見ると、電力会社（特に大手電力）は、1kWhという単位当たりのコストは、販管費以外すべて変動費と捉えています。

年間の電気料金が数千億円にも達するような超巨大企業は別として、そのユーザー企業との契約が取れたからといって、電力会社の発電所設備（固定費）の稼働率が上がるといった影響を与えないのです。

図表 2-9　調達の規模と単価の関係

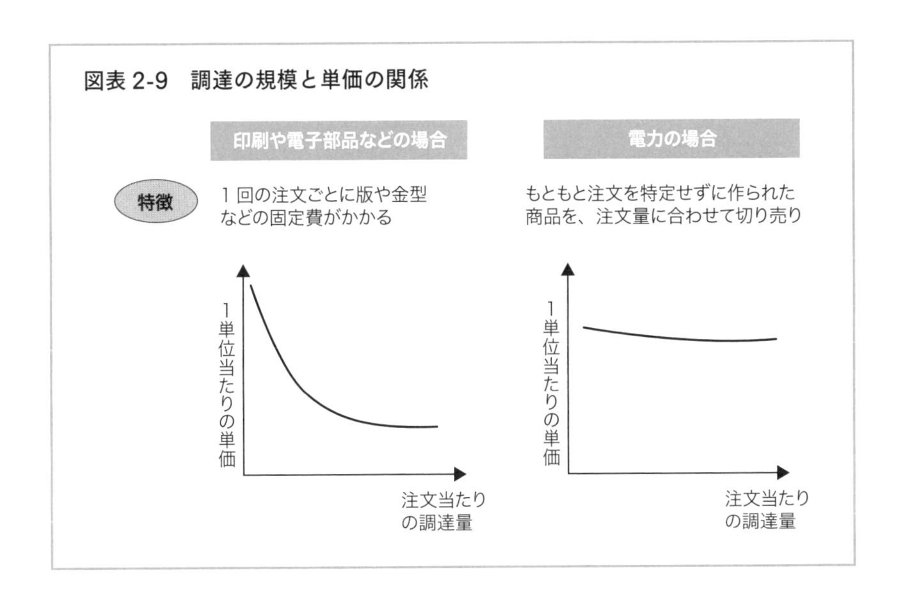

基本的に調達規模の大小に関わらず、1kWh当たりの製造原価（発送電コスト）は変わりません。取引量が多くても電力会社のコストが下がるわけではないので、ボリュームディスカウントが効きにくいのです。

また、**大企業でも拠点数が多い場合は、電力会社から見ると管理の手間が増えるうえ、リクエストが多くなるため、敬遠されることがあります。**

ユーザー企業側に「うちはこんなに買っている上顧客なんだ」という認識があったとしても、電力会社からは、「電気料金は規模が大きくても原価はほとんど変わらないのに」「契約件数が多くても、手間がかかるお客さんだ」と思われているかもしれません。**ユーザー企業は、電力調達におけるこうした思い違いを解消しておく必要があります。**

とはいうものの、電力会社が「このお客さんと長く付き合いたい」「自社の供給エリアにあるこのお客さんは失いたくない」といった思いを持つと、ボリューム集約が効果を発揮することがあります。

ですから、**拠点ごと、事業会社ごとにバラバラの電力会社と契約している場合は、グループで集約した方がメリットが出やすいでしょう。**「複数エリアの契約が同時に取れるならセットで頑張ろう」というインセンティブが電力会社に働きますし、エリアごとに判断するよりもボリューム集約の効果が得やすくなります。

自社の業務の効率化や、コスト削減手法の5つ目に掲げる「サプライヤーとの良好な関係構築」を進めるという点でも、個別拠点ごとに虫食い状態で最安値の契約を結ぶより、少なくともエリア単位では集約した方が協議が進めやすくなります。結果としてサプライヤーも頑張って良い提案を出してくれることが多く、ボリューム集約が交渉の材料になり得ます。

市場ベンチマーク

電力を受電する契約種別（特別高圧、高圧、低圧など）や電力の使い方（昼間がメイン、24時間稼働など）によって電力会社側の製造原価は全く異なります。ベンチマーク分析しようとして、同業や地域の他企業の小売単価がいくらか聞いて比較したところで全く意味がありません。

例えば、同じ発電所の電力を供給するとしても、特別高圧の施設への送電委託費は1kWh当たり2円、低圧の施設へは9円と、7円もの差が生じるので、到着ベースの小売単価を比較することは意味がありません。

自社で同じエリア内に複数の契約種別（特別高圧、高圧、低圧など）の拠点がある企業であれば、それらの拠点の現状の小売単価を比較しても異なる金額であることは既知の事実でしょうから、容易に理解できるのではないでしょうか。

コスト引き下げのためのベンチマークならば、同じエリア、同じ契約種別、同様の電力の使い方をする施設を探し出して比較することをおすすめします。

原価推計

原価推計とは、原価を積算して価格をモデリングすることです。前述の通り、他社の小売単価を見ても意味がなく、原価推計が必要です。

仮に自社が電力会社だった場合に、「発電所から電力を調達」して、「地域の送配電事業者に送電を委託」して、「諸々の販管費や適正マージン」を加えたら、どれくらいの小売単価になるかを計算し、どのくらいの下げ余地があるかを検討する手法です。

その結果が電力会社の見積もり額よりも安いのであれば、「自分たちで計算したらこれくらいの額で調達できそうなので、もう少し値下げできないだろうか」と、コストをベースにした交渉が可能になります。

どの事業会社でも自社のコア事業に関しては、製品の部材や一部工程を「内製」と「外製」のどちらにするのが得か、協力企業がここまでコストを下げてくれなければ内製に切り替えるなど、常にコスト削減の協議を行っているのではないでしょうか。

図表 2-10　電力コストの構成項目

コスト項目	概要
発電コスト	自社の電力の使い方に合わせて発電するための費用
託送費	電力を発電所から電力を使う場所まで送電線、配電線を使って送るための費用
送電ロス費	電力を送った際に、変電所や送配電線の抵抗によって一部が熱や振動として失われてしまう費用
販管費	営業、料金計算、請求などの顧客対応費用
事業者マージン	電力会社の手数料および利益

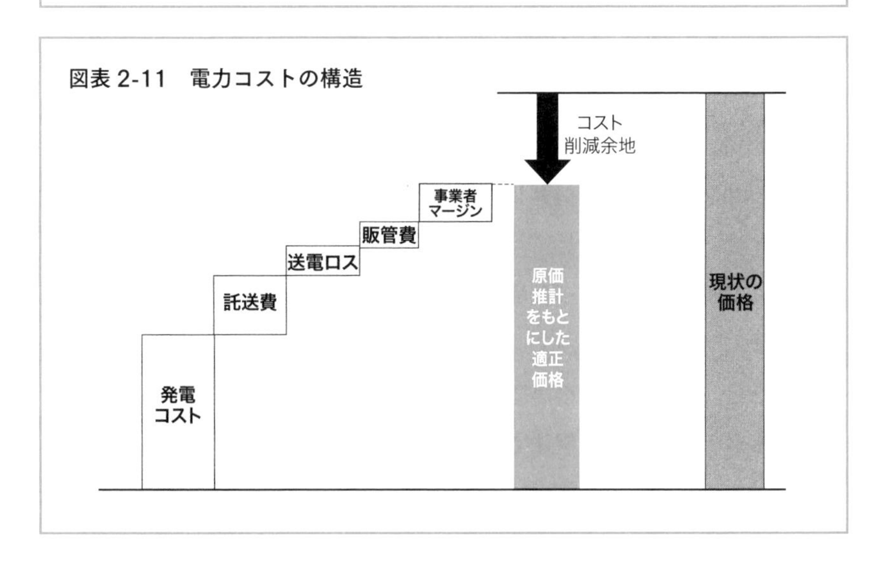

電力のような非コア商材について、ここまでやる必要があるのかは判断が必要ですが、電気料金は企業の販管費に占める規模も大きいので、検討には一考の価値はあるかと思います。

発電原価を推計する際に、最も簡単に参照できるのは、日本卸電力取引所のウェブサイト内にある「取引情報――スポット市場・時間前市場」です。

スポット市場とは発電もしくは販売する電力を、その前日までに入札して、売買を成立させるというもの。ポピュラーな卸電力市場の1つで、これを積算することで、自社の年間の発電原価をざっくりと把握することができます。

この調査・分析で得られる発電原価は、過去の市況や燃料費を前提とした実績値です。本来は、これに今後1年間の市況や燃料費の影響を加味する必要があります。ここまでやろうとすると、高い専門知識が必要ですが、これを考慮しなくとも、おおむねの発電原価をつかむことができます。

こうして把握した発電原価に、送電設備を介して電力を送るための料金である「託送料金」や、市況変動のリスク分（例えば発電原価の1割程度などに設定）などを上乗せすれば、電力会社の仕上がり額が推計できます。**原価を積み上げて適正価格を計算することで、電力会社が提案している価格や現在契約している電力会社の価格の妥当性や交渉余地が見えてくるというわけです。**

④ 仕様協議

契約の枠組みを見直してコスト削減につなげることを「仕様協議」と言います。例えば、長期間の契約を前提に値下げの余地を探るのは1つの方法でしょう。

ただし、**単純に「契約期間を3年間にしても良いから、もう少し値下げしてもらえないか？」と依頼しても、電力会社は全く喜びません。**

最初の提案時点でギリギリに近い水準まで値引いている場合、先々の市況は電力会社にも読めないため、長期で固定価格を確約することが電力会社にとってリスクになるからです。もし、この依頼で電力会社が喜ぶ場合は、提案された価格水準が実は高かったのではないかと疑うべきでしょう。

では、どうすればよいのでしょうか。例えば、**協議先の電力会社に対して、長期での価格を固定する確約は求めずに、優先的に協議する権利を与えると効果的な場合があります。**

今後、市況が下がり電力会社が契約1年目の価格を維持できるのであれば、次の年も同条件で契約更新します。逆に、市況が上がって電力会社が1年目の価格を維持できない場合にも、その電力会社から見直し価格を提示してもらい、その電力会社と優先的に協議を進めます。

コスト削減手法の5つ目に掲げる「サプライヤーとの良好な関係構築」を進めるということにも直結するため、これは非常に効果的です。

また、「市況が上昇基調にあるため現状価格の維持は難しい」という話になったときは、例えば、「CO_2排出量がゼロの電力で今と同じ価格で調達できないか」など、付加価値を求める協議をするのも有効です。

⑤関係強化

これはサプライヤーと戦略的なパートナーシップの構築を表します。特定の電力会社に対して、「優先的に協議して良好な関係を構築していきたい」という想いを伝えながら、価格を最大限ストレッチしてもらうのです。

この時、**「自分たちはお客だから何をしてもいい」という居丈高な態度を取ってはいけません。**顧客といえどもサプライヤーに配慮する姿勢を示す必要があります。例えば、仕様変更で述べた「相手方に選択権を持たせる長期契約を前提にした協議」が一例です。

また、電力会社とユーザー企業という枠を超えて、両者で協力して省エネに取り組むことで、調達単価を下げなくても契約容量や使用電力量を引き下げ、仕上がりの電気料金を安くするといった方法も、関係構築の好例と言えるでしょう。

電力会社が「このお客さんとなら長く付き合いたい」「このお客さんにならならくしたい」と思えるような関係を築くことを心掛けましょう。

電力調達で有効なコスト削減手法

- **ボリュームディスカウント：ある程度は効果的（だが、他の商材ほどではない）**
- **原価推計：少し専門性が高いが非常に効果的**
- **仕様協議：電力会社を惹き付けられる仕様にできれば効果的**
- **関係強化：非常に効果的**

電力会社との交渉は「仮説思考」で

ここまで、コスト削減の交渉手法を説明してきましたが、**ポイントはいかに電力会社と良好な関係を構築するか**でした。では、視点を変えて、電力会社に頑張って提案してもらうにはどうしたらよいでしょうか。

電力会社が出す見積もりには、大きくは2つのパターンがあります。

1つは、通常の決められた原価設定で出す「標準見積もり」です。これは営業担当者が自分で見積もり作成ソフトを使って、さっと作ることができるものです。値引きの幅はそれほど大きくありません。

もう1つは、社内で稟議を上げ、**営業担当役員に特別に安い価格で提案を出す承認を得た「特別見積もり」です。**営業担当者は見積もりを出すユーザー企業との関係性、獲得するメリットなどの理由付けをして特別価格の承認書を社内で上げます。営業担当役員から、「この価格で出したら本当に契約を取れるのか？」と念押しされ、営業担当者が「このお客さんは当社のことが好きだから、この価格なら取れる」などと答えてはじめて、ゴーサインをもらえるのです。

電力会社の営業担当者が標準価格で見積もって失注しても、個人が責任を問われることは稀です。一方、特別見積もりを出して失注すると、営業担当者は営業成績を減点されたり、場合によっては始末書並みの説明責任が生じることがあるようです。

第2章

「特別見積もり」をもらうには？

このような背景があるため、**電力会社の営業担当者に特別見積もりを出してもらえるかが、コスト削減における最大のポイントです。**また、特別見積もりを出してもらうには、「その価格を提示すれば確実に受注できる」という確約が必要です。

「このあたりの価格を目指したいけれども、力を貸してくれますか」と率直に相談したり、「こういう価格で出してくれるなら御社と契約します」と打診するなど、信頼関係に基づく腹を割ったコミュニケーションを試みましょう。こうすることで電力会社の営業担当者も前のめりになって頑張ってくれる可能性があります。

言ってみれば、**着地点をある程度想定し、「仮説ありき」で電力会社と折衝するということです。**

中立に競争入札を行うというのも、公平性を保つうえでは良い方法ですが、コストメリットを追求するには、調達担当者にも工夫が必要です。

有望と見込んだ電力会社や、頑張ってくれそうな電力会社、もっと言えば最後に契約したい本命の電力会社を絞り込んでいき、そこを口説き落とすイメージです。もちろん、コミュニケーションをしっかり取ることで、最初に本命視した電力会社よりも、実は2番手、3番手の電力会社の方が良さそうだという発見があるかもしれません。

“電力会社と相思相愛”であっても相見積もりは取る

電力会社とのコミュニケーションや関係強化が重要と説明すると、「では特定の電力会社とだけ協議すればいいのか」と思われるかもしれませんが、そうではありません。

ユーザー企業の役員から、「当社は電力会社Aとつながりが深く、相思相愛の関係にある。だから現状価格は相当優遇してもらっているはず」と言われることが頻繁にあります。しかし、現状価格を評価すると残念ながらそうではないことがほとんどです。

数十億円～百億円の電力調達規模のユーザー企業であっても、相見積もりを取っていない場合には、数百万円～数千万円の調達規模の企業よりも調達単価が高いことも珍しくありません。

電力会社の営業担当にとっては、「標準メニューの単価で、しかも契約を継続してくれるのが一番良いお客さん」なのです。従って、特定の電力会社とだけやり取りすると、結果として高値づかみをすることになりかねません。

電力会社から積極的な提案をもらうためには、競争入札は不要ですが、相見積もりは絶対に必要です。「相見積もりと競争入札は同じではないか」という人がいますが、この2つは性質が異なります。

競争入札とは、要件を定義して、その要件を満たす中で形式的でドライに一番良い提案の札入れをした提案者を選定するやり方です。

一方、相見積もりとは、提案者に「自社以外にも見積もりを出す企業があるから、頑張っていい提案をしなければ」とやる気になってもらい、かつ個別でウェットにコミュニケーションを取りながら、最良な提案者からベストな提案をしてもらうことを目指すやり方です。また、最終的に価格以外の要素も含めて総合的に判断して電力会社を選定します。

電力小売りのように、競争はあっても、コモディティ商材の叩き売りではなく、特別な価格提案をもらいたいという場合には、相見積もりが最適です。

その電力会社以外にも候補がいるという緊張感を醸し出しつつ、「一番良い提案を待っていますよ」と個別にコミュニケーションを取ります。八方美人にならないような注意は必要ですが、通り一遍ではない形の提案を引き寄せるには、この形が最もふさわしいのです。

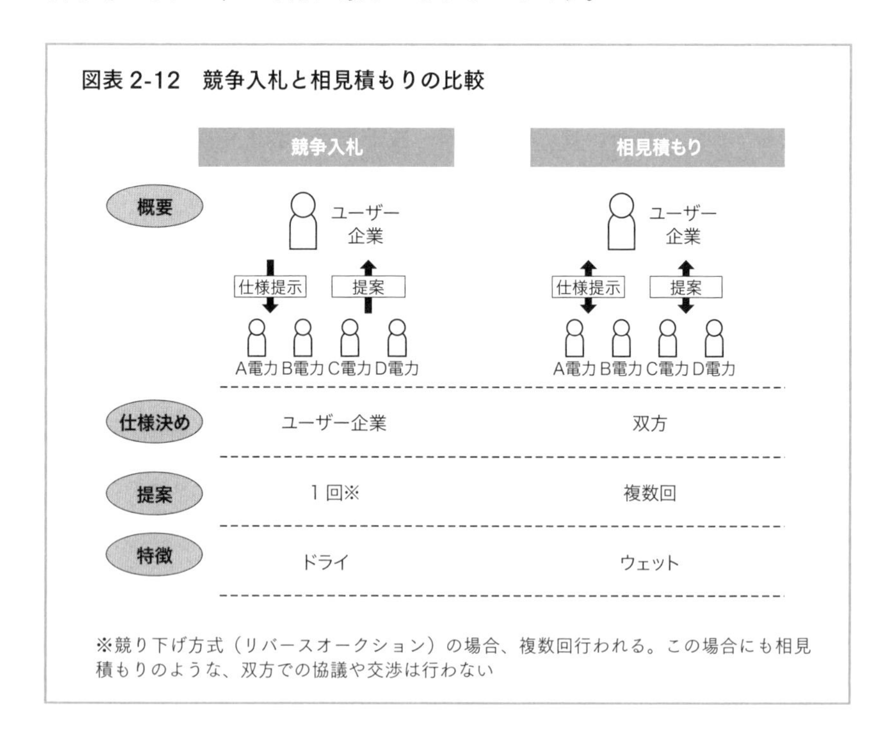

図表 2-12　競争入札と相見積もりの比較

※競り下げ方式（リバースオークション）の場合、複数回行われる。この場合にも相見積もりのような、双方での協議や交渉は行わない

ステップ④ 見積もり提案の評価・その2

8 電気料金総額での判断は失敗のもと

見積もり提案の評価は「Apple to Apple」が鉄則

電力会社から見積もりを提示されたら、評価していくわけですが、その評価の仕方が調達の成否を左右します。

あるユーザー企業は、電力会社各社から提案してもらった年間金額や削減率の欄の数字をうのみにしてしまい、結果的に最安値ではない電力会社を選んでいました。調達担当者の知識不足によって正しく評価できなかったことが原因ですが、こうしたケースは珍しくありません。

年間の電気料金総額だけで評価してはいけません。電力会社によって見積書の書き方は異なります。例えば、基本料金や従量課金の電力量料金の単価だけを示す会社もあれば、燃料費調整額や再エネ賦課金などの変動費も見込み額で記載する会社もあります。

見積書に記載された金額の詳細を確認せずに総額だけを見てしまうと、当然ながら変動費の上乗せがない前者に軍配が上がります。しかし、実際の支払額では後者の方が安いということもままあるわけです。燃料費調整額と再エネ賦課金などの変動費分は、最大で1kWh当たり4円の上積みになるため、年間総額で見ると大きな開きが出ることがあります。

本章の6節において、RFP（見積もり依頼書）で見積もりの前提条件をきちんと明示しましょうと説明しました。ですが、いくらRFPをきちんと作っても電力会社の提案がその前提条件を読み込んで出てくるとは限りません。**調達担当者は、電力会社の見積もり提案が、自社が提示した前提**

条件に沿ったものかどうかを確認する必要があるのです。

見積もり提案を正しく評価するには、Apple to Apple（同一条件の比較）が鉄則です。

提案の年間金額、削減率の「確かめ算」を

見積もり提案を評価する際には、単価、割引率、割引額などの料率を元に、提案されている年間金額、削減率と同じ結果になるか、自社でも計算して再現しましょう。

計算のポイントは、Apple to Apple で比較できるように計算式を最初に用意します。各電力会社の見積もり内容である、単価や割引条件を変数として計算式に入力さえすれば、同じ前提で比較できるようになります。

電気料金の計算は複雑なので、確かめ算をしない人が多いのですが、見積もり評価の際には欠かせません。慣れればコツがつかめますし、仮に計算して答えが合わなければ、提案元に問い合わせればいいのです。

電力会社に手取り足取り教えてもらえば良いのですから、提案書の計算が正しいかどうかを検証してください。

こうしたステップを踏んでおかないと、後になって「こんなはずではなかった」「だまされた」と思うようなことが起きてしまいます。自分の身は自分で守るという意識で、見積もりは責任を持って受け取りましょう。

中途解約金のかかる契約切り替えは要注意

見積もり評価に関して、もう1つ注意点があります。現状の契約から切り替えると今すぐコスト削減効果が得られると分かり、あわてて飛び付こ

うとするユーザー企業を見かけますが、これは早計です。**ただちに切り替えることで、「中途解約金」や「臨時精算金」などがかかる場合がある**からです。

中途解約金や臨時精算金は、現在契約中の電力会社への最終月の電気料金の支払いと同じタイミングで支払います。契約切り替え後の削減効果が得られる前にキャッシュが必要となります。それを押してでも切り替えるかどうか、きちんと判断する必要があります。

現契約の違約金がかからなくなる満期までの削減効果と、中途解約金や臨時精算金の発生額を比較しましょう。契約切り替えによって、それなりの額のメリットが得られると分かったら、そこで初めて満期を待たずに早期に切り替えます。

そうでない場合は、満期を待って契約切り替えをした方が、結局はお得になります。その場合も、切り替え先の新規の電力会社は、現契約の満了時期の6～9カ月前くらいから申し込みを受け付けてくれるはずです。先に申し込みを済ませておけば、後々の処理がスムーズに運びます。

また、早期切り替えを決める場合も、現契約の電力会社に本当に想定以上の中途解約金や臨時精算金がかからないかどうかを念押ししましょう。

なお、現契約の電力会社が契約期間の満了の手前のタイミングで、「契約更新したら契約満了を待たず、翌月から新しい割引を適用します」と言ってくることがあります。顧客を囲い込むための1つの方策です。

新しい電力会社に申し込みを済ませてしまった場合はさておき、切り替えを迷っているような場合は、コストメリットも得られ切り替えの手間もないため、魅力的な提案であることは間違いありません。切り替えに伴うリードタイムや割引の内容を十分確かめて天秤にかけ、一番得になる道を探っていきましょう。

ステップ⑤ 価格協議・契約条件協議

9 中途解約金にミニマム条件、落とし穴に注意

契約内諾の前に契約書のひな型を取り寄せる

ユーザー企業の調達担当者から、こんな話を聞いたことがあります。

「年間100万円削減できるという見積もりを得て、契約を切り替えたけれど、実際には50万円も下がらなかった。問い合わせたところ、その電力会社独自の燃料費調整額があり、見積書も請求金額も正しいという回答だった。だまされたという気持ちでいっぱいだ」。

こうした失敗を避けるには、契約条件をしっかり精査する以外にありません。新規の電力会社から契約書のひな形が送られてくるのは、多くの場合、電力会社を選定した後のようですが、本来であれば見積もり提案を評価する際に契約書のひな形も含めて評価すべきです。

内諾を出した後では電力会社は一切の交渉に応じてくれないことが多いので、最終決定の前に契約書をもらうよう働きかけて、契約条件を詰めるようにしてください。特に確認したいのは次の5項目です。

契約条件で特に精査すべきポイント

- **燃料費調整額**
- **中途解約金**
- **解約予告**
- **自動更新、再契約の場合の申告リミット**
- **最低引き取り電力量、維持すべき電力**

燃料費調整額の種類や適用月を確認

見積もり提案で提示した燃料費調整額が、エリアの大手電力会社と同じものを使っているのか、それともその会社独自のものなのかを契約前に確認しましょう。

毎月の電力量料金は、電気料金単価に使用電力量を掛けたものに、燃料費調整額を足し合わせた料金になります。よって燃料費調整額について確認することが必須です。

燃料費調整額を独自に設けているからといって、必ずしも値段が高くなるとは限りません。独自の燃料費調整額を適用した場合に電気料金が安くなる場合もあるので、ここでもやはりきちんと「確かめ算」をして確認しましょう。

燃料費調整額は月ごとに変動します。なお、電力の供給期間が１日〜月末、翌月1日が検針日の契約の場合は注意が必要です。電力会社によって、供給月の燃料費調整額を適用するケースと、供給翌月の燃料費調整額を適用するケースがあるので、精緻に管理する場合は気をつけてください。

知らないと怖い中途解約金

契約期間の定め方には、大きく「自動更新（期間延長)」と「再契約」の２パターンがあります。

例えば**1年ごとに自動更新する場合は、通算12カ月以上利用した後なら期中解約でも中途解約金は発生しません。一方、1年ごとに再契約する場は、通算12カ月以上利用した後でも期中解約だと中途解約金が発生します。**

第2章

これは電力会社のビジネスモデルが影響しています。

電力会社は、各社で割合は違うものの、自社保有の発電所や相対契約の発電所を用意しています。発電所は、夏や冬などのピークの需要に合わせた容量を用意します。例えば、4月に供給開始して夏前に解約されると電力会社にとって大ダメージになります。少なくとも12カ月は使ってもらわないと困るのです。

また、電力小売りは非常に薄利なビジネスですが、顧客獲得コストはそれなりにかかります。短期間の契約だと初期費用が回収できないので、最低12カ月は使ってもらいたいという思惑もあります。このため12カ月使用したかどうかを、違約金発生の1つの基準にしているのです。

1年間で自動更新という場合は「契約の期間延長」ですから、12カ月以上利用した後の途中解約であれば中途解約金は発生しません。一方で、12カ月に満たない利用の場合は、中途解約金が求められるわけです。

書面上「自動更新」という用語が使われていても、契約条件をよく読むと、内実は再契約となっている場合もあります。自動解約なら中途解約金は発生しないだろうと思っていたら、実は再契約となっており、解約金が発生してしまうことがあります。自動更新なのか再契約なのかは、よくよく確認しておきましょう。

低圧施設に関しては、経済産業省が定める「電力の小売営業に関する指針」があるため、法外に高い金額は設定されません。

ですが高圧以上の場合はB to Bの色合いが強く、契約を取り交わした以上はお互いの合意があるものとみなされ、解約の指定タイミングから1日でもずれると、1年分の割引金額どころか1年分の電気料金を求めてくる電力会社もあります。

解約するには契約満了よりも前の指定日までに申し出なければならない

ことは、携帯電話の契約にも似ています。**携帯電話の更新時期を意識するように、電力の解約もタイミングを逃さないようにしましょう。**

違約金なしでも「臨時精算金」が発生することも

契約前に、電力会社に「中途解約の際に、違約金は発生しますか？」と確認し、発生しないとの回答を受けて、契約したとします。それでも、契約期間中に中途解約した場合には、違約金が発生することがあります。

これは**「臨時精算金」という、供給開始または契約容量の増加から1年未満で切り替えをすると発生するコストです。**臨時精算金は、電力会社にとって「違約金」ではなく「精算金」のため、このようなコミュニケーションミスが発生してしまうのです。

こうした事態を防ぐために、必ず契約前に①契約書の条件を読み、②電力会社に中途解約の場合に「違約金」「臨時精算金」「工事費などその他費用」が一切発生しないか、しっかり確認するようにしましょう。

複数の割引契約と中途解約金の組み合わせに注意

「中途解約の落とし穴」とでも呼ぶべき複雑な契約書を使っている電力会社もあります。

1つの電力契約に対して、単年更新の割引契約と、3～5年の長期契約をセットで適用しているケースです。単年契約の満了のタイミングで解約しようと思っても、長期契約が足かせとなり、結局は期中切り替えとなって中途解約金がかかることもあるのです。

例えば、全体で30%割り引くという長期契約の場合、割り引く構成要素のうちの25%は単年契約で、残り5%が長期契約というようなパターンは珍しくありません。

電力会社からすると、25%の割引は直近の市況を前提にした1年間のみ有効な割引という位置付けで、市況次第では2年目は20%、3年目は15%と圧縮していくこともあり得ます。

ユーザー企業が契約条件を詳しく確認していない場合には、トラブルになることもあります。「長期契約」という言葉のイメージから30%の割引が3年間適用されると捉えて契約をしていますから、「話が違う、契約を取りやめたい」と考えます。しかし5%分は長期契約であるため中途解約と見なされ、違約金が発生するというわけです。

この場合、結局納得いかなくても、3年目は15%割引と5%割引で計20%の割引のまま電気料金を支払い続けることになります。

このような電力会社の契約条件とユーザー企業の想定に食い違いが生じないようにするためにも、契約書の条件は徹底的に読み込み、解釈に迷う部分があれば、電力会社に確認するようにしましょう。

解約予告期間は短く、見直しやすくしておく

契約書でチェックが必要な3つ目の項目は解約予告期間です。これは長いと6カ月、平均は3カ月、短いと1カ月と、電力会社によってまちまちです。

解約予告期間は、短い方がユーザー企業にとっての選択肢が広がります。できるだけ短い期間での解約予告で済むように交渉してみましょう。

ただ、**これ以上に大事なのが、先ほども触れた中途解約金と解約予告の組み合わせです。**自動更新、再契約の場合、解約の申告のリミットが非常

に重要になってきます。

例えば「3カ月前までに双方申告がない場合、自動更新」で、さらに「3カ月前までに解約予告」となっている場合、3カ月前の間際に「値上げしたい」と電力会社に言われる場合には、他社へ移る検討すらできません。極端なことを言えば、3カ月と1日前に電力会社が値上げしたいと言ったその日のうちに、ユーザー企業は解約予告をしなければいけないことになります。

一方、「今年は値上げしないですよね？」とユーザー企業から電力会社に確認するのもやぶ蛇になるリスクがあります。

確認を受けた電力会社は、「このお客さんは電気料金の値上げを視野に入れている」と思うでしょう。「いや、実は市況が厳しくて……」と値上げを切り出す口実になりかねません。

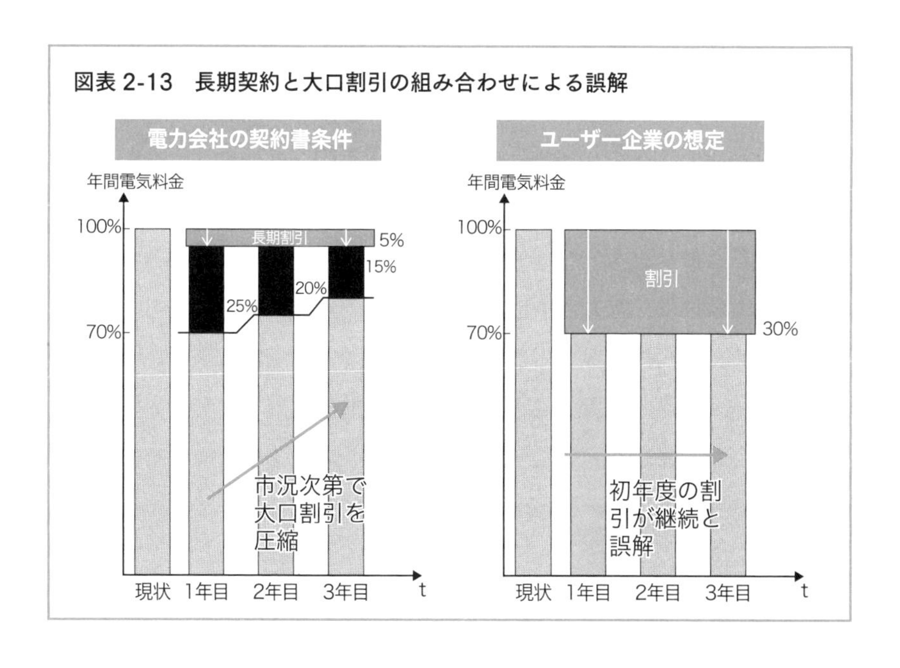

解約予告や自動更新のリミット直前のこうしたやり取りは、ユーザー企業と電力会社で腹の探り合いをすることになりがちです。電力会社との良好な関係維持の観点でも問題があります。

こうした場合は、覚書を結んででも契約条件を変えてもらう必要があります。「自動更新のタイミングと解約予告のタイミングに差がないと、社内の稟議が絶対に通らない」などと訴えましょう。「4カ月前までに双方申告がない場合は自動更新」、「3カ月前までに解約予告」など、時期をずらす交渉をしましょう。

顧客にメリットなし、ミニマム条件は緩和か除外

最後のポイントである「最低引き取り電力量、維持すべき電力」は、「ミニマム条件」と呼ぶことがあります。「少なくともこれ以上の電力を使う」という取り決めです。

ユーザー企業からすると、その数字が何を意味するかも、自分たちがその条件を達成できるかも分からないまま判子を押していることも多いようです。

この契約条件は、ユーザー企業にメリットはほぼありません。

ミニマム条件は、電力自由化前の時代に、大手電力会社が割引メニューを作るための理由付けとして生まれたものです。大手電力会社が電力を多く使うユーザー企業に便宜を図るため、「選択約款」と言われる特別なメニューを用意しました。ミニマム条件は、選択約款を適用するための条件だったのです。現在でもミニマム条件が残っているのは、当時の名残なのです。

ミニマム条件を難なくクリアできるユーザー企業はともかく、小売業や

不動産業などの出退店の多い業界や、生産量の減少などで稼働率が低下している工場などでは、この条件に引っかかるケースが散見されます。この条件に抵触すると割引が解除されたりペナルティの支払いを迫られたりと、無駄でしかありません。

対策としては、相見積もりをかける段階の買い手側が優位な状況のときに、見積もり時の前提条件としてミニマム条件の緩和、もしくは除外したRFPを作成し、電力会社に提示します。

電力コストの削減は、提案単価だけでなく全体最適を目指すべきで、単価の安さだけで選ぶと後で痛い目に遭うこともあります。**この5項目に特に目配りしながら契約書をすみずみまで精査し、これならよしと判断できたときに初めて、「この電力会社となら付き合える」ということが分かってくるのです。**

ステップ⑥ 切り替えに関する社内承認

10 決裁権を現場に近づけ、稟議期間を短縮

稟議が間に合わず、切り替え断念……

電力調達では社内の意思統一をいかに図るかが大きな課題となります。その意味で、稟議の上げ方にも工夫の余地があります。

まず重要なのは、スケジュール管理です。これまでに見てきたように、契約を切り替える場合は決まった期日までに現契約の電力会社に対して解約予告を出さなければなりません。しかし、切り替えの是非を稟議に諮るのが遅い調達担当者が多くいます。

解約予告の期日の数日前に気づいて、慌てて社内稟議を上げるというケースは少なくありません。中には「もう間に合わないので、今の電気料金は高いけれども今年の切り替えはあきらめる」というケースもあります。

見積もりを取って精査したにも関わらず、スケジュール管理の甘さから切り替えを見送るというのは、あまりにもったいないことです。何より会社の資金を無駄に食いつぶすことになります。

また、会社によっては、入札を行わない特命発注が認められていなかったり、見積もり依頼の件数を一定数以上取るよう定められていることがあります。

社内の調達ルールもあらかじめ踏まえて、きちんと社内決裁が得られるようにしましょう。

現場に決裁権がないと社内稟議に時間がかかる

社内調整での失敗を避けるには、まず稟議にかかる期間を的確に見積もることです。そして、**調達の決裁権をできるだけ現場レベルに近づけるよう働きかけることです。**

一般に、販管費の間接材の調達は、経営会議にかけることなく現場の上長の判断で決裁することが多いでしょう。ですが、電力調達に関しては、コア事業の商材では無いにもかかわらず、調達金額が大きいため社内規定の基準に引っ掛かり、経営会議の対象となることが多いようです。

調達金額に関わらず非コア事業の商材は、部長や本部長のレベルで決裁できるようになれば、調達に関わる社内手続きを簡素化できます。

ただし、電気料金の大幅削減を成功させて調達部門の成果を社内に知らしめたいという場合は、むしろ経営会議まで上げるようにした方が良いかもしれません。状況によってケースバイケースの判断が求められますが、その場合はくれぐれも余裕を持って対応してください。

稟議書を作成する際には、前年との違いが明確に分かるように "Apple to Apple" の比較表を添付するとよいでしょう。

なお、どう頑張ってもコスト削減ができないときは、その背景をきちんと説明する資料を添えます。卸電力価格の市況が上がって、地域の電力会社がそもそも値上げしている場合もあります。その場合、ベース価格の上昇分を補正した数字を示すことで、「相対的に見れば値下げに成功している、調達部門としては頑張っている」というアピールをするべきです。

ステップ⑦ 申し込み手続き、契約切り替え

11 面倒な手続きを簡単に済ませるコツ

膨大な情報の収集が切り替え業務の泣き所

第2章

ここまでの説明で、「電力契約の切り替え手続きは面倒そう」と感じたかもしれません。しかし、電気料金は長期的には値上がり傾向にあります。コストが膨らむ可能性があるものを放ってはおけません。そこで切り替え手続きを簡単に済ませるポイントを確認しておきましょう。

切り替え手続きの際に大きな負担となるのが、データの収集です。請求書の内訳を見ながら契約番号など様々な情報を整理するほか、高圧以上の施設の場合は電気主任技術者の情報もそろえなければなりません。

電気主任技術者とは、担当する施設の電気系統の保守・保安を行う専門家です。電気系統に問題があったりメンテナンスを実施したりするときに電力会社と連携して作業にあたります。ですから、切り替え手続きの際にも、電気主任技術者の情報を提示する必要があります。

この情報を普段からきちんと管理している企業はごく一部です。ほとんどの調達担当者は、切り替えの検討に伴って初めてそうした情報と格闘します。だから、「切り替えは面倒」という印象につながるのです。

一方で、普段から情報を管理しているわけでもなく、しかも「切り替えは全く苦にならない」という調達担当者もいます。

情報の収集・整理はプロの手を借りよう

上手な調達担当者は外部に任せるのが巧みです。実績データの収集にし

ても、見積もり依頼時のRFPにしても、**フォーマット作りから入力まで、現契約の電力会社に整理を頼んでいます。**

一定の調達規模の企業、電気料金でいえば年間数千万円程度の規模のユーザー企業であれば、新電力も大手電力も対応してくれるでしょう。

そもそも顧客からの依頼ですから電力会社としては断りにくいものです。また、電力会社としてもユーザー企業がつたない知識をもとに整理したRFPや契約切り替え申請データをもとに作業を進めるよりも、自分たちで作ってしまったほうが正確で結果として作業しやすいという背景もあります。そのため協力的な電力会社が多い印象です。

「相見積もりをとるための作業を頼むのは悪いのでは」と思う方もいるかもしれませんが、遠慮は無用です。電力会社はそうした作業も想定してコストを設定しています。素人がやるよりも、はるかに効率良く、しかも正確に処理してくれますから、ぜひお願いしてみましょう。

また、電気主任技術者の情報についても、外部の力を借りたほうが賢明です。電気主任技術者との契約は、新規で建物を建てるとき、契約主の代理で電気工事店が契約を行っています。この施設を担当する電気主任技術者が誰なのか、ユーザー企業が把握していないケースも少なくありません。そのため、自分で契約書を掘り起こすのは、合理的ではありません。

工事を請け負った電気工事店の名前が分からない場合は、電気主任技術者を派遣する団体がいくつかあるので、そこに連絡して、その団体が管理する企業の拠点から契約の有無を洗い出してもらう方法もあります。

なお、**電力会社を切り替えても電気主任技術者は変わりません。**電力の保安元が変わることを不安視して切り替えに二の足を踏むユーザー企業がありますが、電力の保守・保安と電力会社は別で選べますし、**電力会社を変えたからといって保守で差別的な扱いを受けることも一切ありません。**

COLUMN

電気主任技術者は災害復旧を左右する

保安会社選びは電力会社選びよりも慎重に

電力の保守・保安に関して、もう1つ説明しておきたいことがあります。昨今の気候変動により、大規模な自然災害が起きて、企業の施設が停電被害を受けるケースが増えています。中には「新電力にすると災害時の復旧が遅くなるのでは」と考える人もいるようですが、それは絶対にありません。大手電力会社でも新電力でも、インフラは同じであることは説明した通りですので、復旧のスピードも全く同じになります。

一方で、施設が水没した、配電設備が故障したといったことで停電になり、電力系統につなぎ直す必要が生じることがあります。その場合、電気主任技術者が立ち会って安全を確認しないと復旧できないことになっています。ということはつまり、復旧の速度は電気主任技術者がいつでも駆けつけられる体制が出来ているかに関わっているわけです。

各地の電気保安協会を筆頭に、民間も含めて電気保安を請け負う事業会社がありますが、会社によって対応がまちまちです。法律の上では2時間以内に駆けつけるようにと決められていますが、通常であれば規定時間で駆け付けられるとしても、災害時はそうもいかないため、人手が足りない、現場から遠いなどの理由で、それが叶わないこともあります。災害時の復旧を重視するのであれば、電気の保安会社は、電力会社を選ぶよりも、数段慎重に選ぶことをお勧めします。

ステップ⑧ 実績モニタリング・評価

12 電気料金の請求書には間違いがあることも

請求書の単価や割引条件が間違っていることも

電力会社の切り替え契約が無事に終わった後も、チェックすべきポイントがあります。それが見積書に記載されている単価や契約条件が、正しく請求書に反映されているかどうかです。

見積書の数値で交渉が進み、その条件で契約したものの、肝心の単価条件が請求書に正しく反映されていないことがあるのです。

特に見積もりを何度か出し直して、見積もり額を改定しているときは要注意です。原因は、単純なヒューマンエラーであることが多いようです。電力会社の料金計算システムに単価を登録する際に、最終版でない単価条件を登録してしまうといったミスです。

他意はないと思われますが、それでもユーザー企業にとっては大きなインパクトです。しかも数字の間違いは決してレアケースではありません。

対処方法としては、初月の請求金額が正しいかどうかを自分で再計算してみることです。やや難しいことではありますが、不明な点があれば電力会社に問い合わせて、疑問はしっかり解消しておきましょう。

検算してみたら誤請求があったという報告も少なからずあります。また、割引率が契約内容よりも大きくなっていたという理由で、「契約更新のタイミングで料金の見直しをさせてください」と電力会社から申し出を受けたユーザー企業もいます。

実際に、米国では、電力会社からの請求書のうち、10～15%は何かし

らのミスがあると言われています。日本の場合、そこまでは多くないとしても、それなりには誤請求が発生している印象です。

毎月の請求書に対して検算をするのが大変という企業も多いと思います。その場合には、契約や料金体系が変わったら初月の請求書のみ、自衛のためにも必ずチェックする習慣を身に付けましょう。

実際、米国では75％の企業がそれなりの検算をしているというデータがあります。

一方、日本の企業の場合、検算をしているという企業でも詳しくヒアリングすると、電気料金の請求額を使用量で割るという単純な計算しかしていないケースがほとんどです。これでは年間を通じて結果が1kWh当たり4～5円変動してしまいます。調達単価が1kWh当たり20円程度だとすると、4～5円の誤差は非常に大きく、これでは検算になりません。

第2章で解説した電気料金計算式を使い、**きちんと1円単位で合うか検算するようにしましょう。**

13 やぶ蛇にならない、値上げ要請への対処法

市況が上昇しているときの電力調達は最難関

卸電力市場の市況を踏まえて、次の更新時期の電力価格の見通しと調達戦略を立てることも調達担当者の役割といえます。

市況が上昇基調にあるとき、複数の電力会社から「今回の見積金額は上がります」「今の価格からいくと現状維持は難しいです」といった反応を得ていて、なおかつ現契約の電力会社で現状維持できそうであれば、「今回は、他社には見積もり依頼はしない」という選択肢もあるわけです。

というのも、RFP を基に見積もり依頼を出した時点で、現契約の電力会社にとっては新規提案となるため、その時の市況を前提とした見積もり提案となってしまいます。

一方で、**ユーザー企業が相見積もりを行わない場合、既存顧客向けの値上げ協議になります。**現契約の電力会社としては、当然ながらよほどその顧客を嫌っていない限りは、新規提案よりは値上げ協議後の価格のほうが安くなる傾向があります。

調達には、攻めの時期と守りの時期があります。**市況が下がっている攻めの時期は、電力会社同士を競わせる方法が功を奏することがあります。一方、市況が逆風の場合には、いかにやり過ごすかという現状維持も1の選択肢です。**

提示価格は安いのか、高いのか。市況が追い風なのか、逆風なのか。直近の市況を見極めたうえで調達協議を進めることで、電力会社との信頼関

係も深まりますし、社内の理解も得られやすくなります。

図表 2-14　市況値上がり時の調達戦略案

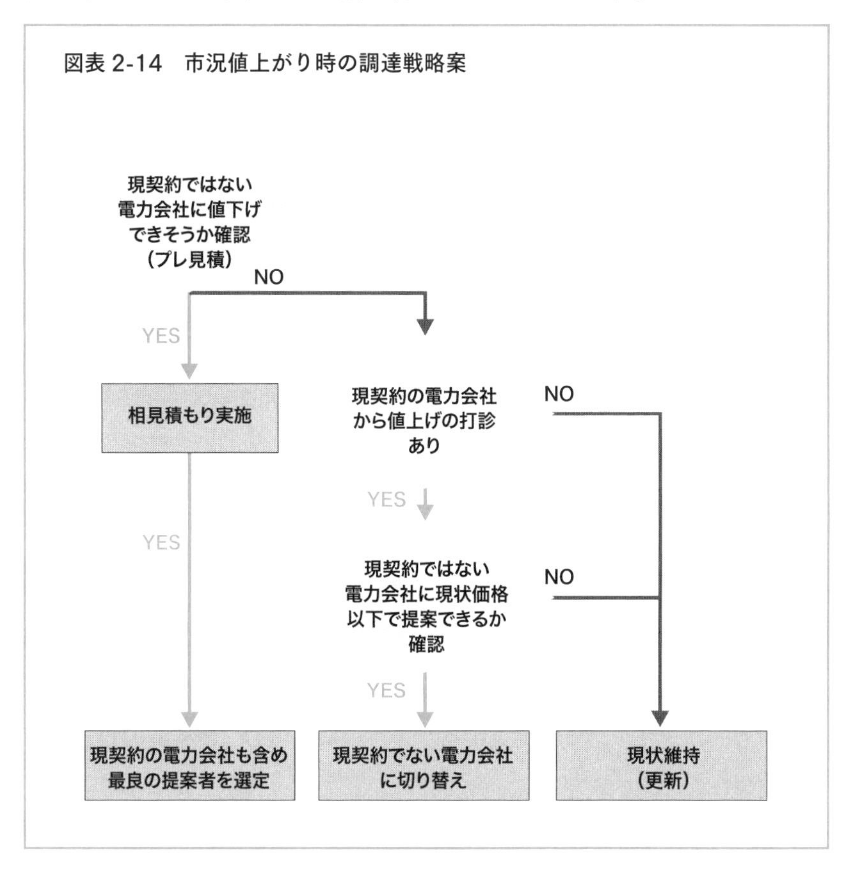

市況上昇時こそ電力会社の営業戦略が見える

卸電力市場の価格が上がっているときは、電力会社の営業戦略が見えてくることもあります。市況が上がるということは、電力会社にとって原価の上昇を意味します。

経営の健全性を考えれば、上がった分を価格に反映するのが基本的な考え方です。一方で、その苦しい状況下でも事業拡大やシェア獲得を目指して他よりも安い価格で見積もりを提案する電力会社もあります。特に新電力にそういう傾向が見られます。

苦しい状況の中で、その苦しい分を価格に転嫁するか、それとも苦しいながらも踏ん張るか。そのあたりのスタンスは電力会社によって分かれるため、市場が上がっているときと通常時ではプレイヤーの競争力の序列が変わってくることが往々にしてあります。

電力会社の戦い方や戦略なりを見極めるという意味でも、市況が上がっているときは裾野を広げてみることをお勧めします。

一般的には、新電力の方が、自社で提案して供給中の価格は何とか維持しようという傾向が強い印象です。大手電力の方が、その時々の市況に合わせて適した価格を提案する傾向が強く、価格が変動しやすい印象です。

値上がり時にどう社内の理解を得るか

調達担当者自身は、市況が上がり基調な状況を踏まえた場合には、現状維持や、多少の値上がりの結果について納得がいくことでしょう。一方で、社内の経営陣は、そのような外部環境の情報など知る由もありません。結果のみを報告してしまうと、「本当にやり尽くしたのか」「工夫が足りない」など厳しい反応になってしまいがちです。

ですから、値上がり時には、上手くコスト削減出来たとき以上に、社内説明用のデータ収集が必要になります。本来は、市況が上がっていることを客観的に示せるデータがあれば良いのですが、これは高い専門性が必要となり至難の業です。

そこで、比較的容易にできる方法を2つ、紹介します。

1つ目のやり方は、多くの電力会社に声を掛けたという証拠を残す方法です。電力会社の数を増やすときは、インターネットの法人向けの一括見積もりサイトを使うと便利です。

見積依頼書を作成・発送する手間が省けますし、自社のデータも見積もり依頼先を指定すれば必要以上に拡散させずに済みます。この際、最安の電力会社の提案だけでなく、提案したすべての電力会社の見積書（加工していない原本）も受け取れるサイトを選定しましょう。

第2章

一括見積もりサイトには、「エネチェンジ」、「価格.com」「タイナビ（太陽光発電導入ナビゲーション）」などがあります。

なお、一括見積もりサイトに依頼する際には、事前に契約締結予定の電力会社には、このプロセスがどうしても必要なことを説明して、理解してもらいましょう。くれぐれも契約締結予定の電力会社に黙って進めて、せっかく合意できていた契約条件がご破算になるような事態は避けて下さい。

2つ目のやり方は、過去に見積もりを出してもらい、今回も出してもらった複数の電力会社の提案価格推移と、自社が採用した調達価格推移を比べる方法です。

自社の調達価格の推移が複数の電力会社の平均的な値動きと同様の値動きをしていれば、今回の値上がりは妥当であることを示すことが出来ます。

14 手間のかかる実績管理は電力会社の手を借りよう

電力会社にサポートしてもらうのがベストな方策

賢い調達のポイントの最後が、「地球温暖化対策の推進に関する法律」（以下、温対法）に基づく、温室効果ガス（CO_2）排出量の報告や、自社内での実績管理などのデータ管理の上手なやり方についてです。

第1章でも説明したように、環境問題が取り沙汰される中で、企業におけるエネルギーの利用が課題となっています。温対法への対処もその1つです。

温対法は、エネルギー使用量の合計が年間で1500kℓ以上となる企業など特定の事業者に対して、CO_2をどれだけ排出したかを報告・公表するよう義務づけています。会社としてどれだけCO_2排出量の削減に取り組んでいるのかを示すため、前年実績との対比や使用した電力量の具体的な数値などの定量データが必要になっています。

データの算出や資料作成は、企業によっては外部のサービスを利用するくらい手間のかかる作業です。電力調達改革の取り組みの中に、実績管理を効率よく進める方法を織り込んでいくことが重要です。

最も良い方法は、見積もり依頼の段階で、エクセルで作ったフォーマットに電力会社に実績データを入力してもらうことを提案条件に含めることです。小規模のユーザー企業でない限り、このひと手間を加えたからといって見積もりを断られることはほぼありません。

見積もりの時点でこうした対処ができなかった場合でも、契約した電力会社にフォーマットの作成や管理を相談してみましょう。

COLUMN

電力会社の契約書類は2パターン

合意した契約条件を正確に書面に残す

電力会社の契約書類には大きく2パターンがあります。①供給約款（または供給条件書）とユーザー企業のみが押印する申込書をセットにした契約書と、②双方で押印する契約書です。

調達担当者が慣れていない場合には、「これまでは①だったのに、なぜ今回は②なのか。①はないのか」と不安になってしまうケースもあるようですが、①と②は全く同じ効力を発揮する同じ位置付けの書類です。

①は、家庭や標準の企業向けに用意されたものです。個々に双方押印の契約書を締結することが現実的ではないため、供給約款として広く公表し、その内容に合意した利用者が申込書に押印して申請することで、契約締結するやり方です。

②は、大口のユーザー企業向けに個別で契約条件を変更しやすくするために作成するもので、契約書の形式で双方押印し締結するやり方です。

ただし、①であっても、覚書があれば、個別で契約条件を変更できるため、①、②のどちらをベースとしても問題ありません。

契約書類に明示しないとトラブルになりやすい

契約書の形式に関わらず、重要なのは、双方で合意した契約条件を正確に書面に残すことにあります。

電力会社の営業担当者は、時間と手間がかかるため、法務部門を通さないといけないような条件の変更を契約書に明記すること極端に嫌がります。「契約書には書いていなくても、実際にはその通りに運用するので、安心してください」と言われるのは、そのためです。

これ以上言うと嫌がられるのではないかと躊躇してしまうかもしれませんが、見積書や提案書に明記されていたとしても契約書類に記載されていないと一切、効力がありませんので、必ず契約書類に明示してもらうようにしてください。

実際に、明記をしておらず、「契約期間中に電力会社の営業担当者が変わり、後任者にきちんと引き継がれず順守してもらえなかった」とか、「営業担当者の勘違いで、実際に契約書の解釈を電力会社の法務部門に確認してもらったら、認識が違っていた」などのトラブルが発生しています。

B to B の契約なので、契約書に明記するのは当然であり、電力会社に対してリクエストしても失礼には当たらないと認識しましょう。

電力会社の都合で、「どうしても契約書類を編集することが出来ない」と言われ、ユーザー企業側が電力会社に配慮する場合は、電力会社の責任者の職位の方からメールで、その契約条件で合意する旨の一筆をもらうようにしましょう。

図表 2-15　双方が押印する契約書＝申込書＋供給約款

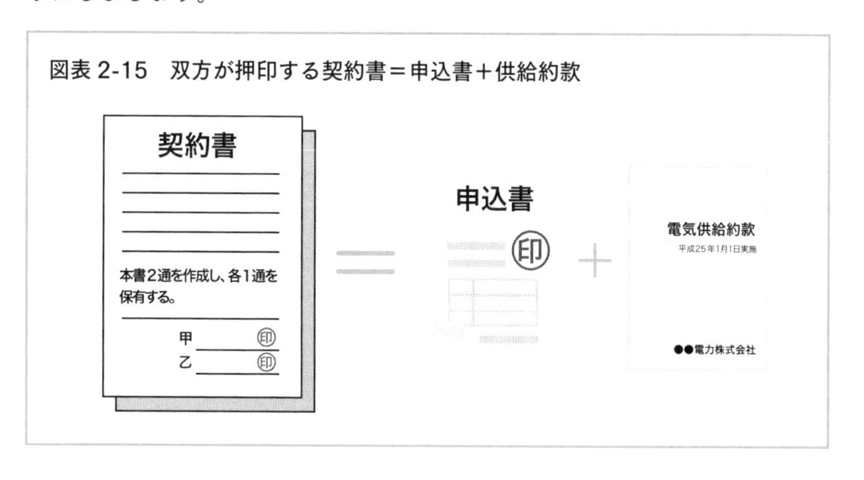

事例1　部品製造業

トップダウンで年8億円削減

【売上規模】7000億円

【年間電気料金】200億円　→　3〜4%（6〜8億円）の削減に成功

拠点ごとにバラバラの調達を一元化

全国に6つの事業会社を持つ部品製造業のA社は、これまで拠点ごとに生産管理の担当者などが電力調達を行っていました。

生産工程で相当量の電力を消費するため、年間電気料金は200億円に上ります。経営トップには電気料金が高いという意識がありました。そこで、電力自由化を契機にグループ全体の電力調達を本部が一括して行う方式に変更しようと号令をかけました。ですが、うまくいきませんでした。

その背景には、工場ごとに生産している製品が異なり、保有している設備もバラバラという事情がありました。ある拠点は、コージェネレーションシステム（熱電併給）を導入し、生産工程で電気と熱を使っていました。またある拠点では、特別高圧の受電のバックアップとして予備線を引いていました。それぞれの生産現場が電力会社に相談しながら、独自のエネルギー調達ルールを作っていたのです。

拠点ごとに独自の電力調達ルールを作っていた生産現場には、「本部の都合で勝手に電力調達方法を変更されては困る」という思いがあったのです。トップの号令をかけても、生産現場は動こうとはしませんでした。

しかし、原材料費が高騰し、コスト削減は待ったなしの状態になったことで、経営トップが再び動きました。今度は号令をかけるだけでなく、グループ全体で部門横断型の調達専門チームを立ち上げたのです。調達チームと経営企画を一体化させ、調達改革を可能とする権限を与えたのです。

取引実績のあるサプライヤーに率直に相談

調達改革チームは早速、調達先を検討し始めました。まずは、過去に取引実績がある電力会社やガス会社などを幅広く調達候補としました。

次に、電力会社やガス会社に素直にコスト削減の相談を持ちかけました。電力会社をはじめガス会社の担当者や技術の部隊にも相談に乗ってもらったのです。

当初、調達チーム内には「電力会社にとっては、買い叩かれ売り上げや利益が減る話なので、相談すると嫌われてしまうのでは」という不安の声がありました。しかし、いざ相談してみると、それは全くの杞憂でした。

「電力とガスをどう組み合わせると最適になるか」、「契約容量は見直せる余地はないか」といった技術的な相談から入ったことも奏功し、サプライヤーからは心配していたような反応は一切ありませんでした。それどころか、自社の営業は二の次で親身になって相談に乗ってくれたのです。

同時に外部のコンサルタントの助言も仰ぎました。コンサルタントは調達チームに、「これ以上、電気料金は下がらない」「この拠点の電力契約や設備には触れないほうがいいだろう」といった思い込みを排除するようアドバイスしました。そこで、調達チームは、常識にとらわれずに電気料金を削減できそうな方法を検討し、優先順位を付けていったのです。

電力会社から最良な提案をもらうためには、自社のニーズを織り込んだRFP（提案依頼書）が必要です。RFPを作るための要件定義を、多方面の関係者から得たセカンドオピニオンで収集していったわけです。

■ グループ全体で調達を一本化。電力利用状況も可視化できた

電力調達改革の柱は大きく2つ。1つは事業会社単位ではなく、グループ全体でエリア単位の調達に変更したことです。

グループ全体として束ねることが必ずしもコストダウンにつながるとは限りませんが、この会社の場合は電力会社間の競争が激化していたタイミングであったことも功を奏し、積極的な提案を引き出すことができました。電力会社とコミュニケーションを重ね、どういう条件であれば良い提案を出してもらえるのか、ヒアリングしながら詰めていったこともプラスに働きました。

もう1つの柱は、既存の業務プロセスの見直しによって、電気料金の削減が可能になる方法はないのか検討したことにあります。

調達改革に取り組むに当たり、各事業所の電力の使用状況を調べたところ、夏場の昼間など電気料金単価が高い時間帯では、操業すればするほど赤字になる状態に陥っていることが分かったのです。そこで、夏の昼間は生産量を減らし、夜間に生産をシフトさせるといった対策を行いました。

結果として、年間の電気料金は3～4%、金額にして6～8億円の削減につながりました。

「電気料金は切り込む余地のないコストだと思い込んでいましたが、やればできるんですね」と、調達改革チームのメンバーは笑顔で話してくれました。

現在も専従チームが継続的に電力調達に取り組み、さらなるコスト削減を実現させているそうです。「他社の調達額も大体知っていますけど、うちはめちゃくちゃ安いです」。そう自信を持って言えるほど、電力調達の改革を突き詰めていける確かな知識とノウハウが根付いています。

事例２　製造業

社内の反対を丁寧に解消

【売上規模】200億円

【年間電気料金】2億円　→10％（2000万円）の削減に成功

「責任は取らない」と断固反対する工場長

国内に2拠点を持つ中堅製造業のＢ社。主力工場である第1工場では特別高圧の電力を利用しています。経営トップはかねて電力調達改革に積極的でしたが、電力会社を切り替えることには、目に見えぬ不安を抱いていました。その時に契約していた大手電力会社から、「特別高圧は切り替えない方が無難」だと言われていたことが、その理由でした。

しかも、第1工場の工場長は電力調達改革に断固反対の立場を取っていました。「どうしても電力会社を変えるというなら、何か起きても自分は責任を取らない」とまで主張したのです。

契約先の電力会社とは長い付き合いで、仲間意識があったのかもしれません。電力会社を切り替えて、何か問題が起きたら自分の責任になるだろうという思いもあったのかもしれません。さらに、トラブルを解決するには、おそらく元の電力会社に頭を下げて契約を戻してもらう必要があり、自分が後始末しなくてはいけないと考えたのかもしれません。

ただし、もう1カ所の拠点である第2工場では、先んじて電力調達改革を実施していました。第2工場の現場も、当初は電力会社を変えることにためらいがあったといいます。ですが、コスト削減の努力は必要であるという考えから、数年前に電力の調達先を地域の大手電力会社から新電力に変更していました。結果として何ら操業に支障がないことを確認していました。

本社の総務担当役員は、第2工場での実績を元に、第1工場の工場長の説得を試みました。粘り強く説得を続けたところ、第1工場の工場長の考え方も徐々に軟化し、「電力会社を切り替えるかは判断できないが、他の電力会社から見積もり提案を受けてみるところまでは良しとする」と認めるに至ったのです。

いざ見積もり提案を受けてみると、大手電力会社系の新電力であれば、今より10%も年間電気料金を安くできることが分かりました。

そこで第1工場の工場長や生産現場の担当者に、どんなに小さな疑問や懸念も残さないように質問事項を出してもらい、切り替え先候補の電力会社に丁寧に回答してもらうというやりとりを何度も重ねました。結果として、工場長も含めた第1工場全体の電力への理解が深まり、切り替えの了解を取り付けることができたのです。

電力会社の切り替えを終えた第1工場は、何の問題もなく稼働を続けています。総務担当役員も、「問題なく切り替えられることが改めてわかり、ほっとしています」と安堵の様子です。

拠点のトップが反対するケースは珍しくない

この事例のキーパーソンは、丁寧なコミュニケーションで第1工場の工場長の心を動かした総務担当役員といえるでしょう。

この役員は、「ここで着手できなかったら、恐らく第1工場の電力調達はずっと手付かずのままになるだろうという予感がありました。ここが正念場に違いない、本腰を入れてやってみようと思ったんです」と後に話してくれました。

経営トップが調達改革を進めたいと考えていても、拠点のトップが反対するケースは珍しくありません。そんな状況で電力調達の最適化を実現するには、反対する側に電力自由化という時代の変化を認識してもらうこと、電力調達改革によって得られるメリットを客観的に提示すること、拠点の立場に配慮して不安を払拭しつつ、誠意ある態度で粘り強く働きかけることなどがポイントになります。

この総務役員は、特に工場長の心情に配慮しました。職人気質の工場長に対して、「他の電力会社の見積もりを取ることで、現在契約中の電力会社が目くじらを立てることはありません。だから見積もりだけ取ってみましょう。見積もりを見て、今の電力会社の方が条件が良ければ、そのまま契約を継続すればいいんです」と懇切丁寧に説明して、工場長の認識を改めさせたのです。

大手電力会社系新電力で安心を担保しつつ、コストメリットも

また、この事例には、もう1つ、ポイントがあります。切り替え先として大手電力会社系列の新電力を選んだことです。

地域の大手電力会社か新電力かの二者択一でなく、大手電力会社系の新電力という選択肢もあるのです。第1工場の工場長のように切り替えに非常に慎重なタイプや、保守的に考えるタイプの需要家の場合、大手電力会社のブランドで安心を担保すると同時に、新電力に切り替えることで得られるコストメリットも追求するという道もあるのです。

一度切り替えてみて、何も問題がないということが分かれば、翌年からはその他の新電力も選択肢に入れることができるかもしれません。

事例3　機械製造業

営業所の実態が初めて見えた

【売上規模】400億円

【年間電気料金】4億円　→10%（4000万円）の削減に成功

工場の稼働率が低下しても電力は最適化せず無駄が発生

元々は国内メーカーだったC社は、M&A（買収・合併）により外資系企業として再生しました。買収後、経営効率化の一環としてコスト削減に取り組む中で、電力調達改革に乗り出しました。

電力調達改革の第1段階として現状の把握と分析を行ったところ、驚くべき実態が次々と明らかになりました。例えば、工場の稼動が最盛期の約半分に落ち込んでいたにも関わらず、電力の契約容量を変更しておらず、無駄な基本料金を支払っていました。

また、自家用発電設備による無駄も判明しました。発電の用途が決まっていないのに、かつて決めたスケジュール通りに発電していたのです。

つまり、フル稼働を想定した当初の計画のまま、稼働率が低下してもそれに見合った最適化を行わず、電力を無駄に使用・発電していたのです。工場のこうした業務実態の見える化は、電力調達改革に着手することで、初めて把握できたのです。

販売拠点についても同様に、調達改革を機に業務実態の見える化ができました。全国各地に営業所が数百ありましたが、調達改革の前はその業務実態はおろか、営業所数の把握すらできていなかったのです。

しらみつぶしに調査を進める中で、自社看板の電灯など電力を使用する付帯設備が多数あることが分かりました。また、電気料金支払いなどの経理処理を各営業所単位で行っており、従業員がそれぞれに伝票入力していることで、コスト面に加えて、業務プロセスの面でも無駄が多いことが浮き彫りになりました。

■ 電力調達改革が根本的な業務改善にもつながった

電気設備のチェックや契約の洗い出しなどを徹底的に行い、まとめられる契約は束ねて調達する形に切り替えた結果、営業所の電気料金の単価を下げることに成功しました。営業所は低圧施設が多く、契約を一本化することで年間電気料金を10%近く引き下げることに成功したのです。

工場については、現契約の価格が安かったため、単価はそれほど変わりませんでしたが、契約容量の見直しによって基本料金をある程度、削減することができました。

電力調達改革がこの会社にもたらした最大の恩恵は、コスト削減でなく、事業実態の見える化であり、管理負荷の大幅な低減でした。契約を切り替える手前の現状分析に大きな意味がありました。

調達の責任者は、「管理工数が大幅に減ったことで、電気料金が10%下がった以上に大きなコスト削減効果が得られたと実感しています。良い機会をもらいました」と振り返ります。電力調達改革によって電気料金を見直しできただけでなく、根本的な業務改善にもつながった好例といえるでしょう。

事例4　学習塾チェーン

経理処理など業務負荷が大幅減

【売上規模】400億円

【年間電気料金】1億円　→10％（1000万円）の削減に成功

新しい教室の開設時の新設供給がネック

全国に200カ所ほどの教室を展開する学習塾チェーンＤ社の事例です。

塾の教室は低圧施設が多く、電気料金は家庭の2～3倍といったところです。そこで、コスト削減を1つの目標には掲げつつも、電力調達を全体としてスリム化し、業務の効率化を進めることをメインテーマに位置づけ、電力調達改革を実行しました。

この時、切り替え先の候補に求めた条件は、①新設時から電力供給ができること、②複数エリアに供給でき、単一エリアの最安値と比べてもコスト的に遜色がないこと——の2点でした。

①は、新規開室（出店）が多いことを踏まえたものです。新電力によっては、手続きが煩雑になるため新設時の電力供給を引き受けないところがあります。このため、新電力で電力契約を一元化した場合、新しい教室を開く際には、各エリアの大手電力会社にいったん申し込みをし、その後、現契約の新電力に切り替えるという二度手間を求められることが珍しくありません。

チェーン本部は、こうした煩雑さを避けたいと考え、教室新設時から申し込みを受けてくれて、なおかつ同じ割引率を適用してくれる電力会社を探しました。その結果、業務効率を大幅に下げることに成功したのです。

新電力がリクエストに応え、経理処理をサポート

電気料金はエリアによって相場が異なります。このため、最安値の電力会社をエリアごとに選択する企業もめずらしくありません。

ただ、全国10電力エリアで、バラバラの電力会社と契約すると、10社の電力会社とやり取りすることになります。契約書も10社と交わさねばならず、手続きに手間がかかります。また、毎月の請求書受領や引き落としなども10社分発生するため、業務負荷が発生します。

全国の教室を1社の電力会社に供給してもらえれば、管理業務の効率化、ひいては管理コストの削減につながります。そこでD社は、全教室を新電力1社から調達することに決めました。

電力契約を切り替えてから3年が経過していますが、D社はこの新電力と中長期で付き合うことのさらなるメリットを得ています。

その1つが経理処理のサポートです。電気料金の管理負荷を下げたいと考えたD社の経理担当者は、新電力に対して、「教室別に電気料金をコード付けしてエクセルファイルで送付してほしい」とリクエストしたのです。新電力に快く対応してもらえ、今ではエクセルファイルをもらっています。これにより、教室単位の経費管理が格段に楽になりました。

「電気料金は本部が一括して支払いますが、電力の使用実績によって各教室に請求額を割り振っていく作業が大変でした。教室と請求額を紐付けることも、紙で起こした請求書の数字を転記するのも、時間と手間がかかっていました。電力会社にエクセルの月次データをもらえるようになり、作業量はぐっと減りました」とD社本部の経理担当者は話します。

長く付き合っているからこそ、業務改善を一緒に行うパートナーとしての関係性を電力会社と築けたのです。

第2章 事例編その1

■ 外部の専門家から見ても「今の電気料金はいい水準」

切り替えから3年が経ったころ、この学習塾チェーンの株主が電力調達の見直しを行いました。現状が本当に最適なのかどうか、電気料金を下げる余地はないのか、コンサルタントに調査を依頼したのです。

専門家による厳密な調査・分析の結果、契約中の新電力が価格もサービスも含めてベストな選択であるという結論になりました。株主もD社も満足して、現契約の新電力と契約を続けています。

電力調達改革の際、拠点ごとに見積もり依頼をして個別に安さを追求していくという方法もありますが、小規模の拠点が多数ある場合は、業務負荷の低減も視野に入れてサプライヤーを選ぶのも有効です。

この事例では、請求書の発行が紙のみでなく、デジタルデータにも対応しているか、個別カスタマイズにもある程度応じてくれるかといったことを、見積もり依頼の段階で条件として明示しました。目先の単価にとらわれず、電力調達に関わるコストをトータルに抑制することができたのです。

近年は電力市況が値上がり基調にあるため、電力会社から、現状の単価の維持を提案されていたようです。それを受けて本部でもコンサルティング会社を通じて値下げの余地を探ったそうですが、相場に引きずられずに低めの単価を維持できていることを再確認できたとのことです。経営者は「今のコストが良い水準であると分かりました」と、誇らしげに語ります。

もし、現状を適切に評価できていなかったとしたら、より安い価格を求めて電力会社を切り替えていたかもしれません。そうなると虫食いのように契約のばらつきが発生し、業務に煩雑さが生じるリスクもあります。現契約の電力会社との関係性にもヒビが入り、これまでのような手厚いサービスが望めなくなることも考えられます。サプライヤーとのいいリレーションシップを作ることの価値を示す事例でもあるといえるでしょう。

事例5　ホテルチェーン（外資）

あえて見送る判断が「正解」

【売上規模】非公開

【年間電気料金】1億円　→　15%（1500万円）の削減に成功

外資系企業ならではの一発勝負の入札

E社は、国内に5つのホテルを展開する外資系のホテルチェーンです。5つの拠点の電気料金が年間1億円余りということで、コスト削減を主目的に電力調達改革に踏み切りました。

外資系企業ということで、入札には厳密な公平性が求められます。まず、入札参加資格を書類審査し、入札期間中は応札会社と社内担当者の接触は最低限に留め、勝敗は一発勝負の見積価格で決めるなど、日本企業以上に透明性と公平性を確保した完全な競争入札とせざるを得ませんでした。

そこで応札企業に対しては、短時間で内容の濃いコミュニケーションを取りながら提案してほしいと依頼し、声をかける電力会社の数も4社ほどに絞りました。

電力会社の選定に際して、まず与信審査に耐える企業体力があるという観点で、商社系と石油系の2社を選びました。残り2社は、現契約の電力会社からのアドバイスによって選びました。

現契約の営業担当者は、「うちではこれ以上価格を下げられないので、今回は応札を見送ります」という連絡をしてきたといいます。そこで、E社の調達担当者は、現契約の営業担当者にコストパフォーマンスの面で勢いのある電力会社を教えてもらえないかと問い合わせました。

電力会社の営業担当者の多くは、「市況の潮目が変わればまたこの顧客にアプローチしたいと」いう期待を持っています。今回、応札できないのであれば、せめて最後は相手に喜んでもらおうというサービス精神が働きます。そのため入札に参加しない場合は、客観的で素直なアドバイスをくれることが往々にしてあります。

しかも電力のプロだけに、実勢価格や世間の評判などのジャッジは的確です。調達担当者は、「このアドバイスは信用できると踏んで入札の参考にした」と振り返ります。

■「あえて切り替えない」ことを決断

E社の調達担当者は、現契約の営業担当者以外にも、さまざまなツテをたどって情報収集を試みました。その結果、調整方針を変更することにしたのです。

当初は関東、関西の5つのホテル全てで契約切り替えを予定していたものを、関東の4カ所のみの切り替えへと変更しました。関西の1カ所はエリア全体の電力市況が上がっていて、むやみに契約を切り替えると、かえって価格が上がる恐れがあったからです。

電力会社と丁寧なコミュニケーションを取りながら契約の落としどころを探っていく形の入札と違い、一発勝負の入札はややギャンブルめいた側面があります。それゆえリスクの高いエリアに関しては切り替えを見送るという判断を下したわけです。

一方、4拠点の見積もり依頼に関しても工夫を凝らしました。E社の入札は、完全なる競争入札で、提案受領後の価格協議や交渉ができない一発勝負です。

本来、密なコミュニケーションを望む各電力会社が「ドライな対応だ」

と感じると、敬遠されてしまい、良い提案がもらえない可能性があります。そこで、細心の注意を払って見積もり依頼を設計しました。

■ 社内でターゲット価格を算出、ついて来られる会社を探る

具体的には、現契約の調達価格をベースに、自社で許容できるターゲット価格を大まかに算出。「この水準で決まるならば、それ以上は高望みしない」ということで社内の同意を取り付け、ターゲット価格を開示した上で見積もりに臨んだのです。

調達担当者いわく、「自社で許容される水準を正直に開示したんですが、それがかえって良かったようです」とのこと。

電力各社に対して、「会社のルール上、競争入札にはなるが、現状価格からこれくらいのパーセンテージで割り引きができそうであれば評価する」という具体的な落としどころを示したのです。すると、その通りの価格を示した電力会社が1社あったので、そこに決めました。結果として電気料金は15%、金額にして年間1500万円のコスト削減が実現しました。

ちなみに、切り替えなかった関西エリアでは、やはり電気料金が値上がりしていったそうです。

「関西拠点で契約している電力会社の担当者に聞くと、周辺では値上げ提案をしているが、既存の顧客なので今の価格を維持してくれているそうです。慎重に行って正解でした」と、調達担当者は顔をほころばせます。

残り1カ所の調達改革は電力市況などを見ながら長期戦となりますが、「あえて切り替えない」という選択肢もあることをこの事例は教えてくれます。

第3章

経営の武器になる、電力調達の高度化

第2章では、電力調達の基礎的な方法論を解説しました。しかし、重要なのは最適な調達を「継続」して、調達レベルを「高度化」することです。電力調達改革は一度やって終わりというものではありません。繰り返しブラッシュアップするための取り組みを自社の組織内に定着化させられなければ、元の木阿弥となりかねないのです。

本章では、主に組織のリーダー層や経営者に向けて、電力調達改革を高度化するためのポイントや体制づくりについて解説します。

1 電力調達をレベルアップするために

なぜ電力調達改革の高度化が必要なのか

電力調達改革は、1度やって終わりではありません。毎年の契約更新時に、少しでも最適化が図れるように、検討を重ね、試行錯誤し、自社に調達ノウハウを蓄積していくのが本来あるべき姿です。

販管費に占める電気料金の比率は非常に大きく、コスト最適化の効果は非常に大きいものです。また、電力全面自由化の進展に伴い、市場環境は変化し続けています。今年と同じ交渉が、来年も通じるかどうかは分かりません。

電力調達改革は、自社の組織内に改革を進める文化が定着し、継続的にレベルアップが図られる仕組みを作ってこそ、その真価を発揮します。

第2章の内容を習得できれば、「その調達のやり方を繰り返せば十分ではないか」、「なぜ、さらに高度化させる必要があるのか」と思われるかもしれません。

もちろん、これまでに解説してきた内容は十分に役に立ちます。大手電力会社の標準メニューからの初めての切り替えや、電力会社を1、2回切り替えた程度の状況であれば、第2章の内容を習得して業務を行えば、それなりの価格水準までは簡単に下げることができるでしょう。

ですが、最初に見直しを行ったときは上手くいったとしても、そのまま放置しておけば、更新のたびに電力会社から値上げ要望を受け、気が付いた時には相当高くなっていることもあります。また、調達単価自体はそのままでも市況が下がってくれば、追加の削減余地を見過ごすことにもなりかねないのです。

従って、電力調達改革を継続して推進する仕組みを構築し、運用することで初めて本当の意味でのレベルアップが図れるのです。

外部環境が激変しても「調達偏差値」を維持できれば良い

例えば、世界的に原油価格が高騰している状況下では、自社の電力調達価格も値上がってしまうでしょう。ただし、市場相場と比べると十分に安く、「調達偏差値」が維持できているのであれば、何も問題はありません。

ここでいう調達偏差値とは、自社の調達価格を市場相場と比べた相対価値という意味です。電気料金の単価は、外部環境の影響を当然ながら受けます。その時々で、**相対的に安価な価格で調達できていれば、コストの最適化ができている**と言えます。

調達偏差値＝市場相場と自社の調達価格を比べた相対値

自社の経営状態によって生産体制を増強することもあれば、国内生産体制の縮小や拠点整理を行うこともあるでしょう。その際には、どのような電力契約形態、契約条件が自社に適しているかを検討することが非常に重要です。

さらにもう少し長い時間軸で見ると、大小あるものの様々な動乱が生じます。この10年ほどを見ても、リーマン・ショック、東日本大震災、気候変動による自然災害、新型コロナウイルスによるパンデミックなどが生じています。

このような状況下に直面した時、ただじっと嵐が通り過ぎるのを待つ企業が多いでしょう。ですが、電力の専門家から見ると、受け身の姿勢は大きな損失を被りやすい傾向があります。

少し専門的になりますが、例えば、停電対策による損失回避や自社の操業自粛時の契約電力の見直しといった工夫をすれば、損失を最小化することが可能です。こうした検討ができるように、電力調達に関する知識を身につけ、レベルアップしていきましょう。

このレベルアップこそが、本章のテーマである「電力調達改革の高度化」です。

自社の経営状態や外部環境などに合わせて電力調達を最適化するためには、その時々の状況に合った目標設定やモニタリング・評価を行う必要があります。

漫然とした受け身の調達でなく、主体性をもって調達を高度化していくのです。そのためには、**組織内の枠組みや体制の整備、人材確保が欠かせません。**

「電力の調達改革はすべてのコスト削減に通ず」

そうはいっても、「コスト削減の対象になるものは、ほかにも山ほどある中で、電力にばかり時間を割いていられない」「なぜ、電力のコスト削減にここまで躍起にならないといけないのか」と思われる方も多いのではないでしょうか。

確かに、本書が提案するコスト削減手法が電力にしか通じないのであれば、電力に対して、ここまで時間と労力をかける必要はないでしょう。しかしこのコスト削減手法は、電力だけでなく、様々なモノのコスト削減に適用できる普遍的な手法です。

ですから、第2章で述べた集中購買や市場ベンチマーク、原価推計、仕様協議、関係強化、そして本章の調達高度化の内容を、ぜひ身につけていただきたいのです。

また、どんな企業でも電力は定常的に調達し、かつコスト削減に取り組むハードルが比較的高い費目です。**全社的に電力調達改革を行う仕組みを整えれば、他の費目のコスト削減にも適用することができます。**

電力はコストボリュームが大きいため、調達改革の成果は短期で大きなインパクトが得られます。「電力の調達改革」で社内の成功体験を作ることで、その他の費目も含めた「全てのコスト削減」につなげていくことができるのです。

2 電力調達改革を高度化する3つのポイント

継続的な改革に向けたポイントは3つ

全社を挙げて電力調達改革の高度化に取り組むに当たっては、外せないポイントが3つあります。

電力調達改革を高度化するためのポイント

- **ポイント1：目標設定とモニタリングの仕組み化**
- **ポイント2：プロジェクトチームの設置とミッションの設定**
- **ポイント3：社内・社外の専門知識を持った人材の確保**

第1が「目標設定とモニタリングの仕組み化」です。

その時々で電力調達に求められることは変わります。定期的な電力契約の切り替えのほか、生産ラインの見直しに伴う最適化であったり、自然災害や金融危機への対応だったりします。状況に合わせて、電力調達で目指すべき目標を設定します。目標は、調達単価の引き下げの場合もあれば、契約容量の最適化の場合もあります。

そして、その目標を実現するために、**現状の電力契約や電力の使用実態をデータベース化し、目標に合わせたモニタリング・評価が可能となる仕組みを作ります。**

第2は、経営層が目標設定とモニタリングの仕組みを組織内で機能させるためのプロジェクトチームを設置し、そのチームのミッションを設定します。

このチームが組織内できちんと活動して成果を出せるように、**責任と権限を明確に示す必要があります。**

第3に、**この枠組みを推進するためのメンバーをそろえます。**それが「社内・社外で専門知識を持った人材の確保」です。どのようなメンバーを招集すべきか、そもそも社内、社外のどちらから起用すべきかなど、方針を定める必要があります。

3つのポイントをきちんと設計し、運用できれば、組織に電力調達改革の取り組みは定着します。1度きりの調達改革に終わらず、レベルアップし続けられるはずです。

図表 3-1　継続的な電力調達改革のポイント

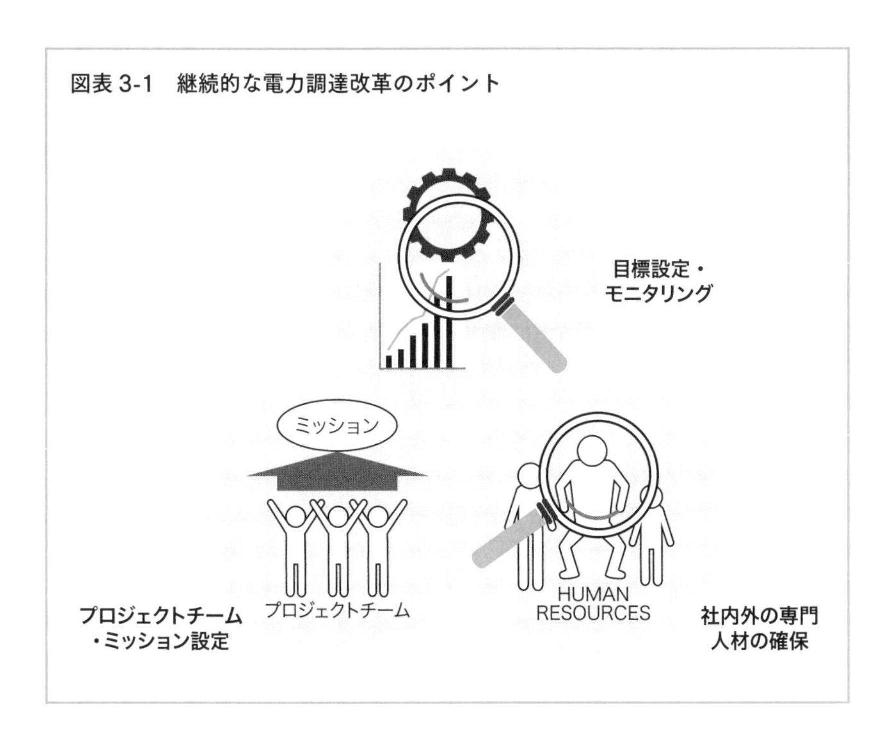

3 カギは目標設定とモニタリングの仕組み化

外部環境の変化や経営層の要請にすぐに応える力をつける

電力調達の最終的なゴールは、どんな会社でも自社の「電力調達を最適化する」ことです。ただし、**最適化とは、第2章で解説したような電力調達単価に限定するものではありません。**

電力調達で検討すべき項目を書き出すと、図表3-2が出来上がります。基本料金や電力量料金の単価は、もちろん最重要項目です。ただし、場面によっては「コスト」と「環境性」のバランスも考えなくてはいけません。また、コストと一言でいっても「契約電力の大きさ」や「使用電力量」「業務の管理コスト」などの観点も考慮しなくては、全体最適にならないのです。

特に、外部環境が大きく変化したり、経営上の理由から大きく舵を切る局面では、電気料金の単価だけでなく、**その時々の状況に合わせた“切り口”で目標を設定し、最適化に取り組む**必要があります。

例えば、製造業で数年かけて生産体制を海外に移転することが決まり、電力調達を見直すという場面を考えてみます。この場合、設定すべき目標は、「稼働を落としても割引額が減りにくい」「工場閉鎖時の違約金がかからない」といった条件に近い電力会社を見つけて交渉し、有利な条件で契約することです。

他方、宿泊業で新型コロナウイルスの影響で、臨時休業が一定期間続いたり、その後も客足が激減して回復するまで1、2年間はかかると見込ま

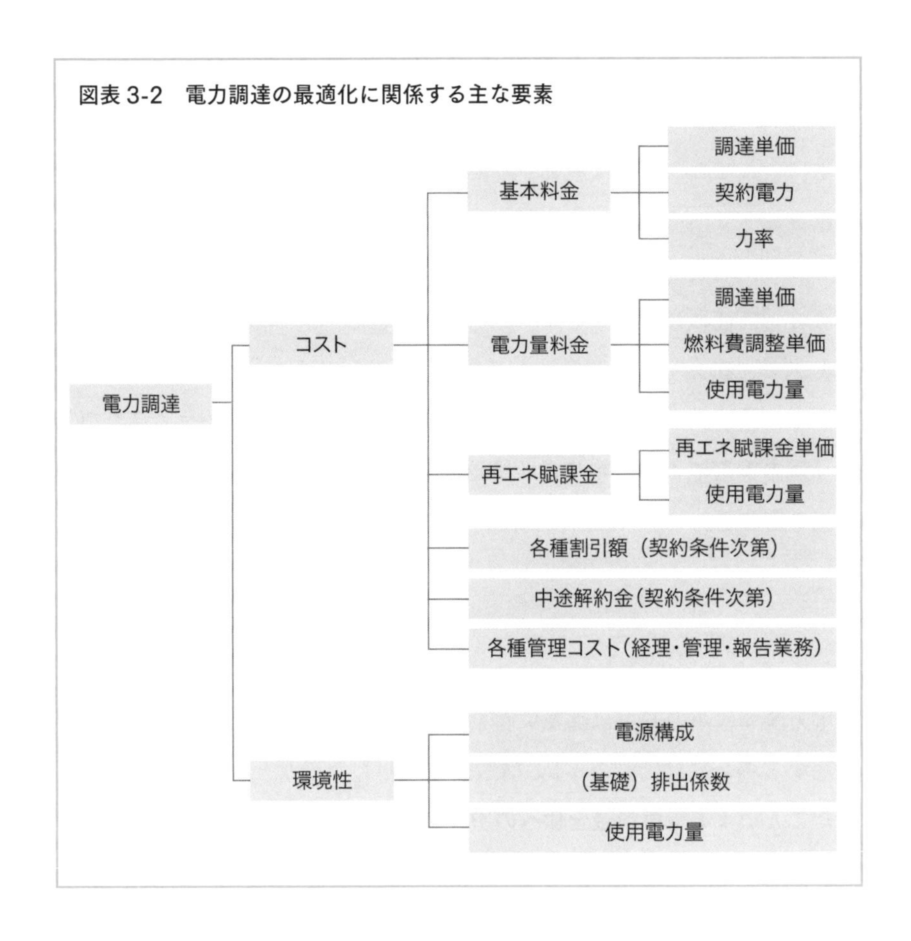

れる場合の目標は何でしょうか。使用電力量が減ることが予想されますので「契約容量の見直し」や「コロナの支援メニューを用意している電力会社を探す」ことが目標です。加えて、「ごく短期間で契約切り替えが可能であること」も欠かせない目標でしょう。

このほか、「拠点ごとに省エネ活動を推進する」「地球温暖化対策としてRE100に加盟したり、CDP（カーボン・ディスクロージャー・プロジェクト）スコアを向上させる」など、目標はさまざまです。

繰り返しになりますが、第2章で説明した電気料金の調達単価を安くすることは、電力調達の基本中の基本です。ですが、外部環境や経営状況の変化に合わせて、普段はあまり着目していない調達単価以外の要素に目を向けることで、その時々の状況に合わせた最適化が可能になります。

そして、最適化への取り組みを繰り返していくうちに、最終的なゴールである「自社の経営状態や外部環境に合わせて、電力調達を最適化する」ことができるようになるのです。

第3章

では、**最適化の切り口別に具体的な方法を見ていきましょう。切り口①が「電力調達改善の基本である調達単価を安くする」、切り口②が「電気の使い方改善」、切り口③が「環境への取り組み」です。**

最適化の切り口① 調達単価を安くする

電力調達改革の基本は調達単価を安くすることです。この切り口で目標設定する場合には、図表3-1の構造図で説明した通り、**調達単価が安くなったことによる電気料金全体への影響をモニタリングしなければなりません。**

まず、契約切り替えによって変わる要素には、基本料金単価、電力量料金単価、各種割引額、中途解約金、燃料費調整単価（電力会社の燃料費調整制度と異なる場合のみ）があります。

当然ながら、第2章ステップ④「見積もり提案の評価」で解説した通り、契約切り替え前にも、契約を切り替えることで年間の電気料金がいくら安くなるのか試算します。ただし、これはあくまで「昨年度の使用実績」や「切り替えに伴い自社が想定する前提条件」に基づく試算でしかありません。

ですから第2章ステップ⑧「実績モニタリング・評価」のように、切り替え後に実際に請求された電気料金を評価する必要があるのです。

多くのユーザー企業が、切り替える前の電気料金の試算と効果の見込み評価を社内稟議用や報告用に作成していることと思います。一方、本来であれば一番の関心を持って見なくてはならない契約を切り替えた後の実績額の評価については、意外にもあまり行われていないようです。

では、電力契約を切り替えた後の実績額に関して、どのようなデータを基に、どのようなモニタリング項目を設定するのかを解説します。

まず、電力契約の切り替え前の12カ月分の電気料金データを入力します。この時、料金についてのデータをできるだけ細分化します。

請求金額だけの大まかなデータだけでは、使用電力量の増減や再エネ賦

図表 3-3　調達単価に関するモニタリング項目（例）

No.	モニタリング項目	評価	比較対象	特徴
①	予実管理・評価	今年度の「電気料金」の実績	昨年度末に立てた今年度の「電気料金」の予測額	・実際に発生した金額ベースで予実管理が行える ・再エネ賦課金、燃料費調整額などの外的要因を要素分解することで評価可能
②	昨年度対比評価	今年度の「電気料金」の実績	昨年度の「電気料金」の実績	・実際に発生した金額ベースでの削減額/増加額がわかる ・再エネ賦課金、燃料費調整額などの外的要因を要素分解することで評価可能
③	調達単価見直しによる効果測定・評価	【調達改革後の今年度電気料金（実際の発生額）】 今年度の調達単価 × 今年度の契約電力・使用量	【調達改革を行わなかった場合の今年度電気料金】 昨年度の調達単価 × 今年度の契約電力・使用量	・調達単価を見直したことによる効果に絞って評価可能

課金、燃料費調整額の変化による影響が大きく、適切な評価が困難だからです。契約切り替え後も同様に、毎月の電気料金を細分化して入力し、比較できるように整えましょう。

次に、このデータを用いて、モニタリング項目ごとに評価します。ユーザー企業ごとに業種や組織形態が異なるため個社ごとに設定する項目もあるでしょうが、最も汎用的なモニタリング項目を下表に記します。

モニタリング項目①　予実管理・評価

まず1つ目は「予実管理・評価」です。この評価は、**今年度の電気料金の実績と昨年度に立てた今年度の電気料金の予測額を比較し、評価する**ものです。

次年度の電気料金の予測方法は少し専門的なので、図表3-4のフローを用いて大枠のみ説明します。

まず、昨年度の電気料金の実績単価を基に、電力の使い方の変化による契約電力と負荷率の変動予測と再エネ賦課金の変動予測、燃料費調整単価の変動予測を加味し、今年度の単価を予測します。

また、使用電力量についても、昨年度の実績使用量を基に、省エネや事業の稼働率の見直しなどによる変動予測を加味し、今年度の使用電力量を予測するのです。単価予測と使用量予測を掛け合わせることで今年度の電気料金を予測します。これを次年度の予算作成に活用します。

この際、再エネ賦課金や燃料費調整額などの外部要因を含めた電気料金と、それらを除いた電気料金の2パターンで比較・評価することがあります。前者の場合は、昨年度末に今年度の電気料金総額の予測に対して、実際に請求される電気料金の総額を比較する場合に使います。後者は、再エネ賦課金や燃料費調整額などの変額する要素を除いた「調達単価×使用電力量」の予測値と実測値を比較する際に使います。

年度ごとに立てる次年度の予算額（エネルギー予算案）と、次年度に実際に請求された実績額との差額が年々小さくなるように予測精度を高めていくことが肝要です。

一方、通常は予算額を実績額が超過することは、会社の管理上は望ましくないはずです。予測精度は高めつつも、予算枠に多少のバッファーを設けておきましょう。

加えて、経営層に予実評価を報告する際には、予測とズレが生じた要因をきちんと分析して報告しましょう。そうすれば経営層も、きちんと管理していることを評価してくれるはずです。

図表 3-4　モニタリング項目「予実管理・評価」のイメージ

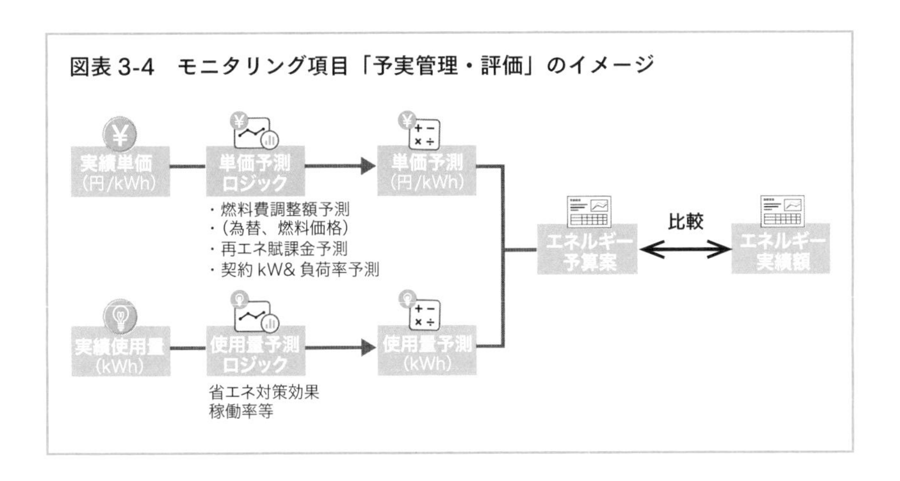

モニタリング項目②　昨年度対比評価

2つ目は、「昨年度対比評価」です。この評価は、今年度の電気料金の実績を昨年度の電気料金と比較するものです。図表3-5のように、電気料金の請求書の内訳に記載されている料金を構成する項目ごとに昨年度と今年度の実績を整理し、比較します。

請求された電気料金の総額を昨年度と比較をするのではなく、構成項目ごとに金額を昨年度と比較することで、どこが下がって、どこが上がったのか、要因を分析することができます。

契約電力や使用電力量の増減も並べて表示することで、電力の使用状況が当初想定と違ったのか、それとも再エネ賦課金や燃料費調整額など変動する構成要素の影響が大きかったのかを考察することもできます。

第3章

図表 3-5　モニタリング項目「昨年度対比（%)」のイメージ

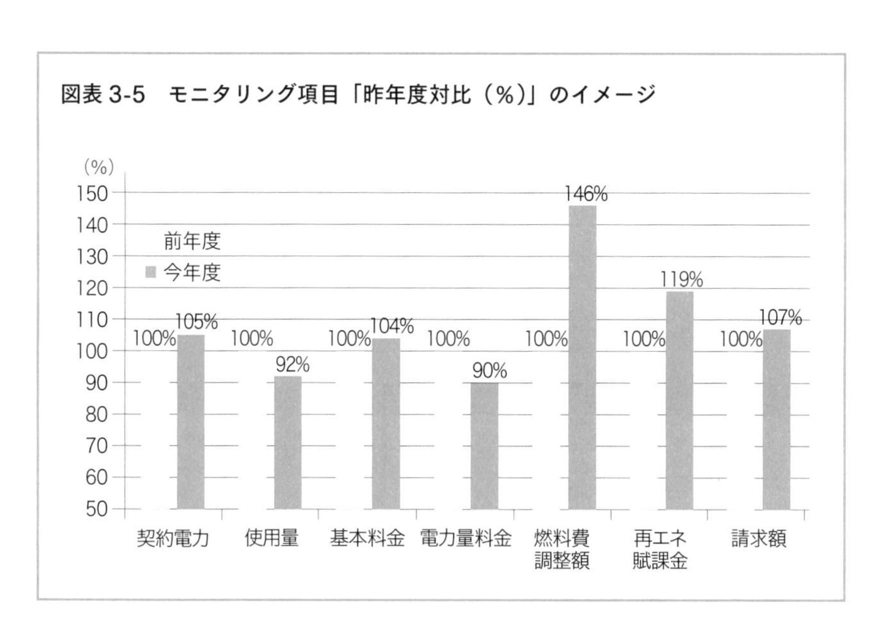

モニタリング項目③　調達単価見直しの効果測定・評価

3つ目は、「調達単価見直しの効果測定・評価」です。この評価は、使用電力量の前提を統一した上で、調達単価の違いが今年度の電気料金にどの程度影響を与えたかに絞って効果を見るものです。そのため、再エネ賦課金や燃料費調整額などの外部要因はすべて取り除きます。

今年度の調達単価に今年度の使用電力量の実績とかけ合わせた金額と、

前年度の調達単価に今年度の使用電力量の実績をかけ合わせた金額の差分に着目します。**この差分こそが調達担当者が調達単価を見直したことによる真水のコスト削減効果**になります。

見かけの請求額では価格が上昇してしまったように見えても、この方法で真水の電気料金である「基本料金＋電力量料金（再エネ賦課金や燃料費調整額は除く）」を評価すると、コスト削減に成功していたというケースは珍しくありません。

調達担当者は、真水の削減効果を報告することで、正しい業績評価を受けられるようになります。ただし、逆のパターンもあり得るので、その場合も包み隠さず、きちんと報告するようにしましょう。

最適化の切り口②「電気の使い方」を改善する

調達単価の次は、**契約電力（kW）や使用電力量（kWh）など電力の使い方によって変動する要素に着目した切り口で、電力調達を最適化する際の目標設定方法を考えてみましょう**。この切り口には、大きく2つの取り組み方があります。

1つは「運用改善」です。拠点の操業時間の短縮化や操業時間のスライド、電力を多く使う機器の稼働時間の平準化や小まめな設定の見直し、電源を切ることによる運用上の改善などを意味します。これにより、契約電力（kW）と使用電力量（kWh）をともに減らすことができます。

もう1つは、「機器のリプレース（更新）」です。例えば工場の生産ライン2本のうち、ライン1よりもライン2の方が1製品当たりの製造にかかる電気料金が高い場合には、ライン2の設備の更新を優先することで、組織として費用対効果を最大化できます。

同様に、複数の店舗がある中で電気料金がかさむ店舗があった場合、空調設備の老朽化やエアコンの空圧装置の目詰まりなどが起きている可能性があります。その店舗の設備を速やかにメンテナンスしたり、更新することで大きな問題が発生する前に対応することが可能です。

このように、電気料金と契約電力（kW）や使用電力量（kWh）などの電力の使い方に関わるデータをモニタリングすると、**「ユニットプライス」と言われる、店舗や生産ライン、設備、活動量、売上高などを基準にした単位当たりのエネルギー効率**の成績が分かります。

この指標をもとに、運用改善や設備を更新すれば、経営資源の合理的な活用が可能となります。設備の更新については、組織内の予算取りが必要ですが、モニタリングに使用したデータを使えば状況が理論的に説明できるため、予算枠の確保も容易になります。

最適化の切り口③ 温対法やCDPなどの環境の取り組み

3つ目は、環境問題に取り組むという切り口で目標を立てる場合について見ていきましょう。社内でのモニタリングなどの環境の取り組み評価はもちろんのこと、対外的な報告にも対応できる目標を設定します。

「地球温暖化対策の推進に関する法律（温対法）」は、一定規模以上の事業者に対して、CO_2排出量の報告を義務づけています。また、国際NGOによる環境情報開示の枠組みである「CDP（カーボン・ディスクロージャー・プロジェクト）」は、CDP事務局から企業に環境への取り組みに関する質問票が送られてきます。回答は義務ではありませんが、控えると酷評されて企業イメージが下がり、結果として株価や企業価値が下がる可能性も否定できません。

今後の企業経営においては法的な義務があるかどうかに関わらず、企業は社会的責任の下、自社の事業に関係する環境問題に取り組み、その活動を世に広く情報開示していく必要があります。詳細は第4章で解説しますが、積極的に取り組み、開示すれば企業価値が高まり、消極的で開示を控えれば、企業価値を落としかねない時代です。

実際に設定するモニタリング項目は、簡単にいうと**電力調達元（契約している電力会社）ごとに CO_2 排出係数・再エネ電源比率×使用電力量＝電力使用に伴う CO_2 排出量」と「再エネ電源比率×使用電力量＝調達した再エネ電力量」**を集計し、評価します。

例えば、全社の CO_2 削減目標を「2030年度26％削減（2013年度比）」と設定している場合、目標達成するために削減しなくてはならない CO_2 排出量と、今年度の CO_2 排出量を比較します。この差分が、今後2030年度までに減らさなくてはいけない量です。

このように目標値との差分（ギャップ）を把握することで、削減に向けて自社でできる様々な工夫を検討し、計画し、実行していくことができるようになります。

なお、実際にこのモニタリングを実施するには、電力会社ごと、供給エリアごと、メニューごとに算出が必要になります。また、計算式も実際にはもう少し複雑で非常に手間がかかります。

残念なことに、かなりの数のユーザー企業が、報告書作成のたびに、ゼロから情報収集しています。担当者が最低でも1カ月、長い場合には3カ月ほど、この業務にかかりっきりになっています。

企業経営上、SDGsやESGはますます重視されるようになり、情報開示の動きは今後さらに強化されると考えて間違いありません。財務情報と同じように、こうした非財務情報を適正に開示し、株主や社会とコミュニケーションを図ることが、企業価値を高め、信頼を醸成するからです。

今後も幾度となく、対外的な報告書を作成することになります。対外報告に備えてデータをフル活用し、リアルタイムに適切な解像度で開示できる体制・仕組みを整えていくことが大切です。まずは簡易的でもかまいませんのでデータベースを作っておきましょう。

モニタリングのためのデータ収集にはコツがある

モニタリングの実施には、データの収集と管理が欠かせませんが、これはかなり骨の折れる作業です。

全社の拠点が数カ所で、契約している電力会社も1、2社であれば、データ収集はさほど難しくないかもしれません。ですが、全国で数十、数百、数千の拠点がある場合、データ収集の煩雑さは桁違いです。

しかも、電力契約は1拠点1契約とは限りません。予備線契約や看板照明用など、複数の契約があることも珍しくありません。また、拠点によって契約している電力会社が異なり、全体で数十社の電力会社と契約しているというユーザー企業も存在します。

調達担当者にとっては、データの収集・管理に取り組むことを考えるだけで憂鬱になるのではないでしょうか。

こうした状況下では、社内横断のデータベース構築が必要です。毎月生じる電気料金のデータを記録するための枠組みを作り、定常的にデータを流し込むための仕組みを作りましょう。

この時、**データベースは社内横断で構築することが絶対条件**です。

電力調達改革でよくある悪い例が、調達、経理、環境、CSR、IR など、いろいろな部署でそれぞれにデータベースを作ってしまうことです。データベースの中身は、目的に応じて多少は異なるものの、どれも電力会社の契約内容や電気料金に関するもので似たり寄ったりです。

類似のデータベースを社内でいくつも作るのは非効率ですし、データを集約しなければ、意思決定もスムーズに進みません。全社的に電力調達改革を進め、さらなる高度化を目指すなら、調達に関係する部署で連携して、全員で使えるデータベースを1つだけ作るようにしましょう。

社内共通のマスターデータを用意する

この際、マスターデータで管理すべき項目は、ユーザー企業によって異なります。マスターデータとは、社内データベースの運用上、変更が頻繁には生じない基本的な情報のことです。

まず、想定される目標とモニタリング項目に対応して、必要となるデータ項目をすべて洗い出します。この際、現状は不要でも将来的に必要となりそうなデータ項目があれば、それも含めておきましょう。この項目を社内の関係部署にレビューしてもらい、過不足がないか確認します。こうして精査した項目が、各社オリジナルのマスターデータです。

マスターデータの項目としては、一般的には図表3-6のような項目があります。**マスターデータの項目は、自社の電力契約に紐づく「契約データ」と、電力を使用した実績に関する「実績データ」に大別できます。**

電力契約の中身を示す「契約データ」

契約データとは、自社が保有する電力契約に紐づくデータで、毎月の使用状況によらず、あらかじめ決まっているデータのことです。例えば、契約している電力会社名やメニュー名、契約開始日や調達単価などです。

電力契約の切り替え時はもちろん、電力に関する様々な取り組み時に

図表 3-6　社内データベースのマスターデータにおける管理項目例

No.	マスターデータにおける管理項目
基本情報	
1	供給地点特定番号
2	契約名義（お客様名）
3	施設名（需要場所名）
4	接続供給開始日（受電を開始した日）
5	契約種別　※特高・高圧・低圧電灯・低圧動力など
契約情報	
6	契約電力会社
7	メニュー名
8	契約開始日
9	契約終了日
10	契約更新申出期限　※満了日の３カ月前など
11	中途解約金などの有無（具体条件も記載）
12	基本料金単価 (円)
13	電力量料金単価 (円)
14	割引条件（%・円）
請求額実積	
15	契約電力 (kW)
16	使用電力量 (kWh)
17	力率 (%)
契約情報	
18	消費税率（%）
19	支払金額 (円)
20	基本料金 (円)
21	従量料金 (円)
22	その他割引額 (円)　※単価以外での割引など
23	その他加算額 (円)　※超過金や延滞金など
24	燃料費調整単価 (円)
25	再生可能エネルギー発電促進賦課金単価 (円)
CO_2 排出量実績	
26	基礎排出係数 (t-CO_2/kWh)
27	調整後排出係数 (t-CO_2/kWh)
28	調整前 CO_2 排出量 (t-CO_2/ 月)
29	調整後 CO_2 排出量 (t-CO_2/ 月)
30	電源構成（再エネ比率）(%)

も、この契約データがベースになります。これが整備されていれば、例えば、自社で電力を契約している拠点と、ビルオーナーと契約している拠点を簡単に確認できます。また、契約ごとの調達単価も一目瞭然です。

契約データをきちんと作って、それを都度アップデートしていけば、契約状況を正確に把握できるようになります。電力調達の高度化が進むよう、しっかりと整備していきましょう。

つまり、**電力は比較的見直し頻度が高い調達費目**といえます。そのうえ、金額ボリュームが大きいため、調達価格を抑えられるかどうかによる**インパクトも大きい調達費目**です。契約データが整備できれば、契約切り替え時のデータ収集は非常にスムーズで、ミスもおきにくくなります。

毎月入力する「実績データ」

実績データとは、電力を使用した毎月の実績に紐づくデータを指します。電力契約時に契約データを整備した後も、毎月の使用電力量の実績値や、請求金額を管理する必要があります。請求金額は前述のように、内訳を細かく入力します。入力作業が毎月必要なので、契約データの整備以上に大変な作業です。

もちろん、電力調達改革のアクションを取るタイミングで、一気にデータを集める方法も、なくはありません。ただし、それでは電力調達改革の質は低下してしまいます。省エネによる使用電力量のモニタリングや、夏場における最大電力の抑制、電気料金に異常値が生じた際の検知などができないためです。事業計画のKPI（成果指標）を立てたまま、年度末まで放置するのと同じで、形骸化した管理になると言わざるを得ません。

どんなに作業負荷が大きくとも、定常的にデータを収集し、モニタリング・評価して、期中での改善アクションにつなげるのがレベルアップへの近道です。電気料金は月次で使用電力量を計測し、請求されるため、月次でデータ入力するのがベストです。

電力会社は、顧客向けポータルサイト（マイページ）を設けています。ここにアクセスして、データをダウンロードする方法があります。ただ、残念なことに、電力会社によってダウンロードできる項目やフォーマットがバラバラのため、一筋縄ではいきません。

本来であれば、どの電力会社から調達していても、同じフォーマットでデータがダウンロードでき、データベースに入力できるよう、電力業界はフォーマットを共通化すべきです。電力自由化が進んだ今でも、バラバラなままなのは、顧客の利便性を大きく損なっており残念としか言いようがありません。

例えば、金融業界は全金融機関共通のフォーマット（全銀規定フォーマット）でデータをダウンロードできるようにしており、経理処理などにスムーズに利用できます。今後は電力も金融のように共通化されてくことを期待します。

データは電力会社から毎月、エクセルでもらう

では、月次データはどのように集約し、データベースに入力すればよいのでしょうか。

経理部などと連携して、経理部が電力会社から郵送されてきた請求書を基に経理データを打ち込む際に、月次の使用電力量や請求金額の内訳をデータベースに入力してもらう方法もあります。ですが、経理部の本業ではないうえ、ただでさえ煩雑な業務で時間に追われている経理部との調整は難航することでしょう。

最も効率の良いデータ収集方法は、第2章でも述べた通り、サプライヤ

ーである電力会社から毎月、エクセルファイルで使用電力量や請求金額の内訳のデータをもらうことです。

この時、重要なのは、電力会社に掛け合うタイミングです。依頼する作業が仮に簡単なことだとしても、「仕事はできるだけ増やしたくない」というのが電力会社の本音です。仮に営業担当者としては対応したいと思っても、電力会社内で了承を得るのが難しい場合もあるでしょう。

ですから、ユーザー企業が優位な見積もり提案の依頼時や、契約前の協議段階でリクエストするのが鉄則です。契約後にリクエストしても、電力会社に対応してもらえない可能性が高いため、タイミングを間違えないようにしましょう。

電力契約の切り替え時は、調達単価を下げることだけに目を向けがちですが、データ収集の効率化などのメリットもあるため、上手く活用しましょう。

4 経営層はミッションと責任権限を明確に

第3章

コスト削減は利益に直結する

多くの企業において、本業の売上高を伸ばすことについては、経営層が陣頭指揮を執り、各部署に担当を配置したりや部門横断的なプロジェクトチームを作ったりします。そして、経営層がその担当やチームと一体となり、自社の経営ビジョンに沿って、年次や中長期の目標やミッションを事業計画として立てたり、PDCAを回したり、継続的に取り組むための枠組みをしっかりと整備しています。

一方で、コスト削減に関しては、関心が薄い経営者も少なくありません。その結果、取り組む頻度が数年に1度だったり、毎年取り組んでいても本腰を入れるのは数年に1度だったりします。

営業利益を増やすための方法は、売上高を増やす方法と、コストを削減する方法の2つしかありません。経営者は、売上高を伸ばすのと同じ熱意を持って、コスト削減に取り組むべきです。**「コスト削減は利益に直結する」ということを肝に銘じて、社内を指揮してください。**

特に重要なのは、売上高を伸ばす検討と同様に、しっかりと組織内にチームを作ることです。電力調達改革の高度化は新しい仕組みを作る取り組みであるがゆえに、社内に常設のプロジェクトチームを立ち上げる必要があります。この**チーム作りに経営層がコミットすることが、成功の大前提**となります。

繰り返しになりますが、コストの最適化は利益に直結します。また、

SDGs/ESGに企業が向き合うことが求められる今、電力調達では環境対応も欠かせません。「コスト」と「環境負荷低減」のバランスをどう取るのか、指針を定める必要があります。

経営層が陣頭指揮を執り、プロジェクトチームを立ち上げ、自社の経営ビジョンに沿ってチームの目標やミッションを設定しましょう。

このとき、目標やミッションは、「何を実現したいのか、そのためにチームに、いつまでにどのような成果を期待しているか」を具体的に示すようにしましょう。そして、その目標やミッションに向けてチームメンバーが一丸となって邁進する。そんな環境作りが重要になります。

なお、会社の規模がそこまで大きくなく、プロジェクトチームを作るのが難しい場合、担当者1人で取り組むことになるでしょう。その場合は、最初から外部専門人材の活用を検討する方が良いかもしれません。

プロジェクトチームに役割と権限を与える

次に経営層は、プロジェクトチームの役割を明確にしましょう。あくまで、定常的な運用を担いつつ、片手間で改善をする位置付けではなく、**組織改革に関する宿題を経営から預かり、一定期間を経過後、経営に改善提案する使命を負った存在**とすべきです。

役割を明確化する効果は大きく2つあります。**1つは、プロジェクトチーム内の意識改革**です。

まず、チームメンバーに「寄せ集めではなく、選抜されたメンバーである」という意識を持たせます。「このプロジェクトで成果を残し、自身のキャリアにプラスになるように頑張ろう」というモチベーション向上にもつながります。

また、通常のコーポレート部門のようなコストセンターではなく、組織の利益を創出するプロフィットセンターであるという意識を持たせることができます。何とか成果を出さないと自分たちの存在価値がないというプレッシャーも程よく与えることができ、愚直に取り組もうという風土を醸成できます。

もう1つは、プロジェクトチーム外の意識改革です。

内部監査の部署や社内コンサルタントの部署、新規事業の部署などの横串を刺す部署がプロジェクトチームを率いる場合、各事業部（コーポレートの部署を含む）からの協力を得られるかが業務の成否を分けるケースが少なくありません。

横串を刺す部署が現状のヒアリングをしようにも、各事業部は余計なことを詮索されたくないと警戒します。良かれと思って改善案を提案しようものなら、「自分の部署が非難されている」「部署が解体され、リストラされるのではないか」と受け止め、対立関係が出来上がってしまいます。

たとえ横串を指す部署が良い提案をしたとしても、知識量が豊富で体制も充実している各事業部の前では打ち消されてしまいます。

このような事態を回避するためには、経営層が「プロジェクトチームは経営層に対して改革の提案義務を負っていて、各事業部もプロジェクトチームに協力するのはもちろんのこと、一緒に経営に提案を行う責任がある」ということを明示しましょう。

5 社内・社外で専門人材を確保する

社員だけで構成するか、外部人材を登用するか？

チームの作り方は2つあります。**1つは、兼任で人材を確保するやり方です。**調達部門などの部署に事務局として、全社を横断的にとりまとめる役割を担ってもらい、メンバーは関係する現場から広く集めます。経営部や環境部、CSRやIR部門などの担当者、各事業拠点のリーダーなどが考えられます。

関係職場からのメンバーには通常業務と兼任で、社内横断的なタスクフォース業務を担ってもらいます。調達部門の設計が、現場にしっかりと下りるように改革チームを機能させていくわけです。

この方法は、プロジェクトチームのメンバーが社内業務を理解しているうえ、他部署のメンバーとも通常業務でつながりがあるので、より改革が馴染みやすいというメリットがあります。

成果が出るまで多少期間がかかったとしても、**社内に「組織改革の風土を醸成しよう」「改革活動の精神を根付かせよう」という目的であれば、この方法をお勧めします。**

一方、通常業務との兼任となるため、メンバーの業務負荷が大きくなり、プロジェクトの業務に十分な時間が割けない可能性があります。また、社内に閉じたメンバーでプロジェクトを進めるため、客観的な視点を獲得しづらく、小さな改善にとどまりがちで、抜本的な改革が実現しにくいといったデメリットもあります。

もう１つは、改革専門の人材を確保する方法です。

メンバーは社内のスタッフでも外部のコンサルタントでも構いませんし、もちろん両者の混成チームでもいいでしょう。いずれにせよルーティン業務と改革プロジェクト業務を切り分けるのです。

電力調達改革は毎年の実施する継続的な取り組みです。特に契約満了前の数カ月は短期決戦を強いられます。限られた時間で最適化を実現することをミッションとした専任チームを作ることで、スムーズな業務遂行が可能となります。

各事業の現場から電力調達改革に人数や工数が割けない場合や、内部監査や社内コンサルタントといった改革の実行を専門としている社内人材を確保することが難しいといった場合にも適した方法です。

外部から改革専門の人材を連れてくるというのは、言うなれば傭兵部隊のようなものなので、最初のうちは社内に馴染みにくいという懸念があります。ただし、その場合は経営層が、各事業部、現場に対して協力を強く要請する（協力を命令する）ことで解消できます。

外部の目線による改革なので抜本的な案が出てきやすく、内部対立から来る組織内の忖度（そんたく）が起きにくいといったメリットもあり、より賢い調達が期待できます。

従って、**電力調達改革を高度化し、短期間で成果を確実に出すという目的であれば、外部からの登用をお勧めします。**

また、これらの合わせ技として、最初は外部人材を登用した専任チームで設計を進め、仕組みが整った後に、現場も巻き込んだ兼任チームで進める方法も有効です。

グループ内に新電力部隊がいれば活用する

「改革専門の人員を確保するやり方」の1つのパターンに、グループ内の新電力を活かす方法があります。特に大企業の場合、グループ内の機能会社や事業投資先として新電力の事業会社を抱えているケースを良く目にします。

さぞかしグループ内の電力調達は万全だろうと思うのですが、意外に苦戦していることが少なくありません。最大の原因は、新電力事業会社のコスト競争力の不足です。

この場合、電力調達が必要なグループ内各社の取る道はおおむね2つに分かれます。

1つは、高値の電力調達に甘んじるパターンです。グループ内の新電力から買うことが方針として決められており、他の電力会社から買ったほうが圧倒的に安いにもかかわらず、グループの新電力から調達せざるを得ないというパターンです。

もう1つが、グループ内の新電力とグループ内各社の電力調達を完全に切り離してしまうパターンです。

自社の電力調達については調達部門などが主導して、コスト競争力のある外部の電力会社から調達し、グループ内の新電力とは全く連携しません。コスト的にはメリットがあるものの、グループの新電力とは疎遠になり、コミュニケーションも図られません。

いずれのパターンも、もったいない話です。前者の場合、グループ内の新電力という専門チームが取り組んでいるにも関わらず、肝心な電気料金は割高になってしまいます。

後者の場合は、コスト削減できたとしても、新電力事業会社のメンバーに比べて電力について詳しくない調達部門が取り組んでいるために、コスト削減幅が限定的になる可能性があります。

では、どうすれば、良いとこ取りができるのでしょうか。

グループ内の新電力メンバーに「改革専門人材」として、グループ各社の電力調達の事務局、あるいはアドバイザーの役割を担ってもらうことをおすすめします。

新電力メンバーが立場を変えて調達側に立ち、最適な電力会社を選び、見積価格や契約条件を最適化する役割を担うのです。これまで培った電力業界のノウハウやネットワーク、市況動向などの情報収集能力を電力調達の観点でフル活用するわけです。

グループ内各社から見ても、同じグループ内の専門チームに依頼するのは、親しみが持てて改革が推進しやすいですし、新電力メンバーは自社の供給について考えなくて良いため、利害関係がなく、客観的な視点での助言も期待できるといったメリットがあります。

グループ会社だからと無理して高コストの電力を調達し続けるとか、たもとを分かつといった極端な選択肢でなく、秀でた部分をうまく活かす方法をぜひ模索してみてください。

高度な専門性を取り入れるなら外注を

電力調達のスキルは、本書を読んで知識を深め、実際に取り組んで経験値を積むことで、ある程度は磨きをかけることができます。ですが、**電力の世界は専門性が非常に高いので、目指すべき方向性やあるべき姿がイメージできるようになったとしても、実際にそれを実現するのは、残念ながら言うほど容易ではありません。**

自社の電力調達がある程度のレベルに達すると、コストを削減し続けることが難しくなってきます。それ以上の「調達偏差値」を目指すには、時間をかけて社内で専門人材を育成するか、外部に頼るしかないでしょう。

電力調達金額がとても大きく、そのために人を1人育成しても費用対効果が得られる企業であれば、内製もあり得るかもしれません。そうでない場合には、手っ取り早く外部のプロの力を活用することも選択肢に入るでしょう。

なお、最初から外部を使うアイデアもあるかもしれません。

ただし、ITシステムの委託開発や電話受付の外部委託、総務や経理業務のBPO（ビジネスプロセスアウトソーシング）などで業務委託先を起用するとき同様に、社員が電力調達の手順やポイントを理解していないことには、自社が求める仕様をまとめて外注することすらままなりません。

ですので、外注するにせよ、**1度は自社で調達してみて、2回目以降に外部活用を検討することをお勧めします。**

アウトソースの判断基準は「コア業務か否か」

BPR（ビジネスプロセス・リエンジニアリング）と称される業務改革の分野では、常に「内製（インソース）、外注（アウトソース）のどちらにすべきか？」という論点が挙がります。

基本的な考え方は、戦略的に注力する「コア業務」か、それ以外の「ノンコア業務」かという軸と、「専門性が高い業務か」、「専門性が低い誰でもできる業務か」という2軸で判断するというものです。

コア業務かつ専門性が高い業務の場合、内製か専門コンサルタントをアドバイザーに付けるのが望ましいとされています。

一方、ノンコア業務かつ専門性が高い業務の場合、専門コンサルタントか専門知識を持つBPO（ビジネスプロセスアウトソーシング）会社に任せるのが良いでしょう。一方、専門性が低い業務については、コア業務、ノンコア業務ともに、一般事務などのBPO会社にアウトソースする方が効率が良いでしょう。

電力調達は、ノンコア業務かつ専門性が高い業務（図表3-7の右上）に当たるため、専門コンサルタントか専門知識を持つBPO会社に任せるのが適していると考えられます。

図表 3-7　内製（インソース）・外注（アウトソース）が適する領域

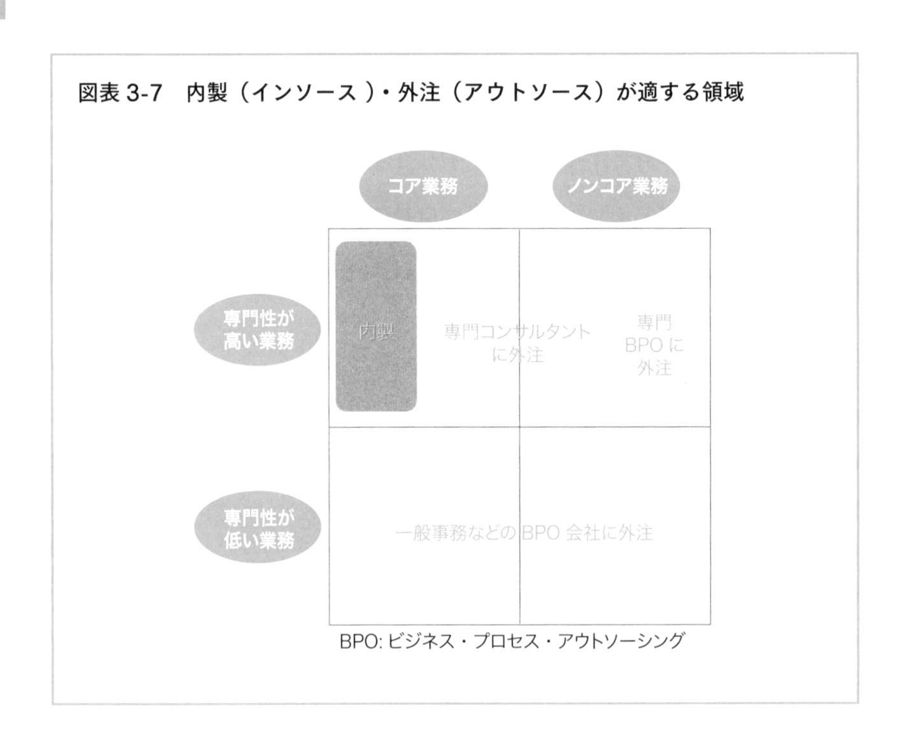

また、**外部にアウトソースすると何をやってくれるのか、その際のメリット、デメリットもしっかりと把握しておきましょう。**

サービス提供事業者のタイプにもよりますが、基本的には外部人材を活用すると、高度な専門性を迅速に導入できます。まず、コスト削減については、エリアごとに安価な提案を出してくれる電力会社がどこなのか、それぞれの価格水準についての肌感覚を持っています。

また、高度な電力調達手法を駆使する一部の専門家は、ユーザー企業の調達偏差値を評価し、適正水準とのギャップを把握することで、コストの最適化を図ってくれるでしょう。

一方、経理部門が担う電気料金の支払いといった**管理業務についても、効果的な業務フローを理解しているため、業務改善効果が期待できます。例えば、外部専門家はデータ管理用のフォーマットやITシステムも保有**しているため、外部の電気料金の支払い管理システムを活用すれば、自社で同じシステムを自社でゼロから構築するよりも、効率良く高度化できます。外部人材を活用すると、高度な専門性を迅速に導入できるわけです。

社内のマンパワー不足を補うこともできますし、社内で電力調達改革を進めにくい風土がある場合、には外から新しい風を吹き込むことで意識改革をすすめることもできます。市況の影響で電気料金が値上がりする場合でも、社内での説明責任が果たしやすい利点もあります。

デメリットとしては、外部の人材なので組織になじみにくく、うまくコミュニケーションを取らないと最適化が図れない可能性があります。また、依頼先の力量に大きく依存する点や、社内にノウハウやナレッジが蓄積しづらいことが挙げられます。

これらのメリットとデメリットをしっかりと認識した上で、外部人材を適材適所で利用しましょう。自社のみで、1回でも調達単価を見直した経験がある場合には、まず1度、外部の力を借りて、ノウハウを吸収し、徐々に自立していく道もあります。その際に、価値を感じられれば継続して依頼すればいいのです。外部の活用を検討する場合は、まずは提案を受けて、その内容を検討するところから始めましょう。

図表3-8　アウトソーシングとインソーシングの特徴

	メリット	デメリット
アウトソーシング	・高度な専門性を迅速に導入可能 ・社内のマンパワー不足を短期的に補充可能 ・社内の意識改革 ・成果に対する対外責任が果たしやすい	・組織になじみにくく、コミュニケーション不足が起こる可能性あり ・社内にノウハウ、ナレッジが蓄積されにくい
インソーシング	・組織になじみやすく、コミュニケーションがとりやすい ・社内にノウハウ、ナレッジが蓄積しやすい	・専門性が低い従業員が取り組む必要あり ・マンパワー不足で社内の定常業務に支障が生じる可能性あり ・社員の意識改革につながらず成果が出ない可能性あり ・成果に対して客観性が薄い

サービス提供事業者は4パターン

では、実際に外部専門家には、どのようなタイプのサービス提供事業者がいて、どこまでの範囲をアドバイスや代行してくれるのかを見ていきましょう。

一括見積もり事業者

まず、手軽なところでは一括見積もりサービスや価格比較サイトの利用が候補に挙がります。いずれも売り手の電力会社からの顧客紹介料を収入源としたサービスで、ユーザー企業に料金が発生しないのが特徴です。

当然ながら、この紹介料は電力会社の提案料金に上乗せされることが多いため、仮にコスト削減できず他に選択肢がない場合には、一括見積もり事業者の手数料分、調達価格が高くなります。

機能としては、「見積もり依頼/提案受け付け」のみを提供している事業者が多く、比較的規模が小さめのユーザー企業が内製と外注の中間的な位置づけで利用していることが多い印象です。エネチェンジ（東京都千代田区)、ホールエナジー（東京都品川区）などが挙げられます。

集約支払事業者

次の候補が、集約支払事業者です。様々な支払いをユーザー企業に代わり一次的に立て替え払いで支払い、ユーザー企業に後で集約請求する業務代行サービス事業者です。かねて通信料金や公共料金を手がけていた事業者が、電力自由化に伴い、電気料金についても同様のサービスを展開しています。

支払い代行のほか、バラバラに届く請求書の情報をデータベースに情報に転記するサービスなども手がけています。業務代行サービスがメインのため、ユーザー企業からの固定報酬型です。

なお、電力調達に関しては、提携している特定の新電力を紹介する程度で、基本的には料金支払いに関する経理の業務代行に力点を置いたサービスとなっています。特に立て替え払いが充実しています。集約支払事業者には、インボイス（東京都港区)、ビリングシステム（東京都千代田区）などが挙げられます。

コスト削減コンサルティング会社

3つ目の候補が、コスト削減専門のコンサルティング会社です。全社的なコスト削減にフォーカスし、数百というコスト費目のコスト削減をプロジェクト化して行います。電力自由化に伴い、電気料金のコスト削減は他のコスト削減項目に比べて短期間で大きな削減を実現できることから、注力するコンサル会社が多いようです。

幾多の案件を手掛ける中で、調達単価に関するチャンピオンデータを保有しているため、どこまで値引きを引き出せるかの勘所をもって、価格交渉できる点がポイントです。

一方、プロジェクトを実施する期間に限ってコスト削減を手がける場合が多く、契約切り替え後の経理の業務改善や業務代行や、複数年での調達単価の見直しなどのアフターフォローについては手薄になりがちです。

コスト削減がメインのため、ユーザー企業から報酬を得る成果報酬型が多い印象です。コスト削減専門のコンサル会社には、ディーコープ（東京都中央区）やプロレドパートナーズ（東京都港区）などがあります。

調達支援BPO会社

最後の候補が、電力専門の調達支援およびBPO会社です。コスト削減と集約支払いや契約データ管理などの業務代行を両立させたサービスが特徴的です。

コスト削減については、専門コンサル会社と同様のチャンピオンデータを基にした削減評価手法に加え、この後に解説する電気料金の「コスト構造分析」により自社の調達偏差値を把握し、市況を踏まえた適正水準に近づける専門的な指値での交渉手法を用います。経理の業務改善や業務代行も立て替え払いを除けば、集約支払事業者同様に充実しています。

電力の調達規模が大きく、確実に成果を出したい企業や、契約の拠点数や所在エリアが多く管理が煩雑なユーザー企業は、丸ごと最適化を支援してくれるこの選択肢が望ましいでしょう。

報酬は、コスト削減コンサル会社と同じく、ユーザー企業から報酬を得る成果報酬型になります。事業者の例としては、日本省電（東京都港区）などが挙げられます。

以上のように、自社のステージや求めているニーズに応じて、適したサービス提供事業者を選定しましょう。

図表 3-9　主要な外部サービス事業者

BPO: ビジネス・プロセス・アウトソーシング
BPR: ビジネス・プロセス・リエンジニアリング

充実したサービス / 軽微なサービス	一括見積もり事業者	集約支払事業者	コスト削減コンサルティング会社	調達支援BPO会社
報酬体系	・固定報酬型 ・(売り手からの顧客紹介料)	・固定報酬型	・成果報酬型 / 固定＋成果報酬	・成果報酬型
電力調達改革に必要な主な機能：調達設計 / コンサルティング	・ー	・経理BPR設計	・調達設計及びBPR設計	・調達設計及びBPR設計
データ収集 / RFP作成	・ー	・既存顧客には一部対応	・データを掘出し整理、RFP作成	・データを掘出し整理、RFP作成
見積もり依頼 / 提案受付	・競争入札方式 / リバースオークション	・特定新電力の代理店・媒介方式	・相見積もり方式	・相見積もり方式
価格 / 条件交渉支援	・ー	・ー	・積極的に支援	・積極的に支援 指値交渉
契約切り替え代行	・ー	・既存顧客には対応	・ほぼ全て代行	・ほぼ全て代行
集約支払い立て替払い	・ー	・月１回に集約 ・原則、立て替え	・ー	・月1～2回に集約 ・一部、立て替え
データ管理・分析	・ー	・昨年度対比分析などが充実	・報酬算出の目的で成果のみ整理	・昨年度対比分析など充実

6 電気料金の削減を極める新手法

市況を踏まえた適正な価格水準を把握

ここまで様々な切り口にアプローチし、全方位で最適化を図るための方法を解説してきました。ここからは再び電力調達の本丸である「コスト削減」に立ち返り、より科学的にさらなる高度化を実現する手法について説明します。

この高度な調達手法は、電力調達についてユーザー企業側の取り組みが進んでいる欧米などでは、**豊富なデータベースが公開されていて自社の調達偏差値を知る**ことが出来ます。また、ユーザー企業向けの調達支援ツールもあり、**市況を踏まえた適正水準を知る**ことができるため、調達業務を専門家に依頼しなくても、ユーザー企業自身で高度な調達を行えます。

一方、日本にはユーザー企業が電気料金の適正水準を容易に検索できるデータベースなどの調達支援ツールは存在しません。現時点では、ユーザー企業が自ら、さらに高度な調達を行うのは難しい状況です。

従って、本節は、現在のところ国内では外部専門家を起用する場合に限って目指すことができる調達手法になります。

専門家は調達実績や市況データを持っている

コスト削減のコンサルタントや電力調達の専門家に任せると、「もうこれ以上は下がらないのではないか」という価格水準から、さらに削減できたり、卸電力市場の相場が急騰してもその影響を最小限に抑えることが可能になります。

ユーザー企業が自ら手がける場合と、専門家が行う場合では、どこに違いが生じるのでしょうか。

例えるならば、第2章で説明した基礎的な電力調達手法は“装置”にあたる部分です。これは本書の読者も専門家も同じものを使います。

一方、「過去の調達実績や市況データなど」がその装置に読み込ませる“ソフトウェア”に当たる部分です。専門家は支援実績に基づきデータを持っていますが、ユーザー企業は一般に、自社以外からデータを持つことが難しいでしょう。

AI（人工知能）のシステム装置があったとします。装置自体は同じでも、その装置に読み込ませる教師データ（ソフトウエアに該当）の質に差があれば、そのAIシステムの完成度は全く異なるものになるのと同じ仕組みです。

ユーザー企業が行う場合、自社で見積もりを取った実績は1年以上前になるでしょうし、自社以外の調達実績や市況データを収集しようと思っても、できることには限界があります。

一方、**専門家であれば、月に数十件、数百件の調達を行っているため、直近の調達実績があります**。市況の分析なども行っているため、格段に精度が上がるのです。

自社の調達偏差値を知ることが重要

ある程度のコスト削減をなし得た後は、より精緻に戦略を立てて臨まないと、コストがそれ以上に下がらない、または外部環境の変化によって調達単価が上がってしまう可能性もあります。

そもそも電気料金は、電力を発電するための燃料費と発電所の減価償却費、電力を送るための送配電設備を利用する託送費などから構成されています。最低限掛かる売上原価がある以上、交渉すればどこまでも下がるというわけではなく、底値に到達すればそれ以上は下がらなくなります。

また、原油価格の高騰および下落、為替変動などを受けて燃料費が変化するため、発電にかかる原価は変動します。このため卸電力価格の市況は大きく上下し、これに連動して電気料金も変動します。

第3章

この大きく上下する卸電力価格の市況を、どう精緻に読むかが、さらなるコスト削減の成否のカギとなります。そこで**重要なのが、自社の現状の「調達偏差値」と「市況踏まえた適正水準」との関係性の把握です。**

市況の影響による卸電力価格の変動は、ガソリン代をイメージすれば分かりやすいでしょう。

例えば、近隣のガソリンスタンドの平均価格が1リッター当たり100円のとき、あるガソリンスタンドで1リッター当たり120円だとすると割高です。反対に近隣相場が150円の場合には、120円の単価は割安です。

これと同じ考え方で、市況を踏まえながら自社の電気料金の適切な水準がどこにあるのか、現在の調達がそれを満たしているかという調達偏差値を冷静に判断する必要があります。

調達偏差値を的確に判断できない場合には、最悪の事態を招く危険性すらあります。自社の調達偏差値が限界まで到達している状況や市況が値上がっている状況にも関わらず、さらに買い叩くようなスタンスを取ると、電力会社との関係が悪化します。電力会社に見積もり提案すらしてもらえなくなる可能性があるのです。

適正水準より安い値下げを強要するのはNG

電力調達改革において重要なのは、電力会社に値下げを無理強いすることではありません。電力会社が適正な利潤を確保し、一方で**余分なマージンは乗っていない「市況踏まえた適正水準」まで電気料金を低減し、結果としてコスト削減に結びつけることが肝心なのです。**

電力会社が妥当な利益を得て、自社もコストを低減するという、**双方にとってWin-Winの関係を構築し、継続的に良好な取引関係を維持することが調達改革の本質的な狙い**です。

そのためには、ユーザー企業も適正な水準を知っておかなくてはなりません。適正水準を把握しているからこそ、無闇に買い叩くことなく、電力会社とのパートナーシップを長続きさせることができ、結果としてコスト削減がもたらされるわけです。

適正水準を知るには、自社がどの価格水準まで到達しているか、電力各社の直近のコスト削減提案に関する傾向などを評価しなくてはなりません。多くの情報収集や分析作業を行う必要が生じます。社内で電力会社と対等に渡り合える程度に成熟した専門家を育成できない限りは、外部専門家のサポートが必要になるでしょう。

外部専門家の起用で自社の調達偏差値を把握し、適正水準とのギャップ分析ができるようになることで調達改革をもう一段、レベルアップさせることができるのです。

不動産情報登録データベース「レインズ」

買い手であるユーザー企業が、売り手である電力会社と取引する際に、現状の調達偏差値と適正水準とのギャップを削減余地として、着地点のイメージを持って交渉する場合には、どのような結果や効果が得られるのでしょうか。

これをうまく仕組み化できているのが、不動産業界です。異業種の事例を見ることで、客観的・科学的な情報プラットフォームがあることによる調達交渉上のメリットを想像してみましょう。

不動産業界では、不動産の売り手・買い手ともに媒介者（不動産会社や仲介事業者）を通じて売買交渉を行うケースが大半です。この時、媒介者は取引した物件の情報や売買価格などを、「レインズ」と呼ばれる不動産情報登録データベースに登録することが義務付けられています。レインズ

図表 3-10　不動産情報登録データベース「レインズ」の仕組み

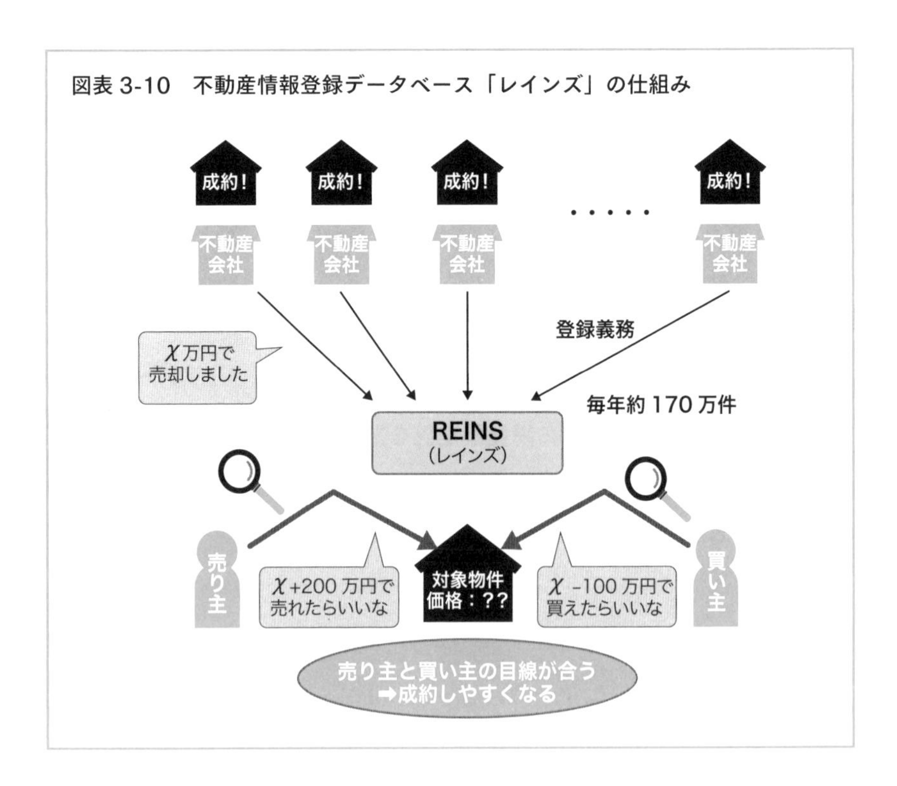

は、国（国土交通省）が設置した公益財団法人である不動産流通機構が保有しています。

このデータベースには、物件情報として、立地、広さ、設備、構造などの売買価格に影響を与える要素が細かく整理され、登録されています。不動産市況や売買の専門知識を持たない素人の売り手と買い手が媒介者（不動産会社や仲介事業者）に相談する場合にも、このデータベースの存在によって、その物件がいくらくらいで売れそうか（買うことができそうか）という知見を得ることができるのです。

具体的には、「取引事例比較法」と呼ばれる手法を用いるのが一般的です。この手法は、直近において、周辺エリアで売買された物件と対象物件とを比較し、立地、広さ、設備、構造などの売買価格に影響を与える要素を補正因子として、「過去の物件がいくらで売買されたから対象物件はきっとこの価格になるはず」と予測する仕組みです。

また、この評価を複数の類似物件と比較することで、「交渉がうまくいった場合には、この程度の価格、そうでない場合には価格を引き下げる」という風に、ある程度の幅を持って売買価格を予測できる優れた機能も持ち合わせています。

不動産売買は“水もの”といわれるほど価格変動が目まぐるしく、価格に影響を与える変数も多数あります。それにも関わらず、**多くの取引データを蓄積して、価格に影響を与える要素を分解し、コスト構造を分析する手法を用いることで売買価格の予測に成功しています。**客観的なデータを蓄積することで、科学的な評価を可能としているわけです。

それに比べると、電力は水道やガスなどと同じくライフラインなので、不動産ほど料金が乱高下しませんし、価格に影響を与える変数も数える程度です。従って、過去の実績データさえあれば、電力でも同様の仕組みを

図表 3-11 「レインズ」を用いた取引類似比較法（イメージ）

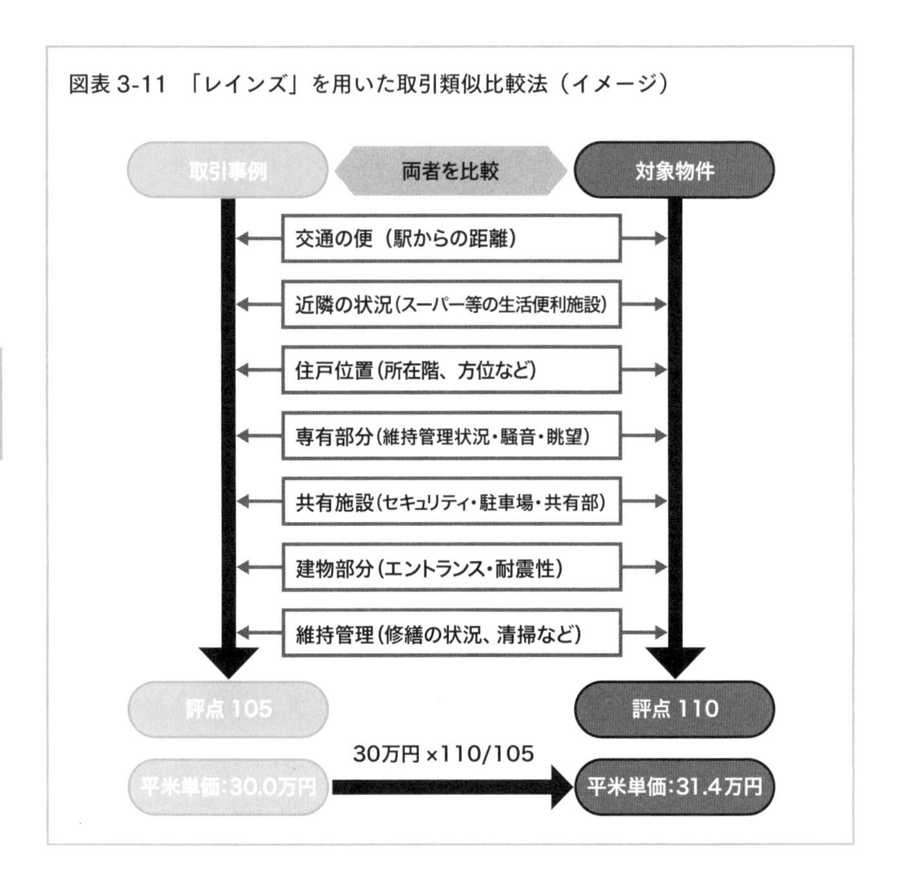

作ることは十分に可能です。

　ここで最も強調したいのは客観的、学的な調達を実現することの意義です。不動産情報登録データベースほどの大規模なものでなくても、このような**客観性の高いアプローチ方法を取ることにより、適正水準で電力調達するために電力会社と妥結しやすくなる**ことは間違いありません。

欧米の電力調達は日本より10年以上、先を行く

客観的、科学的な電力調達に関しては、欧米での取り組みも大きなヒントになるでしょう。なぜなら、**欧米では10年以上前から、不動産業界のレインズのようなデータベースを用いた電力調達手法が用いられている**からです。

具体的には、ユーザー企業の調達担当者が、日本では電力業界の人だけしか見られない（見ない）卸電力価格の市況データや他社の電力取引実績を見ることができます。

それも、小売価格だけでなく、原価を構成する燃料費用や発電コスト、電力を送る費用（託送費）などに要素分解して見ることができる**「コスト構造分析」手法**を駆使したシステムがあります。

これにより、例えばコスト競争力のある電力会社を検索することができます。小売りを手がける電力会社からではなく、発電所から直接調達した方が安くなる場合には、発電所を検索することも可能です。さらに、「卸電力価格の市況が上がり基調だから現状維持に努めよう」といった具合に、市況を踏まえた調達方針をユーザー自身が決められるような支援ツールもあります。

しかも、こうしたサービスは法人向けだけに限りません。英国のFlipperという会社は、家庭向けに電力調達を代行するサービスを展開しています。

家庭は年間4000円ほどの手数料を払って、Flipperのサービスに申し込みます。同社は「最低削減額保証」を設定しており、その金額が4000円以上の金額のため、家庭はリスクなく安心してサービスに申し込むことができます。

Flipperは市況の変動をトラッキングしつつ、科学的な手法やアルゴリズム、専門的な交渉術を駆使して、各タイミングで最も強い電力会社と契約を交わします。Flipperは数多くの家庭の契約を束ねて調達ボリュームを大きくし、バーゲニングパワーを高めることで、電力会社との調達交渉においても優遇された条件を引き出しているのです。

家庭からすると、年間4000円ほどの定額料金で契約切り替えの定期見直しも必要なく、常に一番安い水準の価格で電力を調達することができるわけです。

Flipperだけでなく、こうしたサービスが海外では当たり前になってきていています。米国ではEnerveeという会社も類似のサービスを展開しています。

ユーザーは手間をかけずに安価な電気を長期的に利用できます。どの電力会社と契約しているかも分からないくらいに、調達代行会社が自動的に電力契約の組み替えをしてくれるというわけです。

日本でも発電所をトラッキングする調達が主流に

欧米からは遅れたものの、ようやく日本でも**外部専門家による「コスト構造分析」を活用した高度な調達手法が浸透しはじめています。**

これは、欧米と同様に、ユーザー企業が電力の**小売料金を、発電費用、送電費用、販管費などに要素分解することで、ノイズとなる様々なコストを除いて真水の競争力を規定する「発電費用」のみを把握し、調達する科学的な手法**になります。

このような手法が普及し始めたきっかけとしては、大きくは3つの理由があります。

コスト構造分析を利用した調達手法が出てきた背景

①電力会社が発電所トラッキングの料金メニューを提供し始めた
②需要家同士が直接、電力を売買する時代がやってきた
③より精緻なコスト削減手法が求められるようになってきた

背景①は、再生可能エネルギーによって発電した電力（再エネ電力）を調達したいと考える企業が増えたことです。

再エネ電力の調達では、供給される電力が「どこで」「どんな方法で」「いくらで発電されたものなのか」を重視します。通常はブラックボックスになっていて一切分からない、発電した場所や価格を「特定する」仕組みが整っています。従って、料金単価を始めとする料金を要素分解しやすいのです。

これを逆手にとって図表3-12のように、発電コストに託送費（送電ロス費含む）、燃料費調整額、再エネ賦課金、電力会社の事業者マージンなどの積み上げで料金を構成する斬新なメニューが誕生しています。

電力会社の従来の料金メニューでは、基本料金と電力量料金といった大まかな区分けがある以外、細かいコスト構成はユーザー側には分かりません。それに対して、こうした新しいメニューは、荷物の宅配でいうところの商品代、箱代、輸送費のような形で要素を1つずつ積み上げることで原価ベースに近い形を実現するのに似ています。

これを発電所の種類を問わずに提供している事業者には新電力のF-Power（東京都港区）やダイレクトパワー（東京都新宿区）などがあります。再エネ電力メニューで提供している事業者には自然電力（東京都文京区）やみんな電力（東京都世田谷区）などがあります。

図表 3-12　コスト積み上げ型の電気料金メニュー（イメージ）

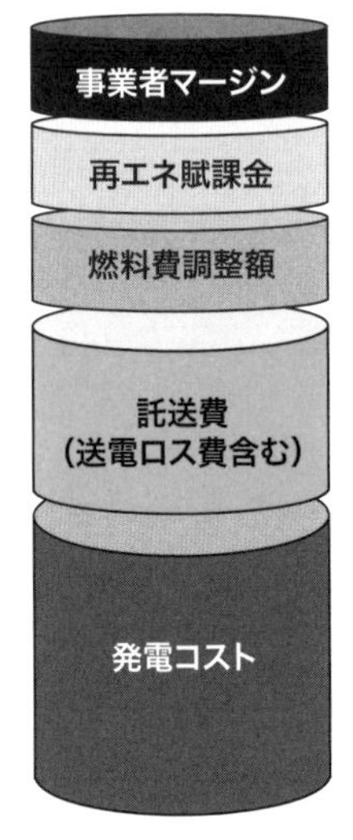

＝電力会社のマージン

＝国で定められた全電力会社で共通の費用

＝エリアの大手電力会社と同じ燃料サーチャージ費用
（※ 一部の電力会社は独自ルールを設定）

＝送配電網を使い電力を送る費用
（託送基本料金＋託送電力量料金）

＝発電所や卸電力市場から電力を調達する費用

デジタル化が進む昨今、コストの見える化は必然の流れです。こうしたオープンな電力調達はさらに発展していくでしょう。

背景②は、FIT 制度の買取期間が終了する住宅用太陽光発電による電力（卒 FIT）をユーザー同士で取引する動き（需要家同士の P2P 取引）や、再エネ賦課金の増額を踏まえ自家消費をメインとした太陽光の第三者保有モデルが出てきたことです。

これまで電力を販売するのは電力会社だけで、ユーザー企業などの需要家は買うだけでした。ですが、これからは需要家が、自社で使用する分以上に発電して余剰となった太陽光発電などによる電力を自ら小売りする時代が到来します。

当然ながら、需要家同士でその電力を売り買いする際には、お互いが納得できる客観的な料金設定ロジックが必要になります。これは、不動産売買においてレインズの仕組みが作られた理由と全く同じ状況なのです。

こうした背景から、電気料金の設定ロジックとして**コスト構造分析手法**が使われ始めました。

背景③は、大企業をはじめとして、電力コストの削減をやり尽くして「これ以上下がらないのではないか」「値上がってしまうのではないか」と悩んでいるユーザー企業が多くなってきたことです。

こうしたユーザー企業から、コスト削減専門のコンサルタントや電力調達専門の会社に対して、より高い客観性や精度を求める声が上がったこともあり、外部専門家がコスト構造分析手法を用いるようになりました。

電力には、不動産のレインズのように、国が調達価格に関する情報を吸い上げて、広く使えるようにする仕組みがありません。民間での独自の取り組みになりますが各専門家が毎月数十件、数百件とユーザー企業を支援することによって、各社には十分な量のデータが蓄積されます。

また、公共入札は落札価格が公表されるため、これを用いれば年間5000件以上の膨大なデータを収集、活用できるようになります。

コスト構造分析手法が普及することで、これまでブラックボックスだった電気料金は、すべてデジタル化され、透明化されます。例えば、「自社向けに発電コストがいくらの発電所の電力」が供給されているのかが一瞬で分かるようになり、調達価格の適正水準との比較が可能になるのです。

つまり、**売り手と買い手の間にあった情報の非対称性が無くなり、完全にフラットな世界になる**のです。

7 電力調達の高度化でSDGs/ESGにも対応できる

広がるSDGs/ESG時代の電力調達

電力調達の世界にも、価格だけでなく、質が問われる時代がやってきました。**価格や品質、納期などと並んで重要視されている「CSR調達」「グリーン調達」と呼ばれる観点です。**

昨今、「SDGs/ESGの観点から再エネ電力調達を検討せよ」と経営トップから指示があり、「すぐに検討したいがどうやったら良いか」という相談を多く受けるようになりました。

企業の再エネ導入は、これまでも環境・CSR部門や、IR部門などの部署で取り組んできたテーマなので、「これまでのトレンドと何が違うの？」と思われる方も多いかもしれません。

これまでの動きとの一番の違いは、経営者が自らSDGs/ESGに取り組む必要性を認識し始めたことです。さまざまな業界でトップ企業の経営者が先頭に立ち、様々な会合で「経営者レベルでこういう取り組みをしていかなければ」という議論が展開されています。

つまり、経営者が「会社としてSDGs/ESGにコミットをする」と、会社に持って帰るようになったのです。これは非常に大きな変化です。

経営トップが直接、社内に調達要件を落とすことで、SDGs/ESGへの取り組みが全社的なテーマになり、各部署が優先的に取り組むようになります。部門横断的に積極的に推進できるようになったことで、**本気で再エネ電力調達に取り組む企業が増えてきています。**

調達コストと環境負荷低減のバランスを決めておく

再エネ電力の調達は、第4章以降で詳しく解説しますが、あらかじめ理解しておいてほしいことがあります。それは、**「通常の電力調達」と「再エネ電力の調達」はワンセット**であるという点です。

多くの企業で見受けられるとても不思議な現象は、なぜかコスト削減を目的とする電力調達と再エネの電力調達が全く別のテーマとして扱われていることです。管轄の部署すら、調達部門とCSR、IR部門で異なっていて、これらの部署がほとんど連携をせずに取り組んでいるケースすら見かけます。

そのような場合には、根本的な目的に立ち戻って、何をすべきなのかを今一度考えるようにしてください。どのような企業であれ、**根本的な目的は「自社の電力調達を最適化すること」**であるべきです。

では、自社にとっての最適化とは何なのか。これを考えることが議論の出発点です。

当然ながら会社全体の最適化であって、自部署の最適化であってはいけません。「調達コスト」か「環境負荷低減」かのどちらかという極論ではなく、関係する部署と膝を突き合わせて、**全社的な方針として「調達コスト」と「環境負荷低減」のどちらに、どれだけ比重を置くのか、あらかじめポリシーを決めるようにしましょう。**

再エネ電力の調達は、電力調達改革の延長線上にある

もう1つ、皆さんに肝に銘じてほしいことは**「再エネ電力調達は、電力調達改革の延長線上にある」**と言うことです。

経営トップからSDGs/ESGに対応した電力調達を行うように指示が飛んで、急遽タスクフォースが組まれることがあります。

このような即席のタスクフォースの場合、「太陽光発電をもっと設置しよう」「風力発電に投資してみよう」「蓄電池も置いて再エネ電力の割合を増やそう」など、何も根拠のない思いつきによるアイデアコンテストが始まってしまうことがあります。

さらに議論を進めると「自社の電気料金って全社でいくらなの？」「電力の契約をしているのは何拠点あるの？」「どこの電力会社から買っているの？」という疑問が次々に浮かび、再エネ電力の調達を推進しようにも情報不足で議論が止まってしまいます。

このような事態に陥らないようにするためにも、再エネ電力の調達は通常の電力改革の延長線上にあるということを強く認識してください。

再エネ電力の調達は、通常の電力調達よりも高いレベルが要求されます。

ですから第2章の電力調達の実務内容や、本章の調達改革の高度化の内容をしっかりと熟知したうえで、その次のステップとして取り組むようにしてください。

事例６　デベロッパー

工事現場でも安くなる

【売上規模】１兆円

【年間電気料金】建築するビル１棟で８億円　→　１億円の削減に成功

ステークホルダーが複雑に絡み、電気料金は高止まり

大手デベロッパーＦ社のビル建築プロジェクトで、建築現場の電気料金と、完成したビルの運用時の電気料金を削減したという事例です。

ビルの建築現場は、デベロッパーやゼネコン、設計事務所など複数のステークホルダーが多層的に関与し、非常に複雑な構造になっています。

電気料金は、最終的には全てデベロッパーの負担になります。しかし、建築時の電気料金は、ゼネコンの工事費の諸費用などとして、見積もられることが一般的です。見積もりを提出するゼネコンは、建築途中で予算が足りなくなると困るので、電気料金に余裕を持たせます。

また、建築が完了し、ビルの運用を開始する際の電力の契約方法や電気料金は、設計事務所が需要想定を作って、電力会社との交渉に当たります。ただ、受電容量や契約電力（容量）が不足すると、「設計が甘かったのではないか」と言われかねないため、余裕を見た設計をしていることが多いようです。

一方、デベロッパーは、設計事務所やゼネコンから提示された電気料金を、そのまま承認するのが通常のようです。こうした業界慣習が確立しているため、デベロッパーも予算が承認された後は契約容量を見直したり、電気料金の値下げ交渉をすることなく、工事を着工するのが一般的です。

■ ビル建築現場は割高な「臨時電力」を使う

ビルを建築する場合は、「臨時電力」という割高な電気料金メニューが適用されます。

通常、電力会社との電力供給契約は1年以上使うことを条件に、初期の系統接続費用や設備の維持管理費用を支払うことはありません。

一方、建設工事は、工事が終了するまでの一時的な契約です。こうした一時的な利用に適用されるのが臨時電力です。電力会社からしてみると、短期間の契約では系統接続費用などをカバーし切れないため、臨時電力は標準の電力メニューの1.2倍の料金設定になっています。工夫しなければ、割高な臨時電力を使わざるを得ないのです。

臨時電力の利用も含めて、こうした電力調達が不動産業界の商習慣として定着しています。これまでは関係者間で問題意識が共有されることもなければ、主体性を持ってコストを下げようと努力する人もいませんでした。

しかし昨今、建築業界の人手不足から来る人件費の高騰を受け、デベロッパーやゼネコンが「何とかコスト削減をしなければ」と問題意識を持ち始めたことで、ようやくメスが入り始めたのです。

■ 竣工前の総合負荷試験でディーゼル発電機を活用

F社の場合、改善のポイントは4つありました。

第1が契約電力（容量）の見直しです。建築現場の電力使用状況を調べたところ、必要以上に容量の大きい契約をしていることが分かりました。

竣工し、ビルがフル稼働する時には、最大容量である特別高圧線を引き込む必要はあるものの、建設工事中のクレーンや重機などはどれも独立電源で稼働するため、電力を使うのは工事用の電灯やプレハブ事務所用程度で、実はそれほど多くの電力を使わないので高圧線で済みます。

それにも関わらず、建築中から特別高圧の契約電力で受電していたのです。高圧に見直すことで、基本料金を10分の1以下に圧縮できました。

第2に、契約電力を増やすタイミングの見直しです。使用電力量は工事の進捗に伴って徐々に増えていきますが、着工当初から最大に近い容量で固定契約すると初期に無駄が生じます。そこで、電力の利用実績から容量を段階的に上げていく方法に切り替え、合理的な電力調達を実現しました。

第3が、テナントが埋まるまでの電気料金の最小化です。工事完了後、デベロッパーへの引き渡しの際に、ビル全体の電力をフル稼働させて電気系統が正常に作動するかを確かめる総合負荷試験を行います。この試験の際に使った電力を基準に1年間の契約電力が決まります。

テナントはビルの営業が始まってから徐々に入居することが多く、中には半年から1年かけて埋まっていくことも珍しくありません。従って、フル稼働を前提とした契約電力では、運用開始の当初の基本料金に相当な無駄が生じるわけです。

そこで総合負荷試験中の2週間程度、ディーゼル発電機を持ち込んで電力を一時的に補完する工夫をしました。ディーゼル発電機を使うため、この間の電気料金はやや高くなりますが、ビルの電気系統が必要とする電力は減らすことができます。結果として契約電力を抑えることができ、年間の電気料金の総額を大きく減らすことができたのです。

■「こんなに下げ余地があったとは」と驚きの声

第4の改善点が、臨時電力や新設の電力供給であっても割引メニューを提供してくれる電力会社を探したことです。

従来、F社はそのエリアの大手電力会社と契約することが慣例となっていました。ですが今回は、他エリアの大手電力会社や新電力も含めて、ビルの運用に合わせた柔軟な供給に対応可能で、かつ電気料金単価を抑えられる電力会社を探したのです。

まずは付き合いの長い地域の大手電力会社に、「事情に合わせた供給をしてもらえるのであれば契約を優先する」と相談しました。しかし、回答は「どうしても標準的な対応以外は難しい」ということでした。

そこで、他エリアの大手電力や新電力など、コスト面だけでなく信頼性の面でも不足のない事業者に限定して協議を進め、最終的にある新電力との契約に至りました。ビル1棟で8億円規模の年間電気料金を、年間1億円以上削減することに成功したのです。

■ 電気料金は下がるはずかないと思い込んでいた

この調達改革を主導したプロジェクトのトップは、「これほどなおざりで柔軟さに欠ける電力調達をしていたことに、これまで全く気づきませんでした。こんなに下げ余地があったとは」と驚きを隠せない様子でした。

建築時における電気料金が多少割高だったり、無駄が生じていても、業界内の暗黙の了解が電力調達改革を阻んでいたのでしょう。

「工事現場に間違いなく電力を確保することが最優先で、価格は二の次です。電気料金は変わるわけがない、多少損をしたとしてもそれが当たり前だとみんな思い込んでいました。改善の努力をしようという発想がそもそもありませんでした」と振り返ります。

さらに、「地域の大手電力会社との関係も大事だけれども、さすがにここまで金額が下がるとなると、経営努力の必要性を痛感します」とも。「今回のノウハウを生かして、今後は他の物件でも横展開したい。業界的にインパクトがある話ですよ」と意気込んでいます。

事例7　専門商社

現契約の営業担当者がアドバイザーに

【売上規模】3000億円

【年間電気料金】3500万円　→　10％（350万円）の削減に成功

■ 現契約の電力会社と長く付き合いたいと思っていたが・・

「電力のことは電力のプロに聞くのが一番ですね。おかげで大きな収穫が得られました」と語るのは、専門商社Ｇ社の調達担当者。現契約の電力会社から切り替え先を推薦してもらったユニークな事例です。

この専門商社は本社ビルの電力調達改革を数年前に行い、コスト削減に成功していました。このとき、相見積もりを経て契約した新電力はコスト競争力もサポート体制も十分で、調達担当者はこの会社と長く付き合いたいと考えていたそうです。

しかし、他の電力会社の営業攻勢が激しく、各社とも低価格の見積もりを次々と提案してきます。現契約の会社からは、これ以上値下げはできない、むしろ値上げに転じていくという感触を得ていました。

そんな中、再び電力契約を見直すことになり、調達担当者は上層部から「現契約の会社に厳しく値下げを迫るか、あるいは調達先を切り替えるように」と厳命されたのです。

■ プロの視点で客観的なアドバイスをしてくれるように

困った調達担当者は、現契約の営業担当者に相談しました。「何か打ち手はないでしょうかと、腹を割って助けを求めたのです。すると『僕らの会社ではその価格に応じることは無理です。ただ、御社の今の状況だと、こういうやり方がありますよ』と、親身なアドバイスをくれたのです。

競争力のある価格を提示できない以上、現契約の電力会社は身を引くしかありません。しかし将来、再びこのＧ社にアプローチできる日が来るかもしれません。お世話になった顧客に最後まで満足してもらいたいという誠意の表れでもあったかもしれません。いずれにせよ、なじみの営業担当者がプロの視点で客観的なアドバイスをしてくれるようになったのです。

■品質に満足。コストダウンで社内的にも評価される結果に

例えば、請求書をきちんと郵送してくれるかどうか。本来あってはならないことですが、料金計算の誤請求を起こさない会社かどうかも重要です。このほか、サポート力に定評があるところなど、電力業界で評判がよく、コスト競争力もある電力会社を複数社、紹介してくれました。

Ｇ社の調達担当者が勧められた電力会社に問い合わせ、事の経緯を説明すると、相手先の電力会社も「同じ業界内のよしみ」と、手厚く対応してくれたそうです。

「推薦された中の１社に対して、『今こういう状況で困っています、この価格を満たせるなら見積もりを頼みます』とお願いしたら、期待以上の価格が出てきました。結局、年間の電気料金は10％下がりました。品質も満足ですし、社内でも評価されました」と、調達担当者は誇らしげです。

利害関係がない状態になったとき、電力会社の営業担当者が強力なアドバイザーになることがあります。比較サイトでは価格の優劣しか分かりませんが、こうしたアドバイザーは情報の宝庫。プロだからこそ知り得る定性的な要素についても貴重な助言が期待できます。ただ、その前提として、調達担当者と営業担当者が良好な関係を築いていることが必要です。

事例8　不動産業（プロパティマネジメント）

200棟の管理ビルを見える化

【売上規模】300億円

【年間電気料金】10億円　→　15%（1億5000万円）の削減に成功

200棟の電力管理業務があまりに手間だった

中小のオフィスビルを中心に、個人や法人のビルオーナーからビルの運営を受託するプロパティマネジメントを手掛けるH社の事例です。都市部に約200棟の運営管理対象があります。ビルオーナーと電力会社との窓口役を担う同社にとって、200棟という数の多さが電力調達業務の大きな負担になっていました。

課題は3つありました。1つは、電気料金の支払い代行業務です。電力会社への月々の電気料金をオーナーに代わって支払うと同時に、電気料金と他の管理費用を合わせてオーナーに請求するのですが、この処理が煩雑を極めるものでした。

電力会社から受け取る請求書は紙に印刷されたものです。これを個々のオーナーに伝達するため、200件分を転記する作業が毎月生じていました。業務量は膨大になるうえ、転記ミスも発生します。

電力会社からのマイページからデジタルデータをダウンロードする方法もありますが、電力会社のマイページはログイン時に入力するメールアドレスの重複登録は認められていませんでした。

200件の契約名義ごとにメールアドレスを作り、そのアドレスで電力会社のウェブサイトから個別にログインするのは、現実的ではありませんでした。結局、紙ベースでの処理を続けざるを得なかったのです。

課題の2つ目は、オーナー名義の変更手続きです。オーナーの多くは資産形成を目的としており、物件の売買がしばしば行われます。電力契約の名義変更には、書類の記入が必要なうえ、物件の売買と同時に電力契約の名義を変更するには、電力会社の窓口へ出向かねばなりませんでした。

特に新オーナーが個人の場合、各エリアの大手電力会社はさておき、新電力では与信審査が通らずに契約できないことが珍しくありません。電力会社から、電力契約の名義変更について承諾されない可能性がある場合、違約金なども含めて電力コストを高く見積もらざるを得ず、売買金額、ひいては不動産取引に影響を与える可能性があるのです。

■ 切り替えに消極的であったがゆえに、料金は高止まり

課題の3つ目が、割高な電気料金です。電力は賃貸不動産の経営にとって重要かつ門外漢な商材です。「せっかく契約できたのだから多少電気料金が高くても今の電力会社と悶着を起こしたくない」「違約金が生じたら不動産価値が目減りするのでは」といった心理が働いて、切り替えにはどうしても消極的になりがちでした。

この会社に限らず、不動産業界全体にいえることですが、どの不動産会社でも電力会社の切り替えを必要以上に不安視する傾向があります。つまり、不動産業界では電力調達改革が後手に回り、割高な電力を買っている状況にあるということです。

電力調達改革に消極的であったとはいえ、電力自由化を受けてオーナーからリクエストが寄せられることが増えてきました。H社は、ついに重い腰を上げ、電力調達改革に乗り出しました。3つの課題の改善に向け、抜本的な対策を講じることにしたのです。

まずは電気料金比較サイトや業界の評判など6社の電力会社を候補に挙げ、そこからさらに自社のニーズに応えてくれそうな電力会社3社を絞り込みました。この3社に調達の課題や方針を明確に伝えて見積もり提案を依頼したところ、それぞれに魅力的なプランを提示してもらえたので3社と契約を結びました。

特定の電力会社を指定するオーナーには個別に協議できる余地を残しつつ、この3社を調達の標準パートナーとして定常的にやりとりできるようにしたのです。

ビルオーナー、電力会社、自社の三方よしが実現

結果として、電気料金の月次処理は、オーナーごとではなく、「200棟を持っている1社」として扱ってもらえるようになりました。

請求書がデジタル化されたことで業務の負荷は大幅に軽減し、電力会社にとっても請求処理の一元化やペーパーレス化など負荷軽減につながりました。

名義変更に関しても、手続きがメールベースで簡単にできるようになったうえ、新オーナーが個人の場合でも基本的な与信確認は省略可能となりました。さらに、大口の法人需要家と位置づけられたことで、電気料金は15%、金額に年間1億5000万円もの削減に成功しました。

不動産事業はコストを圧縮できる要素が限られる業種ですが、裏を返せばそれまで手付かずだった電力コストは切り込みやすい要素であり、効果も発揮しやすいといえます。

請求処理や与信審査など最低限の要素は共通の仕様として固めつつ、オーナーに希望事項がある場合は個別に見積もり提案に応じてもらうなど、オーナーにもメリットのあるプラットフォームを作ることにも成功してい

ます。オーナー、電力会社、そして自社という三方よしの最適なマネジメントシステムが実現したわけです。

■価格にこだわった協議では要望は実現しなかった

H社の電力調達改革が成功した最大のポイントは、自社の電力調達や管理の課題を分析し、その対策を明確にまとめ、見積もり依頼の段階で電力会社にリクエストしたことでしょう。

管理物件が200棟もあると、どこから手を付けていいか分からず、結果的に切り替えタイミングが迫った物件や、問題が顕在化している物件に焦点を当てがちです。

しかし、この事例では全体の枠組みを根本から変えることを目指して方針を決め、電力会社との協議に臨みました。調達の軸をクリアにしているので、電力会社としても「できることとできないこと」が整理してやすく、ニーズに応じやすくなったといえます。

また、オーナーとの関係強化につながる効果が得られたことも大きな収穫だったといいます。

「これまではオーナーからのリクエストを受けて提案するという形でしたが、この電力調達改革を機に我々から自主的に提案できる土壌ができました」と調達担当者。コスト管理にシビアなファンドのオーナーからも、「これまでも自分たちなりにコスト削減に努めてきて、もう限界かと思っていたけれども、さらに下がるんですね」と喜ばれたそうです。

事例9　小売チェーン

需要家PPSを武器に電気料金を最適化

【売上規模】2500億円
【年間電気料金】10億円　→　10%（1億円）の削減に成功

M&Aで規模を拡大、電力契約はバラバラ

全国展開する小売チェーンI社の事例です。店舗数は1000店弱ですが、M＆A（買収・合併）で規模を拡大してきたため、運営管理に一体感が欠ける状況が続いていました。

全店舗のうち、半数は電力会社と直接電力契約をしており、残りの半数はテナント契約するビルオーナーに電気料金を支払っていました。電気料金の支払い方法もバラバラでした。本来は本社を通じて電気料金を支払うべきところ、営業所や店舗が個別で契約しているケースもありました。

M＆Aを積極的に取り組んでいることもあり、契約名義が古い屋号のままという店舗も少なからずあったといいます。統合によるシナジーが十分に得られていないことを、I社は経営課題ととらえていました。

ガバナンスを効かせるためにも電力調達を一元化

また、電力調達管理の不徹底が店舗の営業や収益にダメージを与えかねないことにも危機感を募らせていました。

小売業ならではの特徴として、I社も出退店が頻発していました。新規出店の際には施工に携わった電気工事店が電力契約を代行することも珍しくありませんでした。本部の指定と違う電力会社と契約したり、電力会社

との契約が遅れて開店に間に合わないケースが散見されました。

また、店舗を閉鎖したにもかかわらず電気料金をしばらく払い続けていたといった事実も、電力調達の現状分析から判明しました。

「どこにどんな契約があり、どういう請求が来ているのか把握できていないまま、漫然と電気料金を払い続けていたんです」とＩ社の調達担当者は振り返ります。「業界的に合従連衡が進む中で、コストを切り詰めていかないと競争力に影響しますし、ガバナンスを効かせる意味でも抜本的な改革で電力調達を一元化することの意義は大きいと考えました」。

3年にわたる調達改革で“調達偏差値”をアップ

こうして電力調達改革が始まりました。まず取り組んだのが現状把握です。ただ、事業の統制を欠く現状では、各店舗に情報提供を仰いでもらちが明かないことが予想されました。そこで現契約の電力会社や各エリアの大手電力会社に依頼して、自社名義の契約を洗い出してもらいました。

さらに経理で処理している電力関連の請求書をピックアップして残りの契約を吸い上げ、電力調達の全体像をまとめあげたのです。

ボリュームを束ねたところで、次のステップとして電力会社との協議に移りました。具体的には大手電力と新電力に相見積もりを依頼。結果として数億円の電気料金削減に成功します。その後の2年で再び相見積もりを実施し、さらに数億円の引き下げを実現しました。

大幅なコストダウンが実現したわけですが、3年にわたる相見積もりには他に2つの狙いがありました。

1つは自社の電力調達価格と市場相場のすり合わせです。コストは1度の見積もりで最適化できるとは限りません。単年度の小さな成果を積み上げながら、徐々に調達の偏差値を上げていくという考え方で進めていきました。いってみれば現状の把握について、グループ内部だけでなく、外部環境、すなわち電力調達市場における自社の位置づけについても行ったといえるでしょう。

もう1つの狙いが、店舗ごとにばらばらだった更新タイミングを揃えること。全体の調達を一体化するには、当然ながら契約期間も合わせていかなければなりません。それを3年かけて実行したのです。

「需要家PPS」という切り札で電気料金を最適化

段階的な電気料金の引き下げに成功したものの、3年も経つと下げ幅は次第に落ち着いてきます。市況も勘案すると、これ以上の要求は電力会社との関係悪化を招きかねないと判断しました。

そこでもう一段踏み込んで、卸電力市場から直接、買い付けをすることにしました。いわゆる「需要家PPS」と呼ばれる取り組みです（PPSはPower Producer and Supplierの略、特定規模電気事業者のこと）。自社で小売電気事業者のライセンスを取得したのです。

この時期、地域によって電力会社間の競争が一服して値上げ基調が見られました。地方では他エリアの電力会社の参入も途絶えていました。市場の競争原理が働かない中で電力会社と渡り合うには、自分たちも同じ土俵に立てばいいのではないか、電力会社が出す価格の妥当性が理解できるのではないかという発想です。

需要家PPSのメリットは、小売電気事業者（電力会社）の中間マージンがなくなることです。電力会社の提案次第では、需要家PPSの方が電気料金を安くできる可能性があります。

ただ、自力で調達するには専門知識が必要ですし、手間もかかります。そこで、需要家PPSとなり、卸電力価格を把握することで、適正なラインを電力会社に示し、交渉を有利に導くことを目指したわけです。

協議の結果、電力会社に思ったとおりの調達価格を提案してもらえたので、自社調達はせずに済みました。しかし、需要家PPSという武器があることで交渉がしやすくなったことは事実です。

代替案という交渉の武器がないと電力会社と協議しても建設的な展開にならず、値上げを甘んじて受け入れることになりかねません。切り札がない状態での交渉を回避するために代替案を持ったということです。

コスト以外の面でも大きな成果が

新規出店の工事にもテコ入れしました。電力関連の契約は全て本社の調達部署を通すように業務プロセスを変え、どの電力会社に申し込んだか、適切なタイミングで申し込んでいるかを把握できるようにしました。

これにより本社が全店舗の電力調達を、出店時から退店時まで統括できるようになりました。実際、ある店舗が本部に無断で電力契約を切り替えようとして違約金が発生する間際で食い止めることもできました。

一連の取り組みによって、電力調達コストはさらに10%削減できましたが、コスト以外の面で大きな成果があったことは間違いありません。

I社の調達担当者は、「グループ全体で電力調達を管理することでガバナンスが強化できました。調達改革によって初めて現状が明らかになり、様様な問題を改善できたことが一番のメリットです」と語ります。

それまで見えなかった無駄を浮き彫りにして切り落とすと同時に、攻めの調達で単価の最適化や店舗運営の健全化も実現したI社。名実ともに本部と全店舗が一枚岩となったことで、毎月の使用電力量の推移の把握、省エネの推進など、さらなる電力調達の高度化も可能になりました。I社の調達担当者は、次なるステップへ意欲をのぞかせています。

第4章

トップ企業が再エネ電力を買う理由

世界のトップ企業が、こぞって再エネ電力を調達しています。なぜ、再エネ電力を調達する企業が増えているのでしょうか。その背景には、SDGsとESGによる企業経営の新潮流があります。

再エネ電力の調達を成功させるためには、「なぜ自社が再エネ電力を調達するのか」という明確な意義・目的が必要です。「なんとなく再エネ電力を買う」という企業は、投資に見合う成果を得ることができません。具体的な調達方法を学ぶ前に、背景を正しく理解しましょう。

第4章

1 キーワードは SDGsとESG

気候変動に真摯に取り組む企業が評価される時代に

国内外のトップ企業が再エネ電力の調達に動いています。GAFAと呼ばれる米アップルや米グーグル、英蘭ユニリーバや蘭フィリップス、国内に目を向ければ、トヨタ自動車やソニー、イオン、丸井グループ、花王、リコーなど社名を挙げれば枚挙にいとまがありません。

なぜ今、世界中の企業が再エネ電力の調達に取り組んでいるのでしょうか。そこには、企業経営を取り巻く環境の大きな変化があります。

キーワードは、「SDGs」と「ESG」です。この2つがトリガーとなり、企業経営の新潮流ができ始めたのです。

SDGsは、国連が定めた世界が解決すべき目標である「持続可能な開発目標（Sustainable Development Goals）」のことです。

SDGsは貧困や飢餓、格差などの17の目標を掲げており、そのうちの1つが気候変動問題です。気候変動に関しては「パリ協定」も採択され、国はもちろん、企業も対応は不可避の状況です。

もう1つのキーワードであるESGは、「環境（Environment）」「社会（Social）」「ガバナンス（Governance）」の頭文字を取った言葉です。ESGを評価軸に投資を判断する「ESG投資」は、3つの視点で投資先企業を評価することを意味しています。リーマン・ショックを契機に注目されるようになり、近年急拡大しています。

国際団体「GSIA」（世界持続可能投資連合）が2年に1度、公表している2018年の世界のESG投資残高は30兆6830億ドル（約3400兆円）に上ります。これは2016年に比べて34%の増加です。

SDGsの枠組みにより世界が抱える共通の目標が明確に示されたことと、ESG投資の拡大タイミングがピタリと重なったことで、一気に潮目が変わりました。**気候変動問題を企業経営に落とし込み、真摯に取り組む企業姿勢が評価される時代が到来**したのです。

再エネ電力を調達する企業が急増している背景には、こうした時代の転換があるのです。

再エネ電力の調達は気候変動対策である

世界は気候変動問題に直面しています。巨大台風や豪雨による水害、ひとたび燃え始めたら延々と終息しない大規模な山火事など、甚大な自然災害が頻発しています。温暖化は海面の上昇などで人や動物の居住場所を奪います。

新型コロナウイルスのような新しいウイルスが、野生動物からヒトへ感染する背景にも、気候変動などによる環境破壊があります。野生動物とヒトとの距離が近づき、伝播しやすくなったためです。

気候変動は、人々の生活を脅かすだけでなく、ビジネスにも影響を及ぼしています。

大型台風で工場施設が被害を受けたり、停電で生産活動が停止したり、洪水被害で店舗での営業活動できなくなるといったケースは容易に想像がつくことでしょう。こうした被害の増加によって損害保険料率も上昇傾向にあり、企業の負担を大きくしています。

今や気候変動が直接的なビジネスリスクになりつつあるのです。

発電によるCO_2排出量が最も多い

気候変動の主な原因は、CO_2に代表される温室効果ガスの排出です。日本におけるCO_2排出量の約8割が企業・公共部門によるものです。

産業別にみると、最も多くCO_2を排出しているのがエネルギー転換部門であることが分かります（直接排出量のグラフ参照）。エネルギー転換分門とは、電力（発電）やガス、石油などエネルギー事業に伴うCO_2排出量のことであり、発電が占める比率が最大です。

第4章

ただし、企業がCO_2排出量の削減に取り組む際には、発電に伴うCO_2排出量は、電力会社ではなく、電力の利用者である企業や家庭側でカウントします（間接排出量のグラフ参照）。

CO_2排出量の多い火力発電所から、CO_2を排出しない再生可能エネルギーによる発電所に切り替わっていけば、電力のCO_2排出量が減り、企業が排出するCO_2も減ることになります。

また、企業は調達する電力を再エネ電力に切り替えることで、自社のCO_2排出量を減らすことができます。つまり、企業が再エネ電力を調達するということは、「気候変動対策としてCO_2排出量を削減する」ということを意味しているのです。

再エネには、国産エネルギーという価値もあります。再エネ電力を調達し、再エネ導入を後押しすることは、石油産出国などへの依存度を下げ、日本のエネルギー安全保障に寄与するという側面もあるのです。

CO_2を減らす方法は3通り

CO_2排出抑制方法には、大きく3つの方法があります。

第1が、省エネによってエネルギーの消費量そのものを減らす方法です。そして第2が、発生してしまったCO_2を減らす方法です。CO_2を捕

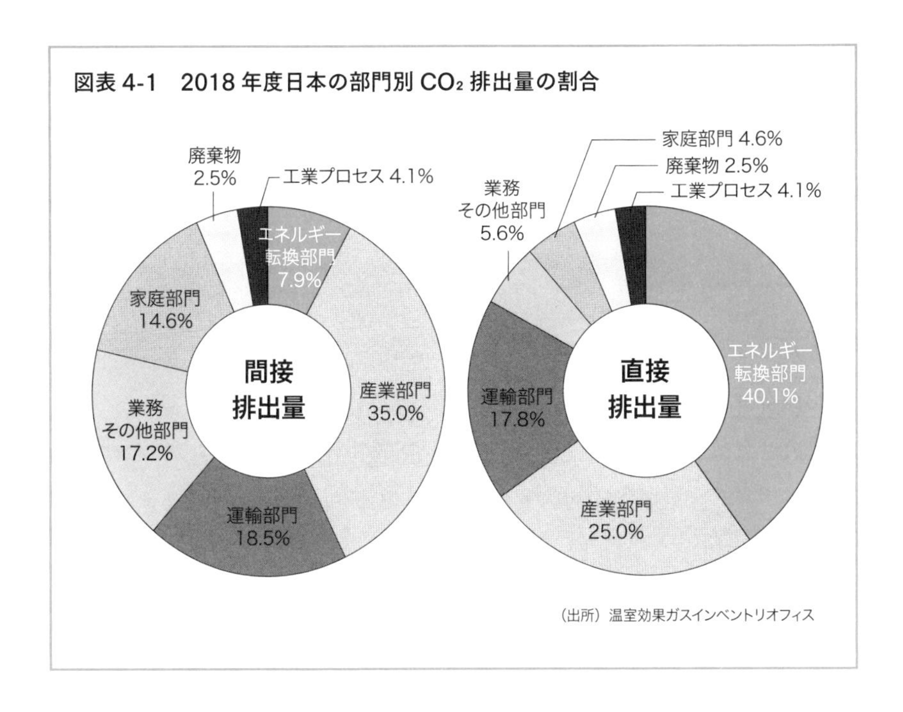

図表 4-1　2018年度日本の部門別 CO_2 排出量の割合

捉して地下深くに埋める「CCS（CO_2回収・貯留）」や森林に吸収させるといった選択肢があります。

そして第3が、単位エネルギーに含まれるCO_2を減らす方法です。火力発電で発電した電力ではなく、再エネ電力を使うというのは、これに当たります。CO_2を減らすという意味では、原子力発電も選択肢です。

このほか、ガスや石油などのエネルギーを、より環境負荷の低いものに切り替えていく方法があります。これを「燃料転換」と呼びます。

中長期のCO_2削減目標を掲げる企業の多くは、省エネや製造工程の見直しなどで、エネルギー消費量を減らす取り組みを進めるとともに、再エネ電力の調達によって電力のCO_2削減を進めています。

2 企業に気候変動対策を迫るSDGsとパリ協定

SDGsは企業の取り組みを求めている

第4章

それではSDGsとESGの詳細を見ていきましょう。

2015年9月、国連総会で「持続可能な開発のための2030アジェンダ」が採択されました。この中には、先進国と途上国が共同で取り組むべき目標として、「持続可能な開発目標」が掲げられました。これこそが「SDGs」です。

SDGsは、国連が2010～2015年に掲げていた「ミレニアム開発目標(MDGs)」の発展形です。MDGsが積み残した貧困や飢餓の解消などの目標はそのままに、先進国も含む世界の共通の課題である格差是正や気候変動などの目標を加え、17の目標とそれに対応する169のターゲットで構成しています。

SDGsの基本理念は「誰一人取り残さない」というものです。途上国も先進国も、地球上のあらゆる問題に対して、誰一人取り残すことなく、共に目標を達成することを目指します。

MDGsと比べた大きな特徴は、SDGsは企業に大きな役割を求めていることです。SDGsは2012年6月の「国連持続可能な開発会議(リオ+20)」から策定に向けたプロセスがスタートしました。約3年の歳月をかけて、一般市民や民間セクターの意見を反映させるべく、様々な取り組みが行ったのです。

この結果、**SDGsの17の目標は、企業の取り組みを意識した内容にな**

図表 4-2 「持続可能な開発目標（SDGs）」が定める 17 の目標

目標 1	あらゆる場所のあらゆる形態の貧困を終わらせる
目標 2	飢餓を終わらせ、食料安全保障及び栄養改善を実現し、持続可能な農業を促進する
目標 3	あらゆる年齢の全ての人々の健康的な生活を確保し、福祉を促進する
目標 4	全ての人々に包摂的かつ公正な質の高い教育を提供し、生涯学習の機会を促進する
目標 5	ジェンダー平等を達成し、全ての女性及び女児の能力強化を行う
目標 6	全ての人々の水と衛生の利用可能性と持続可能な管理を確保する
目標 7	全ての人々の、安価かつ信頼できる持続可能な近代的エネルギーへのアクセスを確保する
目標 8	包摂的かつ持続可能な経済成長及び全ての人々の完全かつ生産的な雇用と働きがいのある人間らしい雇用（ディーセント・ワーク）を促進する
目標 9	強靱（レジリエント）なインフラ構築、包摂的かつ持続可能な産業化の促進及びイノベーションの推進を図る
目標 10	各国内及び各国間の不平等を是正する
目標 11	包摂的で安全かつ強靱（レジリエント）で持続可能な都市及び人間居住を実現する
目標 12	持続可能な生産消費形態を確保する
目標 13	**気候変動及びその影響を軽減するための緊急対策を講じる**
目標 14	持続可能な開発のために海洋・海洋資源を保全し、持続可能な形で利用する
目標 15	陸域生態系の保護、回復、持続可能な利用の推進、持続可能な森林の経営、砂漠化への対処、ならびに土地の劣化の阻止・回復及び生物多様性の損失を阻止する
目標 16	持続可能な開発のための平和で包摂的な社会を促進し、全ての人々に司法へのアクセスを提供し、あらゆるレベルにおいて効果的で説明責任のある包摂的な制度を構築する
目標 17	持続可能な開発のための実施手段を強化し、グローバル・パートナーシップを活性化する

っています。SDGs は、その目標達成のために、国だけでなく、地域や自治体、企業などの参画を求めているのです。

背景には、資金不足があります。**企業の行動と投資なくして、より良い世界を作ることはできない**ということを意味しています。

本書は電力調達に主眼を置いているため、SDGsの17の目標のうち「目標13 気候変動に具体的な対策を」に重きを置いて解説します。一般に、企業の取り組み事例が多いのは、気候変動のほか、「目標14 海の豊かさを守ろう」に対応するプラスチックの使用量削減や、「目標12 つくる責任つかう責任」に対応する食品ロス問題などです。

第4章

SDGsの17の目標の何に主眼をおいて取り組むのかは、各企業の判断にゆだねられています。自社の事業特性を鑑みて戦略を立てるのです。

厳しいCO_2排出抑制を求める「パリ協定」

気候変動問題の解決を目指す国際的な枠組みには、SDGsだけでなく、「パリ協定」があります。SDGsとパリ協定は成り立ちが異なります。

SDGsが、途上国の開発目標を定めた国連のMDGsから派生しているのに対して、パリ協定は気候変動枠組み条約が、1997年の京都議定書に代わるものとして18年ぶりに採択したものです。

パリ協定の採択は、SDGsと同じ2015年。SDGs採択の2カ月後の2015年11月に開催した「第21回国連気候変動枠組み条約締約国会議(COP21)」でした。

パリ協定は主要排出国を含む多数の国と地域が参加し、世界共通の長期目標を、産業革命以降の温度上昇を2度未満に抑える(2度目標)と定めました。さらに、温度上昇を1.5度に抑える努力についても言及しています。また、パリ協定に批准した各国が5年ごとに削減目標を提出・更新することや、5年ごとに世界全体の対策実施状況を評価することなどが盛り込まれました。

パリ協定を契機に、世界は「低炭素」から「脱炭素」へと転換しました。 省エネなどでCO_2排出量を徐々に減らしていく世界から、排出そのものを実質ゼロにする「脱炭素」が求められるようになったのです。

パリ協定の背景には、科学者たちが集まるIPCC（国連気候変動に関する政府間パネル）からの報告があります。

IPCCは科学的知見に基づく分析から地球温暖化の実情と原因についてレポートしています。2013年の第5次評価報告書において、「確実に温暖化が進行しており、その原因は人間活動によるものである可能性が極めて

図表 4-3　気温上昇の将来予測
（世界平均地上気温の経年変化を1986年～2005年の平均気温と比較）

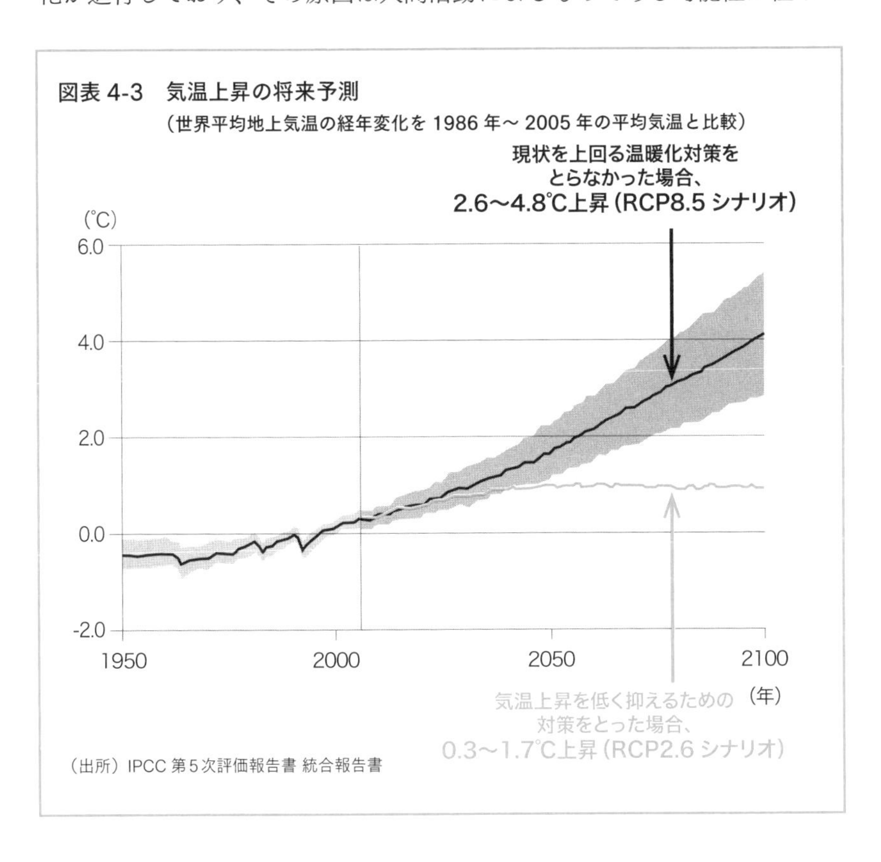

（出所）IPCC 第5次評価報告書 統合報告書

高い」と結論づけています。

IPCCは温室効果ガス濃度が上昇し続けると、気温はさらに上昇すると予測しています。IPCC第5次評価報告書によると、2100年には温室効果ガスの排出量が最も少なく抑えられた場合（RCP2.6シナリオ）でも0.3～1.7度の上昇、最悪の場合（RCP8.5シナリオ）、最大4.8度上昇すると予測しています。

1.5度報告書で実質ゼロが必須に

さらに、**IPCCが2018年10月に「1.5度報告書」を発表したことで潮目が変わりました。**

ちなみに1.5度報告書の正式名称は、「気候変動の脅威への世界的な対応の強化、持続可能な発展及び貧困撲滅の文脈において工業化以前の水準から1.5度の気温上昇にかかる影響や関連する地球全体での温室効果ガス（GHG）排出経路に関する特別報告書」です。

1.5度報告書は、「温暖化の影響は1.5度の上昇でも大きいが2度になるとさらに深刻になり、わずか0.5度の気温上昇の差で温暖化の影響は大きく異なる」と警告。1.5度未満に抑制すべきであると訴えています。

1.5度報告書の指摘

- 産業革命前に比べて、既に約1度上昇しており、このままだと2030～2052年の間に1.5度に達する可能性が高い。
- パリ協定が目標とする2度と1.5度の間で、温度上昇がもたらす影響に大きな差がある。熱波に襲われる人が17億人増え、生物種の消滅も一気に進む。
- 1.5度に抑えるには、世界の排出量を2030年に2010年比45%

減、2050年実質ゼロにする必要がある。
・パリ協定に各国が提出した目標では3度の上昇が見込まれる。

ここでいう「産業革命以前」というのは、「人間の活動による温室効果ガスの増加」が起きる前のことを意味しています。時期としては、1800年代後半より前です。つまり、気候変動の要因と言われている人為的な排出がなかった時と比べて、気温が何度上昇するかを議論しています。

また、**「実質ゼロ」という言葉は、「人為的な排出量を、植林などによる人為的な吸収量とバランスさせる」ということを指しています。**人為的排出量が本当の意味でゼロということではなく、排出してしまった量はなんらかの方法で吸収し、実質ゼロにするのです。

1.5度報告書が、2030年までにCO_2排出量を半減し、2050年までに実質ゼロにすることが必要であるとしたことで、**何らかの長期目標を出す際には、「2050年ゼロ」を打ち出さなければ先進的に見えない雰囲気ができつつあります。**

企業が中期経営計画などとともにCO_2排出量の削減目標を出すケースが増えていますが、その多くが「CO_2ゼロ」や「CO_2ネットゼロ」「CO_2実質ゼロ」をうたっている背景には、こうした状況があるのです。最近では、「カーボンネガティブ（自社の排出量以上に減らす）」を目標に掲げる企業も登場しています。

日本政府は「実質ゼロ」を掲げている

日本政府はパリ協定採択直前の2015年7月に、パリ協定に向けた「日本の約束草案」として**「2030年までに温室効果ガス排出26％削減**

（2013年度比）」を国連気候変動枠組み条約事務局に提出しました。

パリ協定採択後の2016年5月には「地球温暖化対策計画」を策定、閣議決定しました。約束草案の目標と**「2050年までに80％の温室効果ガスの排出削減を目指す（2013年度比）」**という長期目標を掲げるとともに、国や自治体、産業界、家庭などが、それぞれに取り組むべき対策を整理し、削減目標達成への道筋を描いています。

第4章

政府は1.5度報告書の公表後の2019年6月に「パリ協定に基づく成長戦略としての長期戦略」を閣議決定しています。ここには、さらに**「今世紀後半のできるだけ早期に脱炭素社会を実現することを目指す」**という長期目標を記載しました。パリ協定が言及する「実質ゼロ」を国の目標に掲げたのです。

産業界の温暖化対策は京都議定書時代から

この厳しい排出削減目標を達成するためには、やれることはすべてやり、さらなる変革を起こすことが必要です。それだけパリ協定は厳しい目標なのです。では、企業は排出削減にどのように寄与するのでしょうか。

政府の地球温暖化対策計画は、産業界に温室効果ガス排出削減に関する自主的な取り組みを求めています。この方針に呼応して、産業界ではさまざまな取り組みがスタートしています。

まず、日本経済団体連合会（経団連）は2019年12月に、新しい枠組みである「チャレンジ・ゼロ（チャレンジ ネット・ゼロカーボン イノベーション）」を公表しました。チャレンジ・ゼロは、経団連と国が連携してパリ協定のゴールである「脱炭素社会」の実現を目指すものです。

経団連が主導する取り組みは、パリ協定の前身の国際的な温室効果ガス排出抑制の枠組みである「京都議定書」が採択された1997年にスタートした「環境自主行動計画」にさかのぼります。

京都議定書で日本は「1990年比で2008～2012年に6%の温室効果ガスの排出量削減」を義務付けられました。自主行動計画は業界団体が中心となって業界ごとに削減目標を掲げ、業界団体の加盟企業がそれぞれに排出削減に取り組むというボトムアップの仕組みでした。業界ごとに毎年、国に進捗状況を報告し、さらなる削減を推進するというサイクルを回してきたのです。

京都議定書の約束期間終了後の2013年には、自主行動計画から「低炭素社会実行計画」に衣替えし、業界別に自主的な排出削減を継続してきました。そして今回、チャレンジ・ゼロの枠組みに移行しました。

こうした取り組みに加え、**近年では、SDGs/ESGによる企業経営の新たな潮流を受け、中長期の温室効果ガス削減目標を掲げる企業が増えています。**そして、その目標に向けたロードマップを各社が描き、様々な取り組みを実践しています。

こうした活動を社外に伝えるべく、後述する「RE100」や「SBT」といった国際イニシアティブに参加する企業が増加しています。

加えて、国がかねて進めているのが、「地球温暖化対策の推進に関する法律（温対法）」による排出削減の誘導です。温対法は、温室効果ガスを大量に排出する事業者に対して、排出量を算定し、国に報告することを義務付けています。この報告は公表されます。

このほか、「エネルギーの使用の合理化等に関する法律（省エネ法）」で、運輸産業などに対してエネルギー使用の効率化を誘導したり、「エネルギー供給構造高度化法」によって電力会社にCO_2排出量の削減を求める施策も進められています。

3 ESG投資の拡大で非財務情報が重要に

急拡大するESG投資

第4章

では、なぜ近年、ESG投資が急拡大しているのでしょうか。

ESG投資が加速化したきっかけは、2008年のリーマン・ショックにさかのぼります。金融機関によるコーポレート・ガバナンス（企業統治）への取り組み不足が、金融危機を深刻化させてしまったという反省から、英国は機関投資家の行動指針「スチュワードシップコード」を策定しました。2010年のことです。

これ以降、**財務情報だけで企業価値を判断する限界が指摘され、ESGを含む非財務情報の重要性が語られるようになったのです。**

リーマン・ショック前の2006年には、国連が「PRI（責任投資原則）」を策定していました。PRIはESGに配慮して投資するイニシアティブです。スチュワードシップコードに代表される様々な動きがPRIの流れを後押しし、ESG投資は力強さを増してきました。

既に、世界各国の年金基金などのアセットオーナーや、運用会社などのアセットマネージャーがPRIに署名しています。その数は既に2000機関を超えています。

日本では、金融庁がESG投資を呼び込むべくかじを取りました。2014年に「日本版スチュワードシップ・コード」を策定し、投資家に企業の非財務情報を把握するよう求めました。さらに、2015年には「コーポレートガバナンス・コード」を策定し、上場企業のガバナンス向上を牽引したのです。

そして、2015年9月には、日本最大にして世界最大の年金基金である年金積立金管理運用独立行政法人（GPIF）もPRIに署名しました。金融庁による一連の環境整備や日本企業の株式を保有するGPIFの動きは、日本企業のESG対応を加速させています。

社会の要請としてESG投資の機運が高まっていることに加えて、ESG投資はリターンを考えても理にかなっていることが近年、明らかになってきました。

気候変動が引き起こす自然災害は、ビジネスリスクとして顕在化しています。CO_2排出量を減らし、気温の上昇を抑えることは、翻って、企業の事業運営の継続性を担保することにつながります。また、自然災害が頻発しても事業を継続できる体制が整っているかどうかをチェックすることは、投資判断をするうえで重要な視点と言えるでしょう。

同様に、地域社会と良好な関係が築けていれば、意図しない反対運動で事業がとん挫することはなく、リスクを回避できる可能性が高いといえます。ジェンダー問題などに取り組むことは、優秀な人材を確保することに繋がります。

SDGsの目標に向き合い、事業に取り込んでいる企業は、事業の継続性が高いといえるわけです。

ESGは非財務情報で評価する

ESG投資を動かしている機関投資家が重視しているのが「非財務情報」です。

コーポレートガバナンス・コードは、財務情報を「会社の財政状態・経営成績等」、非財務情報を「経営戦略・経営課題、リスクやガバナンスに係る情報等」と定義しています。非財務情報には、ESGを意味する「社会・環境問題に関する事項」も含まれています。

財務情報は定量情報であり、非財務情報は定性情報です。投資家が企業に資金を投じるにあたり、**その企業がどのように企業価値を向上させていくかを理解するために、財務情報だけでなく、非財務情報を求めるようになったのです。**

企業がESGに真摯に向き合って経営しているかを判断するに当たっても、短期的な視点に立った財務情報だけでは十分ではありません。企業の経営方針や理念、事業に取り組む姿勢を理解し、その企業の未来を読み通して投資判断をするためには、長期的な視点に立った非財務情報が不可欠なのです。

非財務情報を伝える規格も続々登場

ESG投資の盛り上がりに呼応して、企業による非財務情報の開示や、それを調査・評価する動きも拡がっています。

トップ企業を中心に「統合報告書」を出す企業が増えているのも、その証左です。IRレポートとCSRレポートを一体化し、経営方針と財務情報、非財務情報をストーリーをもって説明することが投資家に求められているからです。

外部による調査・評価の動きとしては、**国際NGO「CDP（カーボン・ディスクロージャー・プロジェクト）」による調査**が代表的でしょう。企業に温暖化対策や水戦略、森林への対応の情報開示を求める質問書を送り、結果を機関投資家向けに開示しています。質問状への回答は義務ではありませんが、回答を避けた企業は厳しい批判を受けます。

このほか、**パリ協定の温室効果ガス削減目標を企業としても掲げる「SBT（Science Based Target）」**や、**事業に使用する電力の全てを再エネにする国際イニシアティブ「RE100」**に加盟する企業も増え続けています。国内では**中小企業版RE100の「再エネ100宣言 RE Action」**などもあります。

不動産業界では、かねて複数のグリーンビルディング規格がありますが、ESG投資の流れを受け、**「GRESB」という規格を取得する不動産物件が増えています。**ESG投資の対象が不動産に及ぶことから、ESG投資ではなく、「ESG金融」という呼び方も出てきています。

さらに強力にESG投資を後押ししそうなのが「TCFD」の存在です。TCFDは、世界主要25カ国の財務相や中央銀行総裁が参加する金融安定理事会（FSB）の気候関連財務情報開示タスクフォースのことです。**TCFDは、企業の業績や財務などに気候変動が与える影響を開示する際の基本原則を取りまとめました。**

TCFDは企業に対して、大きくは「積極的な目標設定」と「企業経営に気候変動への考慮を組み込むこと」の2点を求めています。TCFDの登場によって、SBTの参加などに弾みがつくでしょう。

世界の大手年金基金などの機関投資家が集まるイニシアティブ「Climate Action 100＋」もあります。気候変動問題への取り組みを企業に促すことを目的としています。

企業が自ら気候変動対策に取り組み、その活動を公表する動きと、企業に投資する投資家が企業に気候変動対策を求める動きが、今まさに重なろうとしているのです。

第4章

CDPによる調査

国際NGOのCDPが機関投資家の賛同を得て、企業に温暖化対策や水戦略、森林への対応の情報開示を求めるプロジェクトです。毎年、企業に質問書を送り、その回答をA~Fで採点し、企業名を公表します。

2019年は気候変動は約8000社、水は約5000社、森林は約1800社に質問書を送っています。

SBT

パリ協定の目標達成を目指す国際イニシアティブ「SBT（Science Based Target)」は、企業がパリ協定の達成に向けた自社の目標設定を求めています。SBTは、CDPやWWF（世界自然保護基金）を含む4つの国際団体が運営しています。

SBTには企業の気候変動対策の認定制度があり、これを取得することで対外的な評価を得られるため、認定を目指す日本企業も増えています。

SBTの目標設定が対象とするのは企業がサプライチェーン全体で排出するCO_2量です。自社のCO_2排出量だけでなく、企業活動に関係する上流や下流の活動を含めた排出量も削減しなければなりません。

サプライチェーンの「上流」「自社」「下流」の3つのスコープに分けて、それぞれのCO_2排出量を算定し、これらの合計を「サプライチェーン排出量」と言います。

上流における原材料の移動による排出量や、製品の下流での加工やさらには使用による排出量も含められており、この見積もりは非常に手間がかかるものです。

しかし、企業活動をサプライチェーンまで広げて考えることで、サプライチェーン上で関係する企業や顧客との連携につながり、企業の気候変動

図表 4-4　SBT が削減対象とする CO_2 排出量

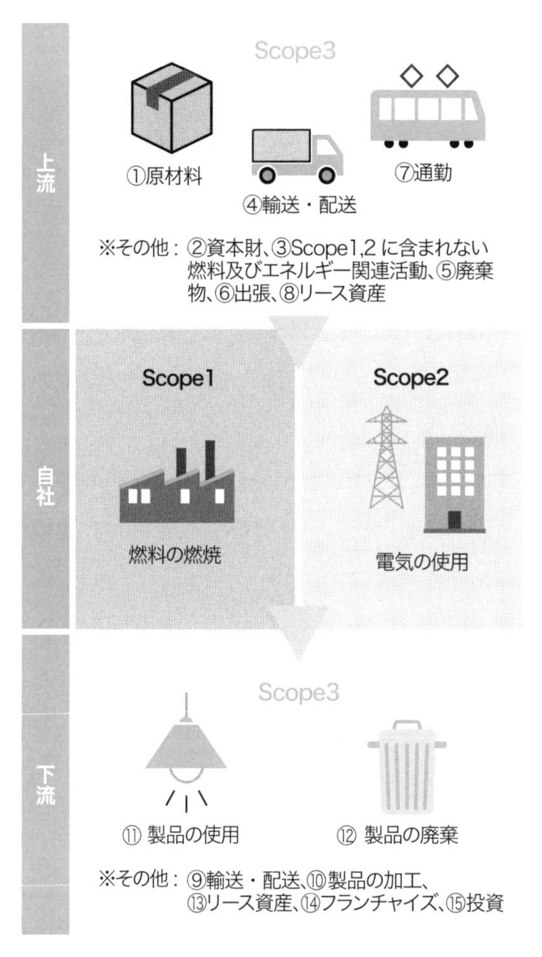

Scope1：事業者自らによる温室効果ガスの直接排出（燃料の燃焼、工業プロセス）

Scope2：他社から供給された電気、熱・蒸気の使用に伴う間接排出

Scope3：Scope1、Scope2 以外の間接排出（事業者の活動に関連する他社の排出）。15のカテゴリに分かれている

（出所）環境省

対策をより有効かつ有益なものにすることが可能になります。

スコープについての考え方は、CO_2排出量を取り扱う際に、たびたび登場しますので理解しておきましょう。

RE100

RE100は、事業で使用する電力の全てを再エネ電力に切り替えることを目標とした国際イニシアティブです。事務局は国際NGOのCDPです。

再エネ100%の目標を宣言するものですが、2030年までに60%、2040年までに90%、さらに、遅くとも2050年までに100%を達成することが求められます。このタイムスパンと目標設定は、パリ協定の合意内容に沿ったものになっています。

また、加盟企業は毎年、RE100事務局に対してその進捗報告を行わねばなりません。未達成によるペナルティは有りませんが、進捗状況は公開されます。

なおRE100に参加するには、「グローバルまたは国内で認知度・信頼度が高い」「主要な多国籍企業（フォーチュン1000、またはそれに相当）」、「使用電力量が100GWh以上（日本企業は10GWh以上に緩和）」などの条件に合致することが必要です。

中小企業版RE100「再エネ100宣言RE Acion」

RE100への加盟要件には、使用電力量が大きい大企業であることが含まれているため、中小企業は参加することができません。また、RE100は企業を対象としているため、政府機関や自治体、医療機関、教育機関なども参加できません。そこで誕生したのが「再エネ100宣言RE Action（アールイー・アクション）」です。いわば中小企業版RE100です。

グリーン購入ネットワーク（GPN）、イクレイ日本（ICLEI）、日本気候リーダーズ・パートナーシップ（JCLP）、地球環境戦略研究機関（IGES）が協賛し、RE100から推奨を受ける形で設立しました。

RE100と内容は同じで、加盟企業は2050年までに再エネ100%利用を宣言することとなっています。

第5章

丸ごと理解、再エネ電力の基礎知識

電力には、色もにおいもありません。すべての電力は物理的には同じものであり、それは再エネ電力も例外ではありません。再エネ電力は、「再生可能エネルギーを使って発電した電気」のことですが、その差を目でみることはできないため、直観的には理解しにくいのが難点です。

第5章では、再生可能エネルギーについて理解を深め、再エネ電力とは何なのかを基礎から学びます。

1 再生可能エネルギーとは何か

CO_2排出量ゼロの純国産エネルギー

再生可能エネルギーとは、太陽光や風力、地熱など自然界に常に存在するエネルギーのことです。日本語としては聞きなじみのない「再生可能」という言葉は、英語の「Renewable」から来ています。枯渇せず、永続的に使えるという意味です。

再生可能エネルギーは、「再エネ」や「再生エネ」と略します。本書では、「再エネ」と呼ぶことにします。

こうした語源から、**再エネとは、「枯渇しない」「どこにでも存在する」「CO_2を排出しない」という3つの特徴を備えた環境にやさしいエネルギーのことを指します。**

石油や石炭、天然ガスなどの化石エネルギーは有限の資源であり、いつか枯渇する日がやってきます。再エネは地球が存在する限り無限です。

気候変動への危機感が高まるなか、CO_2を排出しない再エネの普及拡大が世界で求められています。また、資源に乏しい日本にとって、国内で生産できる再エネは**エネルギー安全保障に寄与する国産エネルギーです。**

第4章で説明したように、SDGsやパリ協定といった国際的な枠組みにおいて、再エネの普及および利活用の意義は高まるばかりです。

再エネの種類と用途

再エネには多様な種類があります。太陽光や風力が真っ先に思い浮かぶかもしれませんが、そのほかに水力や地熱、太陽熱、バイオマス（動植物に由来する有機物）などがあります。このほか、潮流や海洋の温度差など、自然界に存在する様々なエネルギーを活用するための技術開発が進められています。

再エネは、電力や熱、燃料として利用します。例えば、太陽のエネルギーであれば、太陽光で発電する半導体（太陽光パネル）を使って電力にしたり、太陽熱で水を温めて温水にしたりします。風力なら、風で羽根を回転させ、発電機を動かします。たき火は、木質バイオマスの燃料として利用ですし、ボイラーで蒸気を作るのにも使えます。

様々な用途がある再エネですが、現状ではその多くが発電に用いられています。

2 日本の再エネ電源、これまでの道のり

水力発電から始まった電気事業

再エネによる発電所（以下、再エネ電源）といえば、太陽光や風力を思い浮かべるのではないでしょうか。これらは、再エネの中でも「新エネルギー」と呼ばれることもあり、比較的、新しい技術です。

実は、**電気事業は再エネ電源である水力を主軸に始まりました。**

日本で最も古い水力発電所は、京都の蹴上発電所と仙台の三居沢発電所で、130年前にできました。

日本には水力資源が豊富にありますので、電力需要の高まりとともに、多くの水力発電所を開発してきました。経済産業省の「電力調査統計」によれば、2019年8月時点で、日本には1704カ所、発電容量にして2216万kWもの水力発電所があります。

水力発電にはいろいろな種類がありますが、ダムに貯めた水を放出する際のエネルギーで発電する方式が主流です。ダムに貯めた水を計画的に放水することで、安定的に発電します。

1960年代初頭まで、水力発電は1日中フル稼働し、水力だけで賄いきれない分を火力発電で補う形で電力を供給していました。これは「水主火従（すいしゅかじゅう）」と呼ばれる形態です。

その後は、主力電源が水力から石炭火力発電へ移り、さらに東日本大震災までは原子力発電が主力を担う「火原主水従（かげんしゅすいじゅう）」という形に変化してきました。

再エネ比率10%の時代が長かった

日本の再エネ比率は、大規模な水力発電の開発が落ち着いてから長らく10%程度前後で停滞してきました。

その間も各種の再エネ導入補助金はありましたし、2002年6月に公布した「RPS法」（電気事業者による新エネルギー等の利用に関する特別措置法）という支援政策もあったのですが、導入量は微増にとどまったのです。

図表 5-1　日本の電源別・発電電力量の推移

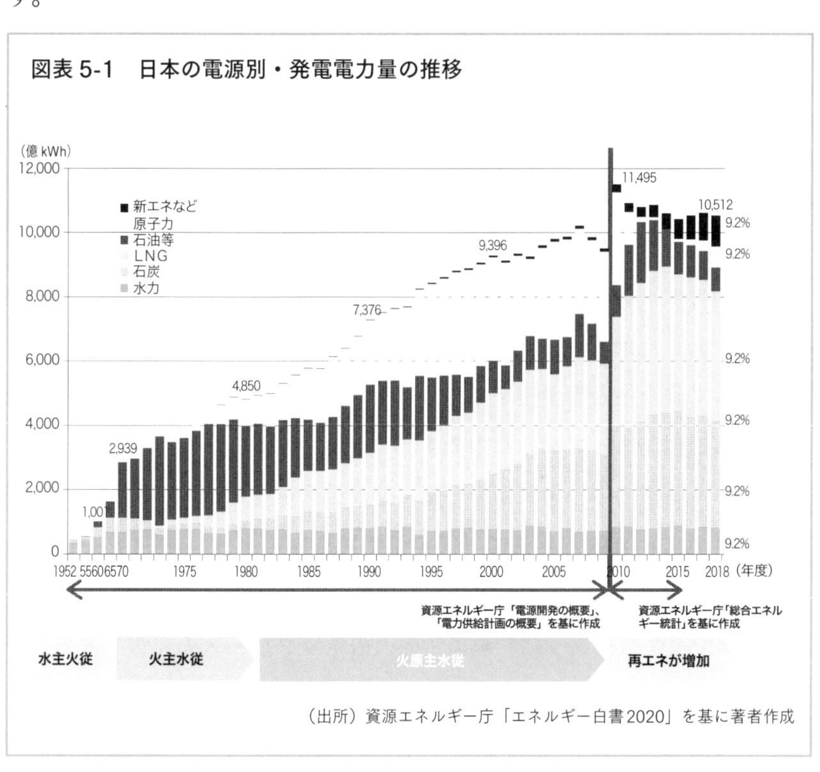

（出所）資源エネルギー庁「エネルギー白書2020」を基に著者作成

東日本大震災後、FIT制度導入で急増

劇的な変化の契機となったのは、2011年3月11日の東日本大震災でした。東京電力・福島第1原発事故が発生したほか、地震と津波で複数の発電所が停止しました。このため、東京電力エリアと東北電力エリアでは電力の供給力が不足し、計画停電を実施しました。

その後、全国の原子力発電所は安全審査のため全基停止しました。それまで日本の発電量の30％を賄っていた原子力発電所が止まったことで、その分を火力発電所で発電することになり、CO_2排出量が急増しました。

一気に増えたのが、火力燃料のLNG（液化天然ガス）の輸入です。日本の急激な需要増が引き起こしたアジアにおけるLNG価格の高騰は当時、「ジャパンプレミアム」と呼ばれました。その結果、2010 年から2011 年にかけて日本の貿易収支は 、31 年ぶりの貿易赤字（2.6兆円）となったのです。資源に乏しい日本が潜在的に抱えるエネルギー安全保障の課題が、広く認識されるに至りました。

こうして安全性と環境性を備えた国産エネルギーである再エネへの認知度が、急速に高まっていったのです。

こうした背景の中、再エネを一気に普及拡大させるべく、欧州などで既に導入されていた政策手法の「固定価格買取制度」（FIT制度）を日本にも導入することが決まりました。

第1章で説明したように、再エネ導入のネックは、火力発電などの従来の発電手法に比べてコストが高い点です。

FIT制度は民間企業や個人が再エネに投資できるように、再エネ電源で発電した電力を家庭用なら10年、事業用なら20年間にわたり、あらかじめ決めた固定価格で買い取る制度です。火力発電などの既存手法より割高

な費用分は、「再生可能エネルギー発電促進賦課金（再エネ賦課金）」という形で、電力の利用者（国民）広く薄く負担します。

FIT 制度は再エネ電源による発電事業の予見性を高め、一定の利回りが予測できたことから、爆発的に導入が進んだのです。FIT 制度の施行と時期を同じくして、減税措置を用意したことも後押しとなりました。

再エネ比率は約21%まで増えてきた

下図は、2019年度の日本全体で発電した電力量（kWh）の割合を示した「電源構成」です。発電に使う燃料の種別によって分類されています。

最も大きな割合を占めたのは火力発電で72.7%に上りました。

かつては原子力の比率も高かったのですが、福島第1原発事故の発生

図表 5-2　2019 年度の電源種別の発電量割合

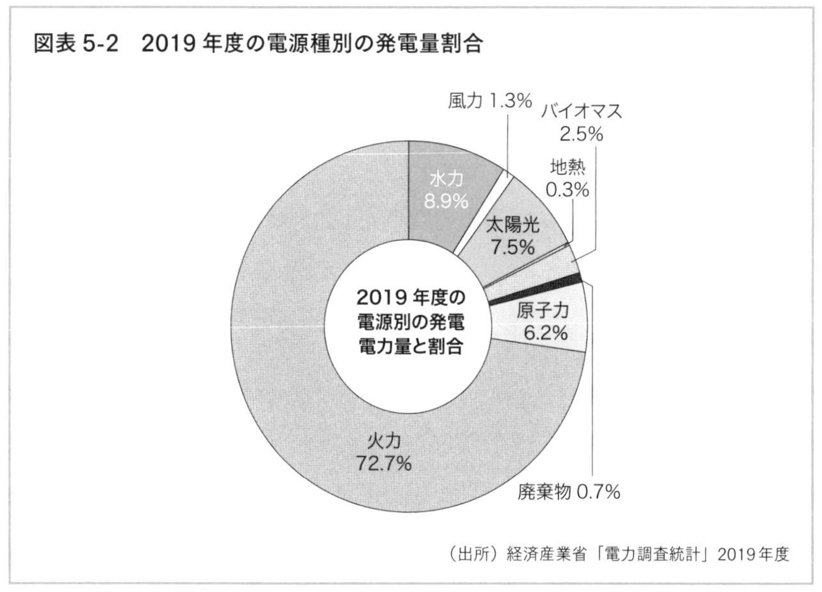

（出所）経済産業省「電力調査統計」2019年度

後、全国の原子力発電所が停止したため、2019年度はわずか6.2%でした。

再エネは、水力、太陽光、バイオマス、地熱などを合算して約21.1%。このうち水力発電が約半分の8.9%を占めています。近年の急増した太陽光が7.5%、風力は1.3%でした。

FIT制度で一気に増えたのは太陽光発電

FIT制度の導入により、日本の再エネは急速に増加しました。

先行したのは太陽光発電です。風力や地熱は、事前調査や環境影響評価などに時間がかかるため、太陽光パネルを設置すればすぐさま発電事業をスタートできる太陽光が一気に広がり、全国津々浦々に大規模太陽光発電所（メガソーラー）が建設されました。

経済産業省が公表しているFIT電源の導入量を見てみましょう。2019年12月末時点で、太陽光が5326.9万kW（10kW未満の住宅用含む）、風力が387.6万kW、バイオマスが342.0万kWなど、合計6135.3万kWに上ります。出力容量（kW）で見れば、原子力発電所が平均で1基100万kWとすると、約60基分にもなります。

ちなみに、2018年度は原子力発電所が4基再稼働し、約610億kWhの電力を発電しました。一方、太陽光による発電量は約735億kWhでした。発電量で見ても、太陽光だけで稼働中の原子力発電所に上回る存在になっていることが分かります。

図表 5-3　FIT 電源の導入量（kW）（2019 年 12 月末時点）

電源種別	電源種別
太陽光	5326.9
風力	387.6
中小水力	70.9
地熱	7.9
バイオマス	342
合計	6135.3

（出所）資源エネルギー庁「固定価格買取制度　情報公開ウェブサイト」

東京都の需要分は太陽光で賄える

FIT 制度によって、一気に増えた再エネですが、それでも世界で見れば、日本の再エネ比率はまだまだ少ないと言わざるを得ません。太陽光、風力を中心に再エネの普及が進むドイツは、2018年で約37％に達し、その量はさらに増えています。米国や中国なども急速に再エネ比率が高まっています。

ただ、別の視点で見てみると、少し様子が違ってきます。

2019年度の太陽光による発電量の合計は736億 kWh です。一方、2019年度に都道府県で最も使用電力量が多かった東京都は780億kWhでした。

太陽光は昼間しか発電しませんので、あくまで計算上の話ですが、**東京都の使用電力量は、太陽光発電でほぼ賄える**のです。

全体に占める割合はまだ低いものの、その勢いの大きさが感じられるのではないでしょうか。

さらに、政府は再エネを「主力電源」と位置づけ、2018年7月に制定した「第5次エネルギー基本計画」で、2030年までに再エネ比率を22%にするとしました。今後も再エネ電源はさらに増えていくでしょう。

再エネ賦課金の抑制が課題に

そもそもFIT制度は、再エネ電源が火力など他の電源と比べて遜色ないコストに下がるまでの時限措置という位置づけです。

FIT制度によって導入量が増えたことで、太陽光パネルなどの設備価格は大幅に低下し、施工費も下がってきました。支援策なしで自立できる水準が近づいています。それほどFIT制度の効力は大きかったのです。

その反面、再エネ賦課金による国民負担の増加が課題となっています。2019年の再エネ賦課金の総額は、約2.4兆円に上ります。

こうした状況を受けて政府は、FIT制度の見直しを重ねてきました。2022年には、FIT制度は一部の対象を除いて形を変え、FIP（フィード・イン・プレミアム）制度へと移行する予定です。

今後も再エネ電源の導入を支援することに変わりはありませんが、再エネ賦課金を抑制し、今まで以上に発電事業者（再エネ電源の保有者）の経営努力を促す形に変化していきます。

3 「再エネ電力を買う」の意味

目に見えない「再エネ電力」

再エネを使う発電に関して、これまで説明してきました。ここからは、ユーザー企業が調達する「再エネ電力」について解説します。

再エネ電力と聞くと、何をイメージしますか。言葉の通り、太陽光発電や風力発電、水力発電などによって発電した電力のことです。

概念はシンプルなのですが、制度上は、とても複雑です。というのも、電気には色も匂いもなく、物理的には全ての電気が同じモノだからです。

再エネ電力を買うということは、再エネ電源にお金を払うということです。それによって、再エネ電力の普及に貢献することです。（参考：COLUMN「有機栽培トマトと再エネ電力の共通点」）

しかし、第1章で説明したように、電力システムは巨大なプールのようなもので、全国各地の発電所で発電した電力が、ごちゃまぜになってプールに入っています。どんなエネルギーを使って発電したかによらず、同じ電力として、プールに入っており、一切の区別ができません。

ユーザー企業や家庭に送電線を通じて届く電力は、太陽光で発電しても、原子力や石炭火力で発電しても、モノとしては同じです。いろいろな発電所で発電した電気が混ざった状態で届くのです。つまり、**物理的に「再エネ電力」を区別することはできません。**

このため、自分がどれだけ再エネ電源からの電気を使ったのかを把握し、それに対してお金を払うことは簡単にはできません。

では、目に見えない再エネ電力を、どうやって区別し、調達し、利用するのでしょうか。

再エネ電力は環境価値の取得で特定する

目に見えない再エネ電力を特定し、その価値をシェアするための工夫として、下記の式を使います。

再エネ電力＝電力＋環境価値

再エネ電源で発電した電力は、火力発電による電力と違い、発電時にCO_2を排出しません。再エネ電力の環境価値とは、「再エネ電力を使うことで、火力発電の発電量が減り、CO_2排出量を減らせる」という環境負荷低減に貢献することを意味しています。

しかし、先に述べたとおり、再エネ電力の電力そのものには物理的には違いはないため、電力そのものと環境価値を分けて考えます。

そして、電力とは別に、環境価値を証書やクレジットとして取引する仕組みが用意されています。証書にはいくつか種類がありますので詳細は後述しますが、この証書を取得することで、再エネ電源から発生した環境価値を、電力とは別に手に入れるのです。

つまり、**物理的に区別できないモノとしての電力と、再エネで発電したことを示す証書を組み合わせて再エネ電力として扱う**のです。

再エネ電源で発電した電力を、そのまま電線で引っ張ってきて使う時は、他の発電所で発電した電力と混ざらないため、環境価値は他の誰にも渡っていません。

例えば、工場の屋根や敷地内に設置した太陽光パネルで発電して、そのまま工場で電力を使うようなケースです。この場合は、使った人が環境価値を得たことになり、「再エネ電力を使った」と言えるのです。

一方、様々な発電所で発電した電力が、巨大なプールのような送配電網を介してユーザー企業に電力が届く場合は、再エネ電力メニューを提供する電力会社、あるいはユーザー企業が自ら証書を取得し、後から環境価値を付加することで「再エネ電力である」と説明します。

電力と環境価値の組み合わせ方法は様々

電力会社は、様々な手法で発電した電力と環境価値をセットにした再エネ電力をユーザー企業に販売しています。また、ユーザー企業が、自分で環境価値を購入し、電力を組み合わせる方法もあります。これはどちらでもかまいません。

電力は物理的には同じモノですから、発電所の種類は問いません。違和感があるかもしれませんが、火力発電所で発電した電力でも、環境価値を付加すれば、制度上は再エネ電力になります。

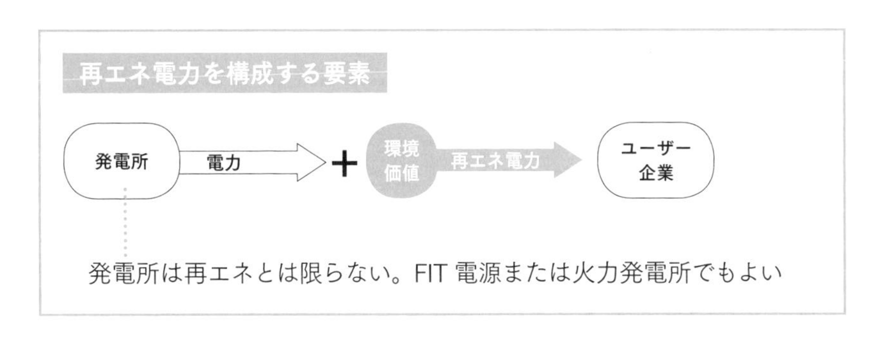

後述しますが、FIT電源は再エネ電源ですが制度上、FIT電源で発電した電力（「FIT電気」と呼ぶ）には環境価値がありません。ですから、FIT電気を再エネ電力として使う場合も、環境価値を取得する必要があります。詳細は第6章で後述しますが、日本で規定されて環境価値には、「非化石証書」「グリーン電力証書」「J-クレジット」の3種類があります。

環境価値を生む再エネ電源は「非FIT電源」と「FIT電源」

では、環境価値を生み出す再エネ電源の詳細を見ていきましょう。

前述のように、日本の再エネの半分は水力です。残り半分は、太陽光や風力、バイオマス、ごみ焼却発電などによるものです。　日本の再エネの全体像は、FIT制度を利用した電源（FIT電源）と、FIT制度を利用していない電源（非FIT再エネ電源）が二分しています。

建設時期で分類すると、2012年以降に新規に開発された再エネ電源は、ほとんどがFIT制度を利用しています。

また、FIT制度開始以前に稼働した再エネ電源も、FIT制度の買取期間である「稼働から20年以内」であれば、「既設適用」というルールで、後からFIT制度を利用することが可能です。このため、稼働から時間が経過した水力発電やごみ焼却発電などをのぞくと、かなり多くの再エネ電源がFIT制度を利用しているのです。

非FIT再エネ電源の大半が大手電力の水力発電

非FITの再エネ電源の大半を占める水力発電は、2018年の全国の総発電量に占める割合は約8%でした。過去の主力電源の割には全体に占める比率が小さいですが、それでも相当量の発電量になります。

ただし、水力発電所の7割以上を各エリアの大手電力会社が保有しています。それ以外の多くを都道府県傘下の公営企業が保有しており、発電した電力の大半を各エリアの大手電力会社が長期契約で買い取っています。

つまり、**日本の水力発電所で発電した再エネ電力は、ほぼすべて大手電力会社を介して供給されている**のです。

長らく水力発電による電力は、あえて再エネといわず、ほかの発電所からの電力を混ぜた状態で、通常の電力メニューに利用してきました。

ですが、再エネ電力の調達ニーズの高まりを受けて、大手電力会社のほとんどが、水力発電所による再エネ電力を利用したメニューの提供を始めています。

今後は新電力も水力による再エネ電力を販売する

なお、長年の慣習から、新電力が水力発電所から電力を調達して、再エネ電力メニューとして提供するのは難しい状況にあります。

そこで経済産業省は電力全面自由化を実施した2016年に、水力発電に関する新たなガイドラインを作成しました。

今後、自治体が保有する水力発電所（公営水力）は、原則として、従来から大手電力と交わしてきた随意契約を解消することとされています。今後、契約期間が満了する公営水力で発電した電力は、新電力の調達も可能となることから新たな再エネ電力メニューが登場するでしょう。

買取期間が終わった「卒 FIT」は非 FIT 電源

図表 5-4　電源の種類

非化石電源	再エネ	非 FIT 電源	・大型水力発電 ・卒 FIT 電源 ・ごみ焼却発電　　など
		FIT 電源	・FIT 制度を利用する再エネ電源（太陽光、風力、バイオマス、水力、地熱など）
	再エネ以外		・原子力発電
化石電源			・火力発電

FIT 電源で発電した「FIT 電気」には環境価値がないと説明しました。ですが、これは買取期間の間だけ。FIT 制度の適用が終了し、FIT 制度を卒業した電源のことを「卒 FIT 電源」と呼びます。**卒 FIT による電力は環境価値を持った再エネ電力**です。

家庭向けの FIT 制度は、事業用に先行してスタートしており、しかも買取期間が事業用の半分の10年です。このため、2019年11月から住宅の屋根上に載せた FIT 電源の買取期間が終了し始めました。

これらの電力については、買取期間の満了に伴い FIT 制度による再エネ賦課金の補填がなくなるため、「非 FIT 電源」に変わります。環境価値が付随した電力になるのです。

卒 FIT の創出量

卒 FIT の創出量を見てみましょう。経済産業省が公表している住宅用太陽光の卒 FIT の累積量を見てみると、2019年の2カ月だけで200万

kW、2023年までに、なんと2670万kWもの卒FIT電源が出てくる予定です。

卒FIT電源は、FIT制度の買取期間で初期コストを回収済みの発電設備なので、発電コストはメンテナンスや改修費用だけという低コスト電源です。このため、電力会社はこぞって卒FIT電源の確保に動いています。

卒FITを買い取っている電力会社は、各エリアの大手電力会社やガス会社、地域新電力など多彩な顔ぶれです。今後これらの電力会社が、卒FIT電源を活用した再エネ電力メニューを提供することになるでしょう。

また、卒FIT電源は住宅用太陽光だけではありません。実は、風力発電の卒FITは住宅用太陽光よりも早くから出てきています。

風力発電の開発が始まったのは1990年代後半のこと。2012年の制度改正によって、それ以前に稼働していた再エネ電源についても、FITを適用できることになりました。事業用の再エネ電源の場合、FITの買取期間は運転開始から20年。既設の再エネ電源も同様に、運転開始から20年間までFIT制度を適用できる仕組みです。

このため、FIT制度の買取期間を終了した風力発電が存在するのです。これらは、一部の電力会社が調達し、ユーザー企業に提供しています。

今後、卒FIT電源は増加し続けます。住宅用太陽光が発電する電力は、1カ所ずつは小さいですが、多数集めれば、一定の規模になります。今後は、アグリゲーター機能を持った事業者によって卒FIT電源は使いやすい形になるでしょう。ユーザー企業が再エネ導入の選択肢として活用できるような新たなサービスの展開が期待されます。

FIT電気の環境価値は国民に帰属する

近年、急激に普及が進んだFIT電源による電力（FIT電気）を利用した

図表 5-5　卒 FIT（住宅用太陽光発電）の推移（累積）

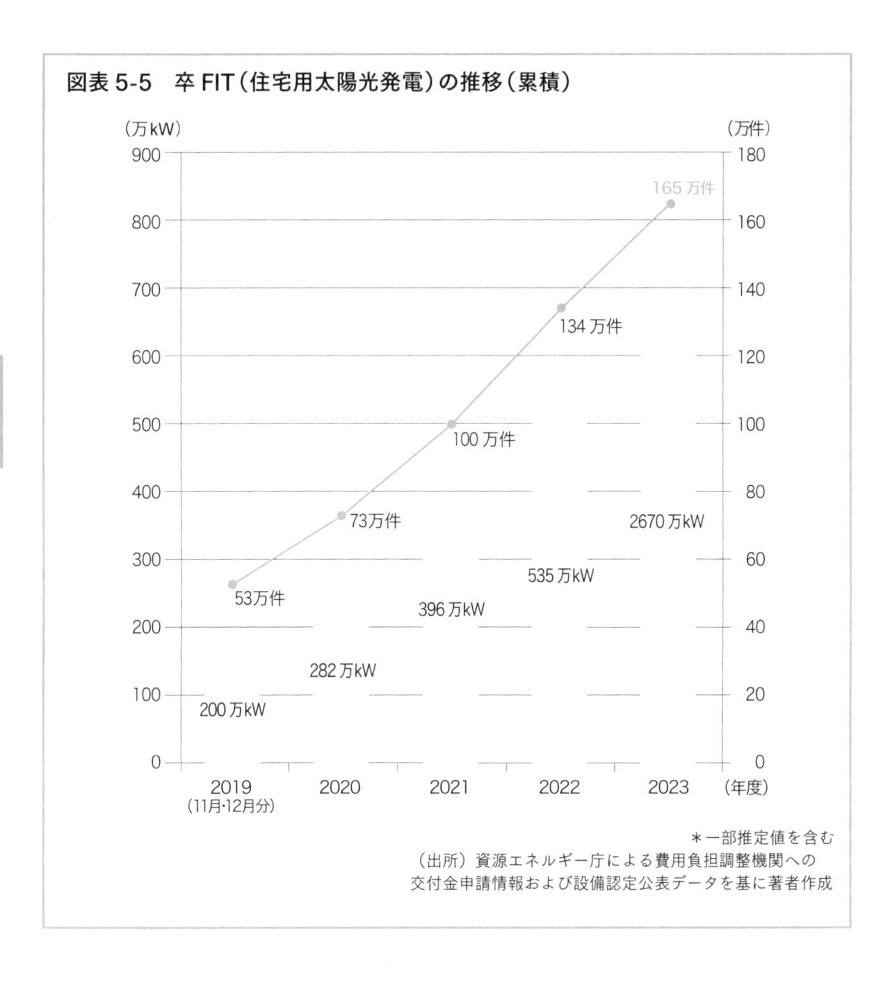

＊一部推定値を含む
（出所）資源エネルギー庁による費用負担調整機関への交付金申請情報および設備認定公表データを基に著者作成

いと考えるユーザー企業は多いのではないでしょうか。ここで、なぜ FIT 電源で発電した電力（FIT 電気）に環境価値がないのかを解説します。

前述のように、FIT 制度は、再エネで発電した電力を一定期間、固定価格で電力会社（送配電事業者）が買い取る制度です。日本の場合、事業用の FIT 制度の買取期間は20年です。再エネ発電事業者にとっては、20年間、発電した電力を固定価格で確実に買い取ってもらえるため、事業予見性が高まり、投資が促されるというわけです。

かねて再エネは、火力発電所などに比べて、発電コストが高いのがネックでした。ビジネスベースでは普及が進まないことから、世界各国で様々な導入支援策が講じられてきました。そのうちの1つがFIT制度です。

FIT制度の買取価格と、火力発電など従来の方法による発電コストの差は、電気料金を介して電力を利用する人たち、つまり国民が、再エネ賦課金として広く負担していると説明しました。再エネと火力発電を比べた際のコストアップ分が、再エネの環境価値なのです。

このため、**FITを活用した再エネ電源で発電した電気の環境価値は、国民に広く薄く帰属していると制度上、整理されています**。ですから、FIT電気を調達しても、再エネ電力を使っていることにはならないのです。

FIT電気の「CO_2排出係数」は全国すべての発電所から排出されるCO_2の平均となります（これを「全電源平均」と呼びます）。CO_2排出係数とは、電力の単位量（kWh）ごとに排出するCO_2の量のことです。電源ごとに異なりますが、再エネ電源はゼロです。FIT電気は、上記の理由により全電源の平均値に調整されます。

FIT電気は非化石証書と組み合わせて使う

制度改正によって、FIT制度を使う新設の太陽光発電は今までほどは増えない見通しです。ですが、風力やバイオマス、中小水力などは開発が継続されていくため、今後も供給量が増えていくと予想されます。

日本に存在する再エネ電源の多くがFIT制度を利用している現状を考えると、FIT電気を上手く活用していきたいものです。

使う時は、FIT電気には環境価値がありませんから、制度上は火力発電など他の方法で発電した電力と同じ扱いです。再エネで発電したことを示す環境価値を追加することで、再エネ電力になるのです。

なお、ユーザー企業が再エネ電力としてFIT電気を使う時は、非化石証書を組み合わせたメニューを利用するのが一般的です。

国民に帰するFIT電気の環境価値は、「非化石証書」という形で取引されています。**電力会社が非化石証書を購入することで、FIT電気の環境価値を取り戻す**仕組みです。

もちろん、非化石証書の代わりにJ-クレジットやグリーン電力証書を組み合わせても再エネ電力として利用できます。特に、J-クレジットは非化石証書より低コストで取引されていますので、コスト重視のユーザー企業にとって、魅力的な選択肢となるでしょう。

なお、国の「電力の小売営業に関する指針」において、再エネ電力メニューに関する表示ルールが定められています。そこには、「仕入れた電気が再エネ電源でない場合でも、非化石証書を購入すれば『実質再エネ』という表示が可能」とあります。FIT電気と非化石証書を組み合わせた場合も制度上は、「実質再エネ」と呼ばれます。

電力会社によるFIT電気仕入れに関する制度整理

なお、FIT制度を使う再エネ電源は、以前は小売事業者（大手電力の小売部門および新電力）が買い取る仕組みでした。ですが、2017年4月のFIT法の改正により、送配電事業者が買い取る仕組みに変更されました。これを「送配電買取」と言います。

送配電事業者は、各エリアの大手電力会社の送配電部門のことですが、2020年4月に実施した「発送電分離」という制度改正で分社化されました。現在では、「東京電力パワーグリッド」「中部電力パワーグリッド」「関西電力送配電」など別会社となっています。

送配電買取となった今、小売事業者はFIT電源を保有する再エネ発電事業者から直接、電力を買い取ることはできません。ただ、送配電事業者から卸融通（電気事業法上は「特定卸供給」と呼びます）を受けることで、FIT電源で発電した電力を、間接的に調達することが可能です。

新電力などが提供している再エネ電力メニューには、こうした方法で調達したFIT電源を利用したものが多数存在します。

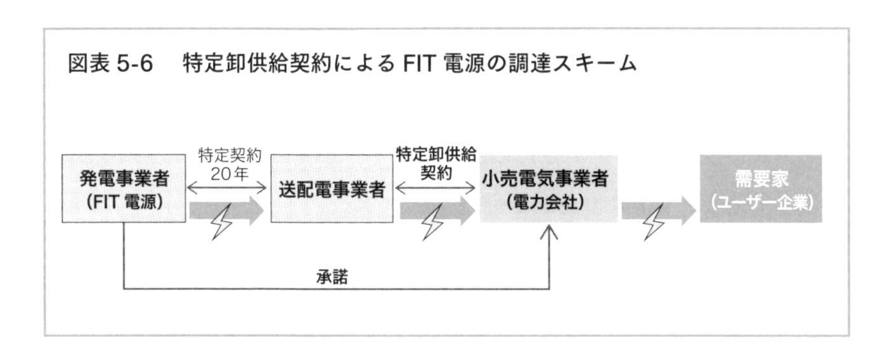

COLUMN

有機栽培トマトと再エネ電力の共通点

再エネ電力の選択は再エネ電源を増やすことにつながる

電力には色も匂いもありません。「それなのにどうして『再エネ電力』と言えるの？」あるいは「電力としては全く違いの無いものに、追加でお金を払う意味はなに？」と疑問に思われる方もいるでしょう。

再エネ電力の価値を理解するために、有機栽培トマトの例を挙げます。スーパーの商品棚に並んでいるトマトの中には、同じトマトでも価格の高いモノがあります。「○△さんの有機栽培トマト」のようにラベルが付いており、他のトマトより値段が何割か高いのです。

このトマトが「プレミアム」として売れるのは、農薬や化学肥料を使わない安全で環境に優しい有機栽培で、誰が作ったかが明確になっているた

図表 5-7　有機栽培トマトのトレーサビリティ

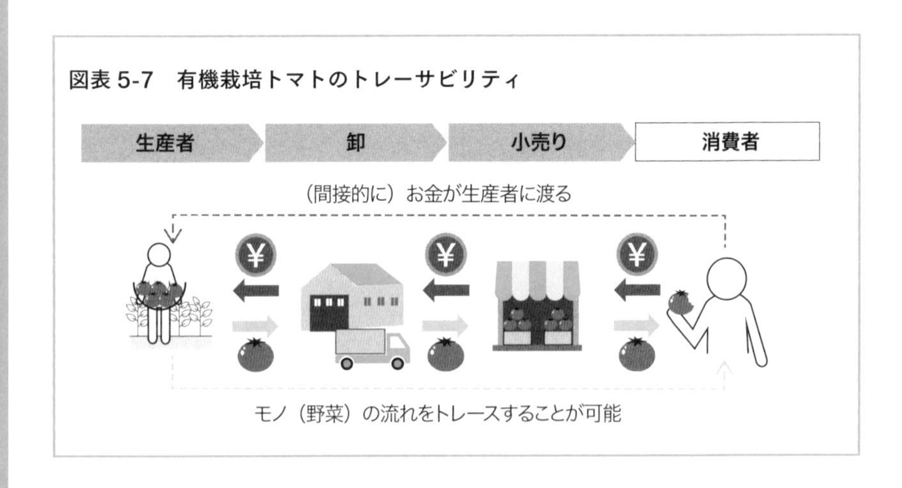

めです。普通のトマトより安全で風味や味がより自然で豊かだったりすれば、他のトマトより価値があると感じるためです。つまり、有機栽培トマトはその生産方法のみならず、商品そのものが差別化しているわけです。

このトマトが「○△さんの有機栽培トマト」であるためには、トマトの個体別の流通経路にトレーサビリティがあって、途中で偽装されたりせず、確実にその農家から仕入れたことが確認できる仕組みが必要です。

このトレーサビリティによって、有機栽培トマトが消費者の手元に届くだけでなく、販売したスーパーや卸問屋を通してトマト農家にお金が支払われます。結果的に、有機栽培に取り組む生産者を応援することになるのです。

電力をトラッキングすることは物理的に不可能

一方、電力の場合はどうでしょうか。

電力会社が再エネ電力を販売するためには、再エネ電源から電力を調達し、それをユーザー企業に供給します。ただ、送配電線は共通で、様々な発電所がつながっており、多数のユーザーに電力供給しているため、自分の使っている電力がどこを通ってきたのかを特定することはできません。

すなわち、発電所と自社の拠点の間を自前の送配電線でつながない限り、特定の発電所からの電力を見分けることはできません。野菜のように、電力そのものをトラッキングすることは物理的に不可能なのです。

最近では、ブロックチェーンを使った電力のP2P（ピア・ツー・ピア）取引なども話題になっています。これは、ユーザーが発電者に直接お金を支払って電力を売買できる仕組みですが、同じ送配電線を使う以上、電力そのものを区別することはできません。

送配電網を介して買った電力に色はなく、どれも同じということであれば「再エネ電力を買う」とはどういうことなのでしょうか。電力は商品そのものに差がないので、トマトの生産者にお金が払われるのと同じで「ユーザーが支払った電気料金がどこに行っているのか」が重要です。

再エネ電力を選ぶことはお金の流れを変えること

再エネ電力比率の高い電力会社から電力を購入した場合、その電力会社は販売する電力の多くを再エネ電源からの調達で賄っているので、電気料金は調達先の再エネ電源に支払われていることになります。逆に、再エネ電力比率の低い電力会社に電気料金を払った場合は、火力発電所などにお金がまわり、その一部は燃料調達元である海外の資源国に流れます。

言い換えれば、再エネ電力を選ぶことは、電力会社を通じて支払った電気料金によって、再エネ電源を応援していることになります。再エネ電力比率の高い電力会社を選ぶユーザーが増えれば、再エネ電源が増えることにつながります。

環境価値は1～2円/kWh程度なので、電力の仕入れ価格の10%程度にとどまります。電気料金の多くは「電力そのもの」に支払っています。だからこそ、お金を払って応援したいと思う発電所の電力を選ぶことに意義があるのです。

ユーザー企業が自らの電力を再エネ電力に切り替えることは、自社のCO_2排出量を下げることのみならず、お金の流れを変えて再エネを増やすことや、再エネの生産者、ひいてはその発電所が立地する地域に貢献するという社会的貢献の意味合いがあります。発電所のオーナーにとっても、ユーザー企業とコミュニケーションを取り、自分の発電所の電力を利用していることが伝わっていくのは価値のあることです。さらに再エネ電源を増やすモチベーションにもつながるのです。

第6章

正しい再エネ電力の買い方

SDGs/ESGへの関心が高まる中、電力を再エネに切り替えることを検討する企業は後を絶ちません。ただ、再エネ電力の調達は、コスト削減や業務改善を目的とした電力調達改革と大きな違いがあります。それは、調達部門だけでは完結しないということです。経営トップのコミットメントなしに、最適な再エネ電力の調達はなしえないのです。

再エネ電力には、様々な種類があります。そして、コストや導入後の効果も様々なのです。自社に合った再エネ電力の種類や調達方法を決めるには、経営方針とのすり合わせが欠かせません。

第6章では、再エネ電力の正しい調達方法を学びましょう。

1 再エネ電力の調達は経営方針そのもの

国内外のトップ企業が再エネ電力を調達

電力調達の際に、再生可能エネルギーを取り入れたいと考える企業が増えています。トヨタ自動車やソニー、パナソニック、イオンといった国内トップ企業が再エネ電力の調達に動いています。海外に目を向ければ、米アップルや米マイクロソフトなどが国内企業以上に高い目標を設定し、再エネ電力を利用しています。

SDGs/ESGの潮流が大きくなるなか、再エネ電力の調達に動く企業は、さらに増えていくでしょう。

ところが、いざ再エネを取り入れようと考えたときに、どうすれば良いのか途方に暮れてしまうユーザー企業が少なくないようです。

正直なところ、再エネ電力の調達は、これまで見てきた通常の電力調達に比べて、はるかに難易度が高い調達です。なぜなら、**コスト削減のように、どの企業にも共通する評価軸がなく、正解が1つではない**からです。

経営トップが自ら考え、決断し、方針を打ち出す

通常の電力調達は、コストを最適化し、管理しやすくすることで業務負荷を低減し、さらなる省エネなどにつなげやすくすることが目的でした。電力会社が提供する電力の質に違いはなく、突き詰めていえば、コストを最適化できる電力会社を選べるかどうかの勝負でした。

でも、再エネ電力は違います。**何のために再エネ電力を調達するのか。再エネ電力の調達が自社の経営に、どのような意味があるのかを明確にしなければなりません。**

SDGsやパリ協定といった世界の課題を企業としてどう捉えて立ち向かっていくのかを、経営トップが自ら考え、方針を固めます。**10年、20年先に自社がどのような企業でありたいのかというビジョンを経営トップが示し、そこから具体的なシナリオを作り込んでいきます。**

調達部門やCSR部門が単独で取り組めるテーマではなく、経営層が関わり、意思決定しなくてはなりません。そして、その方針に沿って、長期にわたり継続して取り組むことで、企業価値を高めていくのです。

世界の名だたる企業が、今まさに試行錯誤しながら取り組んでいるテーマであり、すぐにマネできる確固たるケーススタディもありません。悩み、検討を重ねトライしていくしかありません。

再エネ電力の調達を通じて企業価値を高めたいのであれば、経営トップが考え、ビジョンを示し、世界の課題にチャレンジするプロジェクトであることを明言し、責任と権限と予算を与えなくては、成功はありません。

残念なことに、再エネ電力を取り入れる目的と、経営方針のすり合わせができていないままに、調達に動き始める企業が多いのが実情です。これでは想定以上のコストや手間がかかってしまったり、再エネ導入によって得られる効果が半減してしまいます。

CSR部門や調達部門が、いくら再エネを導入したいと思っても、経営トップを含めて合意形成できなければ最適な調達はできません。

静観できる時間はそう長くない

「ウチの会社にはまだ早い」「もう少し様子見」という企業も多いかもしれません。ただ、静観できる時間はそう長くはありません。サステナブル経営でトップを走る企業はサプライチェーンも含めたビジョンを描いています。

早晩、**取引先から何らかの対策を求められる可能性があります。ある日突然、経営トップから検討の指示が出るかもしれません。**そのときに慌てて検討を始めるのではなく、一連の電力調達改革の延長線上に再エネ電力調達を位置づけ、心づもりをしておきましょう。

第5章で説明したように、再エネ電力には様々な種類が存在し、何を選択するのかも、導入の意義や目的によって大きく変わります。提供されているサービスも様々です。**再エネや電気事業に一定の理解がなければ、どのサービスが類似しているのかを判断することすらできず、比較検討もままなりません。**

どういったアプローチ法であれば、再エネ電力調達によっての企業価値を高めることができるのか、具体的に見ていきましょう。

2 再エネ電力調達の実践的アプローチ

「電力調達の方針決め」が成否のカギを握っている

再エネ電力の調達は、これまでに説明してきた電力調達改革の進化です。基本的な考え方は、第2章で説明してきた10のステップで進めます。

ただし、**ステップ1の「電力調達改革の方針決め」に、かなりの時間と工数をかける必要があります。**大きく5工程に分かれており、ここが成否のカギを握っています。このほか、再エネ電力ならではの「サプライヤー選定」のポイントや「PR、マーケティング」に取り組みます。順にみてみていきましょう。

方針決め① 経営トップのコミットメント

再エネ電力を導入する意義や目的を整理し、経営トップはビジョンを示し、再エネ電力の導入プロジェクトを進めることにコミットします。ここでいうビジョンとは、2030年や2050年といった中長期で「自社がどのような企業でありたいのか」をいう絵姿のことです。

経営トップは、再エネ電力の導入プロジェクトを進めるにあたり、チーム編成や予算取り、スケジュールの大枠を決めます。

ビジョンに基づいた「2030年までに再エネ100%」といった目標は、この段階で決める場合もあれば、シナリオを作る段階で決めることもあります。調達部門やCSR部門は、事前に自社の経営方針に合致した再エネ導入の位置づけを整理し、社内での合意形成が円滑に進むよう準備します。

方針決め② 取り組み方針の決定

再エネ電力を導入する際の具体的な目的を検討します。地球温暖化対策推進法の報告義務やSBT、RE100といった規格の準拠を目標にする場合もあれば、ブランディングや企業PRを目標にする場合もあります。また、再エネを自社のビジネスにしていくことを目指す企業もあります。

方針決め①で経営トップが示したビジョンによって、再エネ導入の目的が決まってきます。

第6章

方針決め③ 実現手法の検討

何を目指すかが決まったら、次は具体的な実現手法を検討します。再エネ電力の供給方法は大きく3つあります。

方法1が、電力会社の再エネ電力メニューを契約すること。方法2は、環境価値だけ自社で調達するなど、電力会社にすべてを委ねるのではなく、一部を自社で手掛ける方法です。方法3は、自社で発電所を保有するなど、全てを自社で賄う方法です。

また、方法によって必要なコストも変わってきます。自社の目的にあった再エネ電力の導入にいくらコストが必要なのかを見極めるためにも、再エネ電力の価格の構造についても理解しておきましょう。

また、再エネ電力のコスト構造を理解すれば、電力会社（サプライヤー）に見積もり提案をもらった時に、見積価格が適正かどうかを判断することも一定、できるようになります。

方針決め④ ロードマップの作成

再エネ電力への切り替えは多くのケースで、コストアップになります。いきなり全社で使用する電力のすべてを再エネ電力にするのは、ハードルが高いでしょう。**2030年など中長期の全社方針に基づき、バックキャスティングしてロードマップを作ります。**

方針決め⑤　詳細設計

ロードマップに沿って、詳細を設計します。例えば、初年度に導入する拠点はどこなのか、どんなスケジュールで進めるのかを決めていきます。

サプライヤーの選定

再エネ電力を取り扱っている電力会社は多数ありますが、展開しているメニューは様々です。再エネ電源の調達に力をいれているところもあれば、そうでないところもあります。価格設定も様々です。

第2章で、見積もり依頼をする電力会社は絞り込むべきだとお伝えしました。再エネ電力の調達でも同様です。目的に合致したメニューを提供している電力会社を厳選して依頼しましょう。この時、ロードマップで整理した導入量を供給できる力があるかもチェックすべきポイントです。

切り替え後のPRやマーケティングの展開

通常の電力調達と異なり、多くの企業が再エネ電力の導入をプレスリリースなどで対外的に公表します。

電力調達にESGの観点を盛り込むことは、企業のビジョンや姿勢を示すことですから、どういった考えに基づいて何を行ったのかをステークホルダーに伝えるのです。さらに、必要に応じてPRやマーケティングへと展開します。こうした工程は、再エネ電力の調達ならではでしょう。

それでは各ポイントを具体的に見ていきましょう。

3 経営トップのコミットメントが絶対条件

再エネ導入は中長期の経営ビジョンありき

再エネ電力を導入する目的は、短期的な利益改善ではなく、長期的な企業価値向上です。サステナブル経営に取り組む中で、SDGsやパリ協定といった世界の課題を解決するための手法として、再エネ導入が出てくるのです。

経営トップが描くビジョンがあり、ビジョンを実現するための再エネ電力の導入シナリオがなくてはなりません。

ここでいうビジョンとは、中長期の自社の目指すべき姿のことです。「2050年に業界で最も環境対応に積極的な企業となり、ロイヤルカスタマーの支持を得て、売り上げを着実に伸ばす」「顧客と共に社会課題を解決する企業になる」など、ユーザー企業によって異なるビジョンがあることでしょう。

きっかけを具現化しよう

ただ、実際には、さまざまな「きっかけ」で再エネ電力の導入話が浮上します。よく耳にするパターンは、「セミナーから帰ってきた経営トップから突然、調達部門に再エネ電力の導入を検討するように指示が振ってきた」というものです。

SDGsへの意識の高まりや、投資家がESGを評価軸に据え始めたといった話を聞き、「企業価値を高めるために何かやらなければ」という危機感を抱ている経営者は少なくありません。そんなとき、「事業に使用する電力を再エネにする」という方法は、比較的取り組みやすいことだと言えるでしょう。

また、熱意のあるCSR部門の担当者が「再エネ電力を導入すべきだ」と熱心に社内を説得する場合もあるでしょう。投資家や取引先などのステークホルダーから求められるケースもありそうです。

こうした**「きっかけ」を全社の経営課題に関連付け、具現化していく必要があるのです。**

調達部門やCSR部門で綿密な事前準備

再エネ電力の導入を検討する際に、調達部門やCSR部門が準備すべきことは、「再エネ電力への切り替えが、自社にとってどのような位置づけのものなのか」「どのような価値をもたらしたいのか」を整理し、意義・目的を明確にしておくことです。

再エネ電力の導入は、目的によって実現手法が変わること、大なり小なりコストアップになるケースが多いものです。ですから、**担当部門でしっかりと企画を固めたうえで社内調整をすすめ、経営トップを含めた合意形成を図ります。**

その際、経営トップが描くビジョンを実現する手法の1つとして再エネ電力の導入を明確に位置づけましょう。

こうした準備をしておくことで、社内で経営層を含む合意形成をスムーズに図ることができます。

なお、「RE100を宣言し、2030年までに事業で使用する電力を再エネ

100％にする」といった再エネ電力の導入目標は、この時点で決めても良いですし、大枠だけ決めて、詳細はシナリオの検討過程で決めていくのでも良いでしょう。

経営トップが再エネ電力を取り巻く状況を理解できぬままに合意形成が進むと、経営トップが先走って実現性に乏しい目標を掲げてしまったり、ステークホルダーから見てチャレンジングでない目標を設定してしまう可能性がありますので、注意しましょう。

経営トップは予算やチーム編成などを指示

経営トップと共に「なぜ再エネ電力を導入するのか」を明確にし、「やる」と決めたら、予算とチーム編成を検討します。

再エネ導入は単年度で完結するようは話ではありません。SDGsやパリ協定という中長期の世界的な目標に向かって、企業がどう取り組むのかという話です。予算規模や人員面について経営からメッセージがないと、調達部門やCSR部門は動くに動けず途方に暮れてしまいます。

規格準拠？それともPR効果？

次に決めるのは、再エネ電力を導入する目的です。経営トップが示したビジョンを実現するために再エネ電力を導入する場合、具体的にどのような目的を果たせるのかを考えます。

ユーザー企業が再エネ電力を取り入れる際に設定する目標は、一般に3つあります。

再エネ電力に切り替える3つの目的

①規格に準拠する

②再エネ導入をPRする

③再エネを自社のビジネスに取り込む

まず**第1の目的は、規格に準拠することです。**第4章で説明したように、「地球温暖化対策の推進に関する法律（温対法）」、CDPやSBTへの報告など、何らかの規格に準拠することが目的であるケースです。不動産業界の「GRESB」など、業界固有の規格も存在します。

規格準拠が法令で求められる場合もあれば、企業価値を高めるために、規格に準拠させようとトライするケースもあります。何のために再エネ電力を導入するのかを明確にしたら、それに伴い、何らかの規格に準拠する必要がでてくることでしょう。

近年では、事業で使用する電力をすべて再エネにする国際イニシアティブ「RE100」や、中小企業版RE100と言われる「再エネ100宣言 RE Action」などに参画し、積極的な再エネ利用を投資家や自社顧客などのステークホルダーにアピールする企業も増えています。

後述しますが、これらの規格に準拠するためには、再エネ電力の供給方法に条件があります。

第2の目的が、再エネ導入を積極的にPRすることです。環境意識の高い企業であること、ESGを意識したサステナブル経営を推進していることをPRするのに、再エネ導入は非常に分かりやすく有効です。

工場が立地する地域の再エネ電源から電力を調達することで、地元貢献をアピールすることも可能です。

自社の企業イメージをステークホルダーに伝えやすいストーリーを考え、それに合わせた再エネ電力を調達します。

RE100 などの戦略的な目標を果たすことで、企業ブランドの向上を図るケースもあるでしょう。

第3の目的は、再エネを自社のビジネスに取り込むことです。

再エネは、投資先としても有望視されています。国内外の大規模な再エネ電源に出資する企業は後を絶ちません。また、自社で発電所を保有し、その電力を使う手もあります。「電力会社から電力を買う」という通常の調達を超えた取り組みを始める企業が増えているのです。

ありがちな失敗ケース

再エネ電力を導入する意義や目的を担当部門で整理したうえで経営課題に引き上げ、経営トップを含め合意形成を図ることが、成功の秘訣です。

ただ、**実際には、この過程をスキップして失敗しているケースが後を絶ちません**。ここでは、ありがちは失敗ケースを3例紹介します。

「これからはサステナビリティ経営だよ」と聞いた経営者が再エネ電力の導入をトップダウンで指示したものの、再エネ電力を企業価値向上に伝えられない企業は相当数いるのではないでしょうか。

社長も調達担当者も意義や目的を整理できないままに、切り替えを進めると、「電力を切り替えたからといって何も変わらない」という残念な結果になります。当然ながら、再エネ電力を導入した効果は限定的です。

トップダウンは非常に重要ですが、再エネ電力を導入する意義を理解し、経営方針と再エネ電力の導入目的をすり合わせなければ、ただ再エネに切り替えてもダメなのです。

もう1つ、よくある失敗が、CSR部門の熱意ある担当者が空回りするケースです。コスト重視の調達部門を説得できずに断念する場面は少なくないようです。

CSR部門だけが再エネ電力の意義を理解していてもダメです。経営層にも理解してもらい、そのうえで調達部門を巻き込んでいかなければ、再エネ電力の調達は成功しません。

第3のパターンとしては、社外からの要請で急にSDGs/ESG対応を迫られることもあるでしょう。**取引先が再エネ電力の調達に動いていることが分かったら、突然、再エネ電力の利用を求められ、慌てふためくようなことがないよう、あらかじめ準備しておきましょう。**

例えば米アップルは、サプライヤーに再エネ電力の利用を促し、実現しているサプライヤーを公表しています。「日本のサプライヤーの対応が進まず、再エネ電力の利用が日本より進んでいる中国などのサプライヤーへのシフトを検討している」という話も聞こえてくるほどです。

日本のメーカーも危機感を募らせていますが、もともと産業向けの低コストな電気料金の恩恵を受けている会社も多く、再エネ電力への切り替えはハードルが高いようです。こうした時は、当該部材の生産工場に絞った再エネ電力の切り替えなど、計画的な実行が有効です。

最近ではESG投資への機運が高まっています。企業を評価する際に再エネ電力の利用の取り組みについてアセスメントを実施することが一般化していく可能性もあります。再エネ電力への切り替えは、電力コストの削減というメリット以上に、企業活動の条件として取り組まなければならないテーマになりつつあると言えるでしょう。

4 複雑な制度が生んだ3つの導入方法

再エネ電力は制度と切り離せない

再エネ電力に切り替える目的が明確になったら、次は具体的な再エネ電力の導入手法を検討しましょう。再エネ電力の導入手法は複数ありますので、まずはどのような選択肢があるのかを理解しておきましょう。

再エネ電力の導入は、制度上の整理を理解することが欠かせません。しかも、制度は現在進行形で変更が繰り返されています。非常に複雑な再エネ電力を取り巻く制度が、現状では3つの導入方法を生み出しました。

再エネ電力の導入手法

① 電力会社が提供している「再エネ電力メニュー」を契約する

② 電力はそのまま環境価値だけ、別途購入する

③ 再エネ電源に投資して、その電力を直接使用する

第5章で説明したように、「再エネ電力＝電力＋環境価値」です。①の電力会社が提供している再エネ電力メニューを契約する場合は、電力会社が電力と環境価値をそれぞれ仕入れて、ユーザー企業に提供します。

②の「環境価値だけ購入する」は、電力は通常通り調達しておき、環境価値だけ自社で買ってくる方法です。これでも「再エネ電力を使っている」と言えます。

③は環境価値の付随した電力を、自社で発電して作り、それを使う方法です。

どの方法を選択するかは、自社が再エネ電力を導入する目的や、現時点の電力契約の内容によって変わります。それでは、3つの導入方法を詳しく見ていきましょう。

［導入手法1］　電力会社の「再エネ電力メニュー」を契約する

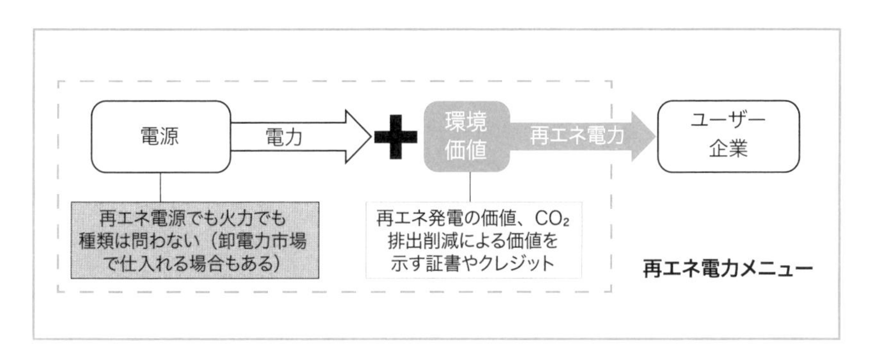

電力会社は、ユーザー企業のSDGs/ESGのニーズに呼応して、様々な再エネ電力メニューを用意しています。ユーザー企業は、通常の電力調達と同様に、こうしたメニューを選択することで、事業に使用する電力の再エネ比率を高め、CO_2排出量を減らすことができます。

電力会社が提供している再エネ電力メニューとは、電力会社が電力と環境価値をそれぞれ仕入れ、組み合わせて提供しているものです。

電力と環境価値を組み合わせる時は、電力の発電時に発生するCO_2排出量を、証書やクレジットなどの環境価値を充てることでオフセット（調整、相殺）し、CO_2ゼロにします。電力と組み合わせる環境価値の量は、使う電力量分の「CO_2量（t）」で計算する場合と、「使用電力量（kWh）」

そのもので計算する場合があります。

温対法など、CO_2ゼロを意識した規格に準拠する時は、CO_2量（t）で計算します。例えば、2017年度（平成29年度）の全国平均の電力の排出係数は、0.000496（t-CO_2/kWh）です。これに自社の使用電力量（kWh）を乗じたものが、自社のCO_2の排出量となります。この排出係数は電力会社（小売電気事業者）ごとに異なります。

電力会社は、自社の排出係数とユーザー企業へ供給する電力量を乗じたCO_2排出量（t）に相当する環境価値を調達し、組み合わせて提供しているのです。

一方、RE100やGRESBの場合は、使用電力量（kWh）に相当する環境価値を組み合わせます。

どちらの計算方法を使うかは目的次第ですので、注意が必要です。

電力の由来は様々

再エネ電力メニューに使われている電力の由来は様々です。

電力会社が火力発電所から相対契約で仕入れた安価な電力を使っているものもあれば、日本卸電力取引所（JEPX）で調達してきた電力もあります。水力発電所などの再エネ電源から仕入れることもあります。また、第5章で説明したように、FIT電源から特定卸供給という手法で仕入れた電力の場合もあります。

「再エネ電力」なのに火力発電所で発電した電力で良いのかと、違和感を覚えるかもしれませんが、国や国際環境NGOによる再エネ電力の定義は、電力の種類を問わないのです。

環境価値は「再エネ」によるものを使う

国内で調達できる環境価値には、「グリーン電力証書」「J-クレジット」「非化石証書」の3種類があります。

それぞれの環境価値の特徴については［導入方法2］で詳解しますが、**再エネ電源による「再エネ発電価値」もしくは「CO_2排出削減」を証書化したものを使わなければならない**点です。

例えば、J-クレジットにはいくつか種類があり、中には省エネや森林吸収による環境価値を証書化したものがあります。しかし、これを電力に組み合わせても再エネ電力とは言えません。同様に、非化石証書は原子力発電によるCO_2削減価値を証書化したものもありますが、こちらも再エネ電力としては使えません。

非FIT電源による再エネ電力メニュー

多くの再エネ電力メニューが「電力＋環境価値」の形で販売されています。ただし、大手電力が提供している水力発電所を活用したメニューなど、FITを使っていない再エネ電源（非FIT電源）の場合は、電力そのものを販売しているかのような売り方をしています。

非FIT電源には環境価値が付随しています。ただし、制度上は、いったん環境価値は引きはがして非化石証書として証書化して、再度付加するという形になっています。この工程は、電力会社内部で行われているため、メニューの説明としては明確に記載されていないケースがありますが、通常の再エネ電力と構造は同じです。

FITを使っていない自治体のごみ焼却発電所による電力や、今後増えてくるであろう「卒FIT電源」による電力なども、環境価値が電源に付随しているため、同様の見せ方をする可能性があります。

「実質再エネ」は制度上の呼び名

再エネ電力の調達を検討している時に「実質再エネ」という言葉を聞くことがあるかもしれません。これは経済産業省が電力会社向けのガイドライン「電力の小売営業に関する指針」にて再エネ電力を分類する際に使っている制度上の呼び名です。

温対法やRE100、SBTなどが定める再エネ電力の定義にも関係しません。**ユーザー企業が再エネ電力を調達する際に、特段、気にする必要はありません。**

実質再エネとは、「環境価値が付随していない電源による電力」に非化石証書を組み合わせた再エネ電力のことを指す言葉です。火力発電やFIT電源による電力が対象です。

なお、電力の小売営業に関する指針は「環境価値が付随している電源による電力」に非化石証書を組み合わせる場合には「再エネ」と呼ぶとしています。

電力会社は発電によるCO_2削減を進めるために、「エネルギー供給構造高度化法」という法律で、一定の非化石証書を購入することが義務づけられています。ユーザー企業が購入した非化石証書を実質再エネとして販売できるため、電力会社によっては他の証書よりも非化石証書を組み合わせた再エネ電力メニューを熱心に販売しているかもしれません。こうした背景を理解しておくことで、電力会社の再エネ提案の内容を見る目が養われます。

「CO_2ゼロメニュー」は使用している環境価値の種類をチェック

電力会社から提供されているメニューには、「CO_2ゼロメニュー」「ゼロエミッション電力」「CO_2フリー電力」といったものもあります。

これらのメニューは、再エネ電力として利用できるものと、利用できないものが混在しています。再エネ由来の環境価値を使った場合に限り、再エネ電力として扱うことができます。

省エネや森林吸収による「J-クレジット」や、原子力発電による非化石証書など、再エネ由来でない環境価値を組み合わせている場合は、CO_2削減価値はありますが、再エネ電力としては利用できません。自社の目的に合致する電力かどうかを、メニュー名称で選ぶのではなく、よく中身を確認してから調達しましょう。

［導入方法2］　電力はそのまま、環境価値だけ別途購入する

店舗やオフィスで賃貸物件に入居しており電力契約を変更できない、あるいは、既存の電力契約が一括契約や長期契約などの縛りがあるといった理由で、再エネ電力に切り替えられない場合があります。

こうした時は、**電力自体は通常通り調達し、環境価値だけ買ってきて、自社で組み合わせる方法が有効です。**

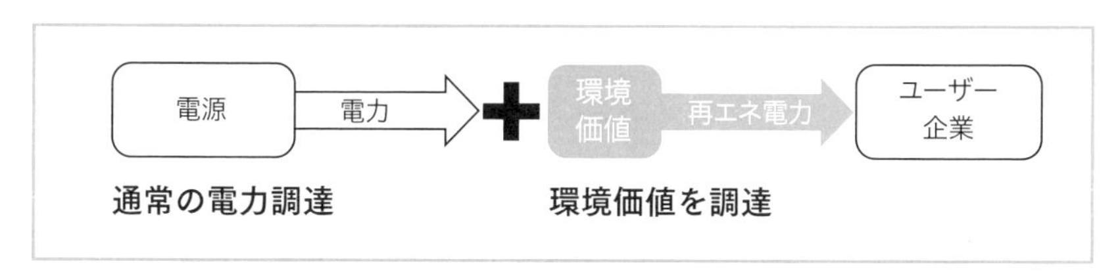

証書やクレジットの費用は、おおむね1kWh当たり1～数円程度が相場ですが、種類によって異なります。証書やクレジットは、電力会社や環境コンサルティング会社、証書発行事業者などから購入します。

環境価値の証書は主に3種類

現在、日本で入手可能な環境価値は、「グリーン電力証書」「J-クレジット」「非化石証書」の3種類です。

ただし、非化石証書を購入できるのは電力会社（小売電気事業者）に限られています。ユーザー企業が直接、買うことはできませんので、導入手法2で利用できる環境価値は、グリーン電力証書とJ-クレジットの2種に限定されます。

1つ目の「グリーン電力証書」は、再エネ電源の環境価値のみを切り出して、証書という形で取引する仕組みです。ただし、供給量は限定的で

図表6-1　再エネ電力に使える環境価値の種類と特徴

	グリーン電力証書	J-クレジット	非化石証書
発行主体	グリーン電力証書発行事業者	国 経済産業省・環境省・農林水産省が共同で運営	低炭素投資促進機構
環境価値発生源	非FIT再エネ電源の環境価値	需要家のCO_2削減価値 （省エネ、植林、再エネ自家消費）	FIT電源の環境価値
発生源特定	○	○	△ 「再エネ指定」「指定なし」の2種（トラッキング付きもある、指定無しは原子力によるもの）
発行量	△ 3億1100万kWh （2016年度）	△ 約15億kWh	○ 500億kWh以上
購入者	制約なし	制約なし	電力会社（小売電気事業者）に限定
価格	3～4円/kWh程度	1円/kWh前後 （再エネ由来）	1.3～4円/kWh （ほぼ最低価格で取引）

（出所）資源エネルギー庁や自然エネルギー財団、各証書の発行主体のWebサイトなどを基に著者作成

す。というのも、2012年のFIT制度の施行以降、新規開発された再エネ電源はほぼ全てFIT制度を利用しているため、環境価値を有した再エネ電源は増えていないのです。

2つ目の「J-クレジット」は、他の人が本来排出するはずだったCO_2を、何らかの取り組みによって削減し、その削減分をクレジットとして取り引きする仕組みです。省エネ、植林、再エネの自家消費など、様々なCO_2削減手段によって生じたクレジットが販売されています。再エネ電力として利用する場合は、再エネ電源によるJ-クレジットを選択します。

［導入方法3］ 再エネ電源に投資して、その電力を使う

電力も環境価値も自社で手当てする方法です。導入手法3は、導入手法1や2よりも踏み込んだ方法で、電力の調達という枠を超え、自社で再エネ電源に何らかの形で投資します。

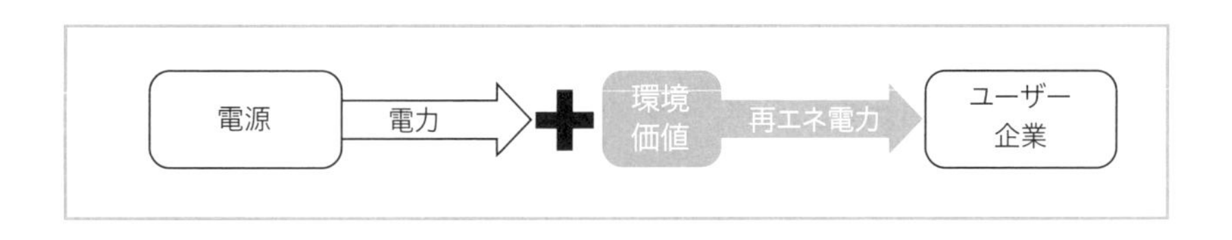

初めて再エネ電力の導入を検討する企業は、導入手法1もしくは導入手法2から始めるのが現実的です。ただ、再エネ電力への理解が進んで来たら、導入手法3が検討の俎上に上がってくることでしょう。

この方法には、自社の拠点の屋根や敷地に再エネ電源を設置し、その電力をそのまま使う「自家消費」と、発電事業者が所有する再エネ電源と直接、電力売買契約を締結する「コーポレートPPA」の2通りがあります。

コストメリットも出てきた「自家消費」

最も簡単な方法は、工場や本社ビルの屋根に太陽光パネルを設置、発電した電力を自社で使用します。電力会社などに売電するのではなく、自社で使用することを**「自家消費」**と呼びます。近年太陽光パネルのコストが低下してきたことから、工場などの屋根に太陽光パネルを設置して、その電力を自家消費する方法が普及し始めてきました。

太陽光パネルによる発電コストは、17年の減価償却期間で見れば、概ね15円/kWhを切るレベルですので、高圧電力契約の従量単価よりも低い水準です。さらに、自家消費の強みは、電力購入に上乗せされる再エネ賦課金（2020年の単価は2.98円/kWh）がありませんので、コスト面での優位性はさらに高まります。

事業所の屋根が空いているのであれば、太陽光パネルの設置による自家消費は検討する価値があります。

第6章

初期費用がかからない第三者所有モデル（TPO）

ユーザー企業が自家消費を検討する際には、「第三者保有モデル（Third-Party Ownership：TPOモデル）」という選択肢もあります。第三者であるサービス事業者が一定期間（15年から20年程度）太陽光発電設備を所有し、ユーザー企業の屋根に設置します。

ユーザー企業は、太陽光パネルで発電した電力を利用し、その量に応じた料金をサービス事業者に支払います。初期費用なしに自家消費を取り入れることができる点がメリットです。TPOモデルのほか、「PPAモデル」と呼ぶこともあります。

さらに、契約期間満了時点で当該設備がユーザー企業に無償譲渡される場合が多いため、設備を維持することで継続的にメリット享受することができます。ユーザー企業は初期投資の負担なく太陽光パネルの設置が可能であり、しかも契約期間中は自社資産でないため、オフバランスできるというメリットもあります。

さらに、**自家消費分のCO2排出量の削減も可能ですし、メンテナンスも一切、任せることができるので手間もかかりません。**

また、この電気料金は契約期間中、上昇せず一定です。燃料費や炭素税などによって電気料金が上昇した場合でも、そのリスクを回避できるというメリットもあります。

このように利点が多いことから第三者保有モデルを提供する事業者が増え、近年急速に普及しています。

第三者所有モデルで気をつけるべきリスクとしては、契約期間中は原則、太陽光パネルの撤去ができず、事業所の閉鎖や移転などで早期解約する際には違約金や撤去費用が発生することがあることでです。

15年以上の長期契約を締結するため、第三者保有モデルを提供するサービス事業者の事業継続性も重要です。また、太陽光発電設備の信頼性が低いと、契約満了時の継続使用ができず、撤去費用などの負担が生じる可能性があります。事業者の選定や契約条件に留意しておく必要があります。

屋根に乗せたパネルで発電する電力だけでは、到底事業で使用する電力を賄うことはできません。そこで、**離れた場所に太陽光発電所などの再エネ電源を保有し、そこから送配電網を使って電力を持ってくる「自己託送」という方法もあり**ます。

ただし、自己託送は、①自社の設備からの供給に限られること、需要家が前日に毎日発電量の予測を提出する必要があること、など要件のハードルが高く、まだ一般的には利用されていません。

日本でも実現が近い「コーポレートPPA」

日本では再エネは高コストというイメージが強いですが、**海外では風力や太陽光による再エネの発電コストは、すでに火力発電など対して競争力を持つレベルまで低下しています。**

このため、再エネ電源をFIT制度など支援に頼らずに開発する「コーポレートPPA」と呼ばれる方法が急速に拡大しています。

この仕組みは、企業など需要家が発電所と直接、長期の電力売買契約（PPA）を締結し、電力を購入する仕組みです。つまり、FIT制度のような政府による支援策の代わりに、企業による買取契約によって発電所の建設費用をファイナンスすることで、新たな発電所を建設するものです。

この仕組みの優れているところは、需要家であるユーザー企業が再エネ電源を直接調達することで、再エネ電力の供給量を確保できる点です。また、PPA契約による買取価格は契約期間にわたり固定されるため、卸電力価格の上昇リスクを回避することもできます。

また、コーポレートPPAという直接調達のスキームは、ダイレクトな再エネ電源とのつながりも主張できます。こうした理由から海外では再エネ電力の調達方法として、急速に注目を集めています。

日本ではコーポレートPPAがまだ検討段階ですが、今後登場する可能性は大いにあると推察します。

コーポレートPPAの成立条件は、①再エネ電源のコストが他の電源に比べて同等レベル以下になること、②発電事業者が発電した電力を、電力会社を介さずに需要家が直接消費できる仕組みがあること、③長期のPPAを裏付けに発電事業者が資金調達できることが挙げられます。

COLUMN

2020年4月に非化石証書が制度変更

対象が広がり、種類も多様に

再エネ電力は新しい概念のため、めまぐるしく制度変更が行われています。なかでも非化石証書の取り扱いについては、2020年4月に大きな変更がありました。

電力会社を介して供給する再エネ電力、つまり送配電網に接続する再エネ電源から生じるすべての環境価値は原則、「非化石証書（再エネ指定)」という証書にして、取引することになったのです。環境価値が付随する非FITの再エネ電源であっても、一旦、環境価値を電源から引き剝がし、非化石証書として取り扱います。

非化石証書の発行や売買は国が管理しており、電力会社が電力とは別に取引市場を通じて、あるいは再エネ発電事業者から相対取引で購入することが可能です。

なお、非化石証書を購入できるのは電力会社だけで、ユーザー企業が自分で購入することはできません。ここでいう電力会社とは、制度上は「小売電気事業ライセンスを保有する事業者」のことです。

非化石証書は電力会社に購入義務がある

実は、この非化石証書は電力会社に購入義務が課されています。

そもそも非化石証書という仕組みが制定された目的は、「エネルギー供給構造高度化法」にあります。この法律は、「小売電気事業者は2030年

第6章 COLUMN

までに電気の非化石比率を44%にする」という目標達成義務があり、これを満たすために、再エネ電源を保有しない電力会社は非化石証書を購入しなければなりません。

この目標達成には中間評価があり、一定規模以上（販売電力量が年間5億kWh以上）の電力会社に対しては、国が達成状況を確認します。再エネ電源を持たない大手の新電力が非化石証書の主要な買い手なのです。

費用をかけて非化石証書を購入した電力会社は、この環境価値をユーザー企業に販売しないと収益が圧迫されてしまいます。近年、大手新電力が再エネ電力メニューを活発に販売している背景には、こうした事情があります。

非化石証書の種類は3種類ある

2018年5月に始まった非化石証書の取引は、FIT電源由来のものだけでした。ですが、2020年4月から、原子力を含むすべての非化石電源が対象となります。

非化石証書は「再エネ指定あり」「再エネ指定なし」と分類され、さらに「再エネ指定あり」については、「FIT証書」「非FIT証書」に分けて取引されることになっています。

また、取引方法も種類により異なります。FIT証書は非化石価値市場を通した取引のみで、最低価格が1.3円/kWh(税抜き）と定められています。

それ以外の証書については、市場取引に加え、発電事業者と電力会社間の相対取引が認められています。なお、FIT証書以外の市場取引には最低価格は設定されていません。FIT証書以外の市場取引は2020年の秋頃から開始される予定です。

非化石証書を使った再エネ電力を販売する電力会社は、これらの3種類のどれかを購入しています。再エネ電力を調達する際には、どの種類の非化石証書が使われているのか、確認しておきましょう。

例えば、「再エネ指定なし（原子力）」の非化石証書では、当然のことながら再エネ電力とは呼べません。ですがCO_2排出量はゼロとなります。温対法への適合は可能ですが、RE100、GRESBなどには適用できないので注意が必要です。

グリーン電力証書とJ-クレジットも引き続き利用可能

では、従来から取引されてきた証書やクレジットはどういった扱いになるのでしょうか。再エネ電源由来の環境価値には、「J-クレジット（再エネ発電）」や「グリーン電力証書」があります。

再エネ指定のJ-クレジットは再エネ電源を設置した施設で電力を使用（自家消費）した場合に、そこで発生した環境価値をクレジットにして取引する仕組みです。

J-クレジットを生み出す再エネ電源は自家消費を前提としているため、送配電網に電力を流していません。つまり、非化石証書となる制度変更の対象とはならず、今後も利用が可能です。

また、グリーン電力証書を生み出す再エネ電源は、送配電網に電力を流しているケースもあります。ですが、今後も再エネ電源からの環境価値を取引する仕組みとして、引き続き継続します。

J-クレジットやグリーン電力証書は、非化石証書とは異なり、ユーザー企業が自ら購入することが可能です。電力契約の切り替えが難しいビルテナントで再エネ電力を利用した場合などには、これらの証書を活用する方法が有効です。

5 目的別・再エネ電力の買い方

再エネ電力導入の目的が明確ならおのずと方法は決まる

第6章

再エネ電力の切り替えには大きく3つのプランがあり、それぞれにバリエーションがあります。どの方法を選択するかは、再エネ電力調達の目的によって変わります。言い換えれば、目的さえ明確であれば、自社に合った再エネ電力の種類や方法、最適なコストを見いだすことが可能です。それでは、目的別の選択方法をみていきましょう。

規格準拠目的なら、どの方法でも

再エネ電力の導入目的が「規格準拠」であるならば、何らかの電力と再エネによる環境価値を組み合わせたものであれば、どんな方法でも選択可能です。前述した3つの導入方法は、いずれでも各規格に適合します。

ただし、RE100の準拠が目的で、かつ環境価値に非化石証書を使う場合には注意が必要です。

RE100は「トラッキング付き非化石証書」で

RE100は、環境価値に対して「再エネ電源から生じた環境価値であることをトラッキングできる」という点を重視しています。どの電源に由来する環境価値なのかを客観的にトレースできることを求めています。

これにより、再エネ電源で生じた環境価値が、途中で誰かに二重取りされることなく、需要場所（ユーザー企業の拠点）に確実に届いたことの証明を求めるのです。

もう少し詳しく説明すると、環境価値のトラッキングとは、どの電源から発生した環境価値を需要家が取得したのかを証明することであり、一般的には環境価値の移転を証明する証書に、「いつ、どこの再エネ電源から発生した環境価値」であるかを記します。

グリーン電力証書は、再エネ電源で発電した際の環境価値を証書化したものなので、間違いなく再エネによる環境価値と言えます。同様に、「J-クレジット（再エネ）」も、再エネ電源で発電した電力を自家消費した際の環境価値なので、問題ありません。なお、自家消費とは、自分の設備で発電して自分で電力を使うことを言います。

非化石証書は、国民に広く帰属するFIT電源による環境価値を証書化したものです。しかし、国内には多数のFIT電源があり、ユーザー企業が利用する非化石証書がどの電源に由来するのかを特定することはできません。そこで、国は非化石証書が生じた電源を特定できるよう、新たなトラッキングの仕組みを作りました。**RE100の準拠が目的の場合は、「トラッキング付き非化石証書」として流通しているものを使うことをおすすめします。**

また、証書の発行時期に関して、「電力の消費期間となるべく近い時期に発行・償却された証書を使用すること」と書かれています。ルールではありませんが、**新しい再エネ電源による環境価値を利用するのが望ましいでしょう。**

また、SBTは、「RE100にならう」としているので、同様の対応を取ることが望ましいでしょう。

RE100の規格準拠条件

RE100は企業が集まるイニシアティブであり、あくまで企業による自主的な取り組みです。ですから、RE100の事務局であるCDPは、RE100の目標達成に利用できる再エネ電力の条件を「その国の制度に鑑みて、最終的には自社で判断する」としています。各国の法規制に合わせて条件を示しているわけではありません。

具体的には、グローバルで定められている「GHGプロトコル スコープ2ガイダンス」という考え方に準拠します。電力の使用電力量（kWh）に相当する環境価値（kWh）を組み合わせることで、「電源を再エネ電源に置き換える」という考え方です。

電力自体の種類を問わないというのは、電力の排出係数の高低は問わないという意味です。ただし、利用する電力について、排出係数がその国の総電源平均以下であることが望ましいとされています。

また、**RE100は「電源の種類は問わない」としているものの、これは最低条件という位置づけです**。再エネ電源からの調達を推奨しており、RE100が発行するレポートには、RE100の加盟企業がどのように再エネ電力を調達したのか具体的に紹介されています。

再エネ電力は新しい世界のため、規格の適合条件が変更になることもあります。調達前に、各規格の事務局に確認することをおすすめします。

PRやブランディングが目的なら「電源特定」を

再エネ電力の導入目的が、企業イメージのPRやブランディングにある場合は、再エネ電力の導入を顧客に伝えるためのストーリー性が非常に大切です。

この時は「どの再エネ電源で発電した電力を使っているのか」が分かる導入方法を選びましょう。導入方法①の**電力会社の再エネ電力メニューの中で「電源が特定できるメニュー」を選択します。**もしくは、導入方法③で自社で発電所に投資し、その発電所の電力を使うのであれば、電源はもちろん特定できます。

なぜ電源の特定が重要なのでしょうか。

PRやブランディング目的の場合、ステークホルダーである株主や顧客、再エネ電力を利用する価値を伝える必要があります。

では、社員のうち、国や環境NGOによる再エネ電力の定義を知っている人がどれだけいるでしょうか。「石炭火力発電所で発電した電力と環境価値を組み合わせた再エネ電力を使っています」と説明しても、環境に配慮した経営をしているというメッセージは、伝わりにくいでしょう。

「CO_2を大量に出す石炭火力による電力なのに、なぜ環境に配慮していると言えるのか？」という疑問を払拭するためには、お世辞にも分かりやすいとはいえない再エネ電力の定義からステークホルダーに説明しなくてはいけません。

それよりは、**「太陽光発電による電力を事業に使っています」と伝えた方が、環境に配慮した調達をし、再エネの普及に貢献していることが簡単に伝わります。**

さらに、「工場が立地する地域の再エネ電源」や「事業でゆかりのある企業が所有する再エネ電源」であれば、地域貢献というストーリーが加わり、よりイメージしやすい形で再エネ電力を利用する意義を伝えることができます。

さらにはその発電所のオーナーや地域とのコラボレーションを企画するなど、再エネ電力を購入するにとどまらない活動も視野に入れていくと、さらにその価値は高まります。

「電源特定」が可能な再エネ電力メニューとは

どの再エネ電源で発電した電力であるかを特定できるメニューには、FIT制度を利用していない（非FIT）の再エネ電源によるもと、FIT電源による電力を使うものがあります。

前者の非FIT電源で電源特定が可能なメニューは、供給量が少ないのが難点です。前述のように、非FIT電源は日本の再エネ電源の半分ほどを占めますが、大半が大手電力会社の大規模水力発電所によるメニューです。大手電力は各社とも複数の水力発電所を保有しており、それぞれの水力発電所を特定できるメニューは現時点ではありません。「発電の種類（水力）」を特定することはできますが、電源の特定はできません。

後者は、第5章で解説した「特定卸供給」というスキームを使って電力会社がFIT電源から仕入れてきた電力を使います。

FIT電源は、制度上、固定価格で発電した電力を送配電事業者に買い取ってもらうことができます。そこで、電力会社はストーリー性のある再エネ電源には、FIT制度が定める買取価格にプレミアムを上乗せして、発電所の所有者（発電事業者）から電力（FIT電気）を仕入れるケースも少なくありません。

この電力に非化石証書を組み合わせます。前述のようにFIT制度は、環境価値はFIT電源に付随せず、再エネ賦課金を負担した国民に薄く広く帰属していると整理しています。非化石証書は、国民に帰属する環境価値を証書化したものなのです。

ですから、**「本来、FIT電源が持っていた環境価値を、非化石証書を組み合わせることで取り戻す」という構図**なのです。

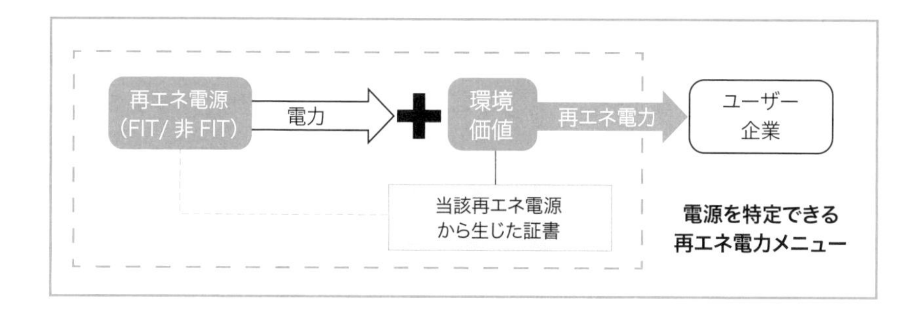

グローバルのトップ企業が重視し始めた「追加性」

電源特定の可否を意識した再エネ電力調達の考え方は、グローバルにも存在します。例えば、欧州域内で販売されている再エネ電力メニューは、豊富に存在するフィンランドの水力電源由来の証書と、その地域の低コスト電力を組み合わせたものが多いと言われます。

この組み合わせは、電源と環境価値の由来が一致せず、電源を特定できません。**RE100を標榜するトップブランド企業などは、「由来が一致しない再エネ電力メニューを利用しても、再エネを増やすことには貢献しない」と考え、敬遠する傾向があります。**

電力会社が調達する電源の由来と、環境価値の由来が一致していれば、ユーザー企業が支払った電気料金は再エネ電源の所有者に渡ります。これにより、再エネ電源の維持管理や再投資に貢献できるため、企業の再エネ電力の主張をより意味のあるものにすることができるわけです。

再エネ電力を購入することで、再エネの普及拡大に貢献することを「追加性」（Additionality）と呼びます。トップブランド企業を中心に、再エネ電力調達の条件に「追加性」を加えるケースが増えています。

追加性のある再エネ電力の条件とは、新規発電所、あるいは運転開始間もない発電所からの調達です。電気料金が再エネ発電所の開発コストの回収に寄与するためです。

大型水力発電所など、減価償却が終わった古い再エネ電源に追加性があるかどうかは、意見が分かれるところです。一般には追加性がない電源ですが、電気料金がメンテナンスや出力アップなどの改良に使われるのであれば、追加性があると言えるかもしれません。

また、卒FITについても、新規電源でなく、FIT制度により初期投資を回収しているため、一般には追加性を有しません。しかし、卒FITによる電力を調達することにより、その太陽光パネルが廃棄されずに発電を続けることに寄与できているとしたら、追加性があるとも言えるでしょう。

電源は環境負荷の低いものを選ぶ

どんな電源で発電した電力を選択するのか考える際には、追加性のほかに「電源の環境負荷」も考慮すべきです。

再エネ電源であっても、例えば、発電所の開発時に行った森林伐採が環境破壊に繋がっているとなれば、再エネ電力を活用する意義を損ないかねません。住民から反対運動が起きて、訴訟が起きているような発電所の電気を購入すると、かえって社会的な批判を受けることにもなりかねません。海外から輸入したバイオマス燃料のなかには、森林破壊につながっていると指摘されるものもあり、注意が必要です。

再エネ電源を特定する場合は、その発電所の建設時や運転時に環境に与える影響が小さいことを確認しておきましょう。地元が主導している、もしくは賛同して開発した発電所かどうかもチェックしておくべきでしょう。

米アップルの再エネ電力調達の基準

再エネ電力調達で世界のトップを走る米アップルは、既に事業で使用する電力の全てを再エネ電力に切り替えています。そのアップルの調達基準は、高みを目指す企業にとって参考になるものです。

再エネ電力の量を確保するというレベルを超え、意志を持って電源を選択することで、気候変動問題に真摯に向きあう企業姿勢を示しています。

アップルの再エネ電力調達基準

①地域系統（そのエリアの送配電網）の火力電源を代替できる可能性があるか

②地域、世界に与えるインパクトがあるか（環境破壊などの問題を起こしていないかなど）

③説明責任が果たせる電源かどうか、透明性の高い電源かどうか

（出所：米アップル「Environmental Responsibility Report」）

ブロックチェーンを使う再エネ電源のトラッキングとは

再エネ電力には色も形もなく、物理的に再エネ電力を識別することができません。そこで、電力に証書を追加することで、再エネ電力として取り扱えるようにしてきました。

再エネ電力の購入をより直接的なものとするための技術が、「ブロックチェーンによるP2P（ピア・ツー・ピア）取引」です。みんな電力では、30分ごとに指定した電源の発電量とユーザーの使用量を個別にマッチングし、その取引を証明するシステムを実用化しています。この取引証明に、第三者による認証が不要なブロックチェーン技術を活用しています。

この技術を使うことで、例えば、あらかじめ予約した東北のA風力発電所の電力を「今日は10000kWh購入した」といった取引が可能になるのです。

再エネ電力として使う場合、制度上は証書との併用が必要ですが、再エネの直接的な取引方法であることを明確に主張することができます。

また、ブロックチェーンP2P取引は、発電所ごとに価格を設定した取引ができるため、電力のコスト構造を透明化します。将来的には、コストの下がった再エネ電源によって経済的な電力調達が可能になるでしょう。

再エネ電力への理解が深まったら、投資に踏み込んでみる

電力会社の提供する再エネ電力メニューを利用したり、自社で環境価値だけ調達する方法を実行したユーザー企業には、再エネ電力への理解や導入ノウハウ、コスト感覚が身についているのではないでしょうか。

より戦略的に、再エネに取り組もうという意欲がわいてくるかもしれません。また、再エネ電力の調達規模を拡大するにあたり、大量の再エネを安定的に確保する方法や、コストの平準化などに意識が向くかもしれません。こうした企業は、ぜひ導入手法3の再エネ電源への投資を検討の俎上にあげてください。

例えば、遊休地や工場の屋根など、太陽光パネルの設置スペースがある場合は、安価に自社で再エネ電源を保有することができるかもしれません。自社施設に再エネ電源を設置して自家消費する方法は、電気料金に含まれる「託送料金」をなしにできるため、再エネ電力を安価で確保できる可能性もあります。

6 価格の合理性を判断する

再エネ電力と一般価格の比較は難しい

再エネ電力の価格水準は、供給方法によって異なります。通常の電気料金の仕組みを理解したうえで、さらに再エネ電力の供給方法によるコスト構造の違いを分かっていれば、適正なコストでの調達が可能になります。

再エネ電力は、往々にして一般の競争価格に比べて割高になります。これまでのコスト重視の電力調達から再エネ電力に切り替えるには、**ユーザー企業にとって調達コストが増える一方でどんな価値を持つのか、その追加コストが効果に見合うのかをきちんと説明できなければ、社内の承認を得ることは難しいでしょう。**

電力会社が販売する再エネ電力は、供給方法も様々、付加価値も様々です。また、どのような電気と環境価値を組み合わせるのかで、価格差が生じます。

ですので、**再エネ電力を購入する際には、その価値に見合った価格設定であるかどうかの判断が重要です。**「電力会社の設定する再エネ電力の価格は高いのに価値が低いものだった」といったことは避けたいものです。

再エネ電力の価格水準を論じるに当たり、再エネ電力と一般的な電力の価格と比較できれば分かりやすいのですが、その比較は単純にはできません。なぜなら、「一般的な電気料金」が、ユーザー企業によってまちまちだからです。

例えば、使用電力量の多い製造業などで、大手電力会社との包括契約や特別割引の電力契約を持っている場合や、競争入札で契約価格を大きく低減している場合などは、比較のベースとなる電気料金が安く、再エネ電力への切り替えによる割高感は大きなものになります。

一方、大手電力会社の標準メニュー（標準約款）を使用している場合は、再エネ電力による割高感はあまり無いと考えて良いでしょう。

再エネ電力のコスト構成要素

再エネ電力メニューのコストの構成要素は、一般的な電気料金と同じです。**「発電コスト（＋環境価値に関する費用）」「託送費」「再エネ賦課金」「事業者マージン」**となります。

図表 6-2　再エネ電力のコスト構造

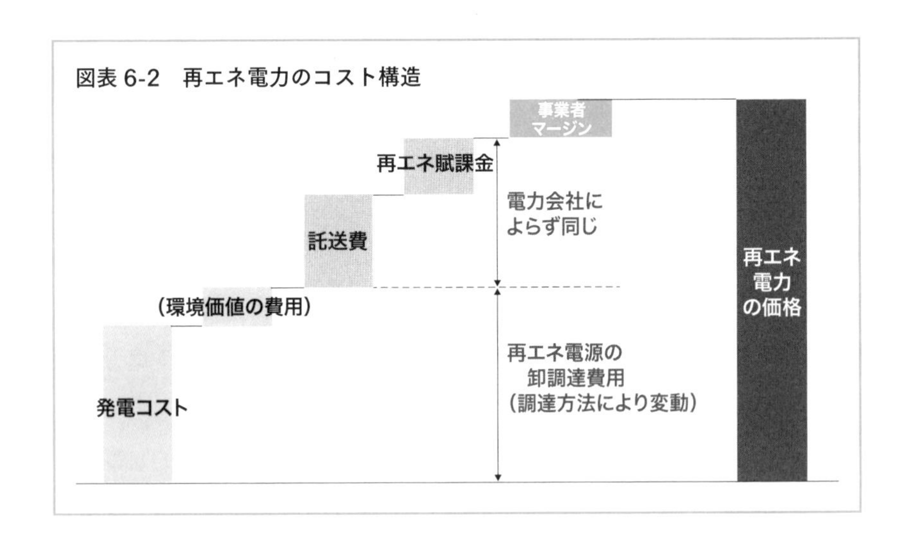

発電コストは、電力会社が発電事業者や日本卸電力取引所（JEPX）から調達する卸電力価格です。

託送費は、電力会社（小売電気事業者）が送配電線を借り受ける費用として各エリアの送配電事業者に支払うものです。また、再エネ賦課金はFIT制度の原資となる徴収金です。これに、事業者のマージンが5～10%程度乗る形になります。

これらのコスト要素のうち、託送費と再エネ賦課金は電力会社によらず同じに条件になりますので、比較要素としては変動しません。**再エネ電力の価格は、発電コストと事業者のマージンによって変化すると考えれば良いのです。**

JEPXをベースに再エネ電力メニューを比較

発電コストイメージをつかむため、日本卸電力取引所（JEPX）を一般的な卸電力価格のベースラインとして、再エネの供給方法ごとの価格水準を一定の条件を定めて比較してみたいと思います。

JEPXでの取引価格（全時間平均）の指標としては、2019年8月に実施した「ベースロード市場」のオークション結果を参考にします。

この結果では、東京エリアが9.77円/kWh（税抜き、以下同じ）、西日本エリアが8.70円/kWhでした。ここでは東京エリアを前提に、市場価格の平均相場を10円/kWhとします。

①非FIT再エネ電源＋環境価値

大手電力会社以外の電力会社が調達できる非FIT再エネの電源には、公共入札で公募される水力発電所による電力や、ごみ焼却発電などがあります。

これらの落札価格は約10～11円/kWh程度であり、卸市場価格の平均相場と同等か少し高いレベルになります。一般的に環境価値を含みますので、電力の価格としては少し高めになります。

環境価値が付随している非FIT再エネですので、仕入れを行う電力会社は同じ電源の非化石証書を発電事業者から取得できます。

また、非FIT再エネの中でも、卒FITについては、買取価格が、おおむね7～9円/kWh（東京電力の買取価格は税抜きで7.72円/kWh）と比較的安価になります。今後、卒FITを大量に仕入れられる電力会社が、比較的低コストな再エネ電源由来メニューを提供する可能性もあります。

なお、大手電力の水力発電所の多くは減価償却が終わっており、発電コストはかなり低くなっています。つまり、電力会社にとって利益率の高い商品です。通常は、環境価値が付随していることを「プレミアム」として、割高な価格を設定していますが、裏を返すと値引き余力が大きいメニューとも言えるでしょう。

② FIT電源＋非化石証書（電源特定）

電力会社（小売電気事業者）はFIT電気を「特定卸供給契約」により調達します。この場合、FIT電気の仕入れ価格は固定価格ではなく、再エネ賦課金による補塡によって、JEPX価格と同額に調整されています。

ただ、小売電気事業者は、発電事業者から仕入れする際にプレミアムを上乗せして支払うなど、仕入れにコストを掛けていることが一般的です。仮にプレミアムを0.3円/kWh程度とします。

FIT由来の非化石証書は「非化石価値市場」で取引されていますが、制度によって最低価格が1.3円/kWh（税抜き）に定められており、ほぼその最低価格で張り付いています。

このため、トータルの調達価格は11.6円/kWhとなり、電源コスト水準としては比較対象のJEPX価格より1.6円/kWhアップとなります。一般的な業務用の電力販売単価が20円/kWh程度だとすれば、おおむね8%程度アップということになります。

③低コスト電源＋非化石証書

JEPXからの調達や、低コストな石炭火力発電所との相対契約によって電源コストを抑え、調整後CO_2排出係数をゼロにするために非化石証書を付加したセットメニューです。

相対契約による電力調達単価は公開されていませんが、仮に8.5円/kWhとすると、トータルでもJEPX価格相当、あるいはそれ以下になっていることが多く、環境価値を含めても、他の再エネ電力の供給方法に比べて価格面での優位性があります。

さらに、環境価値にJ-クレジットを使うと、さらにコストを抑えることができます。非化石証書の価格を制度が定める最低価格の1.3円/kWhに対してJ-クレジットは1円弱と、さらに安いためです。

以上を総括すると、最も再エネ電力メニューをコスト重視で選ぶ場合は、電源には低コスト電源を、環境価値にJ-クレジットを使うパターンに優位性があります。同様に、電力は通常通り調達し、自社でJ-クレジットを購入する方法もコストを抑えることが可能です。

一方で、再エネ電力導入を積極的にPRやブランディングに活用したい場合は、再エネ電源を特定できる再エネ電力メニューの活用を検討しましょう。

SDGs/ESGの取り組みの目玉として、また企業ブランディングとしての環境貢献など、再エネ電力利用を有効活用することが可能です。その効果を考えれば、コスト増分は十分意味のあるものとなる可能性があります。具体的な再エネによる企業価値向上の方法については、後述します。

図表 6-3　再エネ電力メニューの発電コスト比較のイメージ（税抜き）

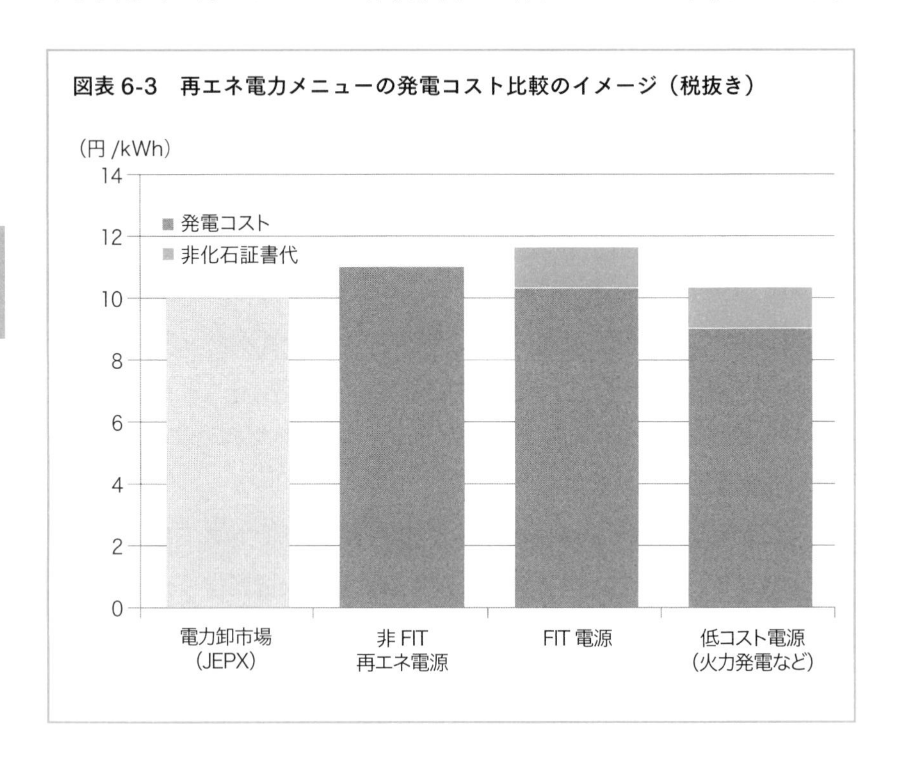

7 再エネ導入ロードマップを作ろう

中長期目標からバックキャスティングする

再エネ電力を導入するに当たって、目的を明確化し、供給方法の選択肢を把握したら、いよいよロードマップを作成します。

この時点までには、「2030年までに再エネ100％」といった定量的な再エネ電力の導入目標を定めてください。

そのうえで、**目標達成するためのロードマップをバックキャスティングの考え方に則って描いていきます。**どういったペースで再エネ電力を増やしていくのかを決めていきます。バックキャスティングとは、ゴールを設定し、そこから逆算して現在の施策を考える方法です。

まずは、現時点から導入量を毎年一律で増加させ、「2030年100％」を達成するロードマップを描いてみましょう。この方法だと、今すぐに一定量を調達しなければなりません。

いきなりそれなりの量を調達するのは大変です。ですから、徐々に調達量を増やすように修正していきます。

中長期のロードマップを描く際には、不確実な要素が多々あります。例えば、再エネのコストが安くなったり、再エネ導入に関する政策支援が手厚くなるかもしれません。こうした希望的観測も含めて、徐々に調達量を増やすように設計していきます。調達量に加えて、どのような供給方法で調達するのかも決めていきます。

丸井グループのロードマップ

参考として、サステナブル経営を標榜する丸井グループ（以下、マルイ）のロードマップを見てみましょう。

マルイは、自社が使用するエネルギーを100％再エネに切り替える方針を掲げています。事業から排出するCO_2の約8割が電力によるものだという現状を踏まえ、2030年度までに電力を100％再エネ電力に切り替えるという目標を設定しています。

これを踏まえ、2018年度の1％から、2019年度に20％、2020年に50％、そして2030年に100％にするというロードマップを描きました。さらに、ブランディングとRE100に合致する供給方法を選定しています。

マルイの統合報告書である「共創経営レポート2019」には、このロードマップに伴う財務インパクトが記されています。

2030年に再エネ100％に切り替えると、再エネ電力の購入コストが最大4円/kWh程度、追加的に必要となると想定しています。これにより、年間約8億円のコスト増になると算定しています。

一方で、炭素税が導入される場合、約22億円の追加コストが生じる可能性があり、これを回避できるとしています。さらに、再エネ電力の使用により創出される本業の利益創造を約20億円と想定しています。つまりマルイにとって、再エネ電力導入は「利益をもたらす投資」と位置づけられているのです。

経営方針の中に、再エネ電力の導入する意義や目的を明確に位置づけ、それに沿ったロードマップを描き、着実に進展させています。

再エネ電力の導入に当たっては、みんな電力と資本提携し、ブロックチェーンにより再エネ電源を特定できる仕組みを活用することで、再エネ電源の所有者との連携も深めています。

さらに、マルイが発行するクレジッドカード「エポスカード」の会員に対して再エネ電力への切り替えを提案するなど、本業との連携を図りつつ、社会全体の再エネ電力利用拡大に貢献することを目指しています。

図表 6-4　丸井グループの「再生可能エネルギー 100% 達成のロードマップ」

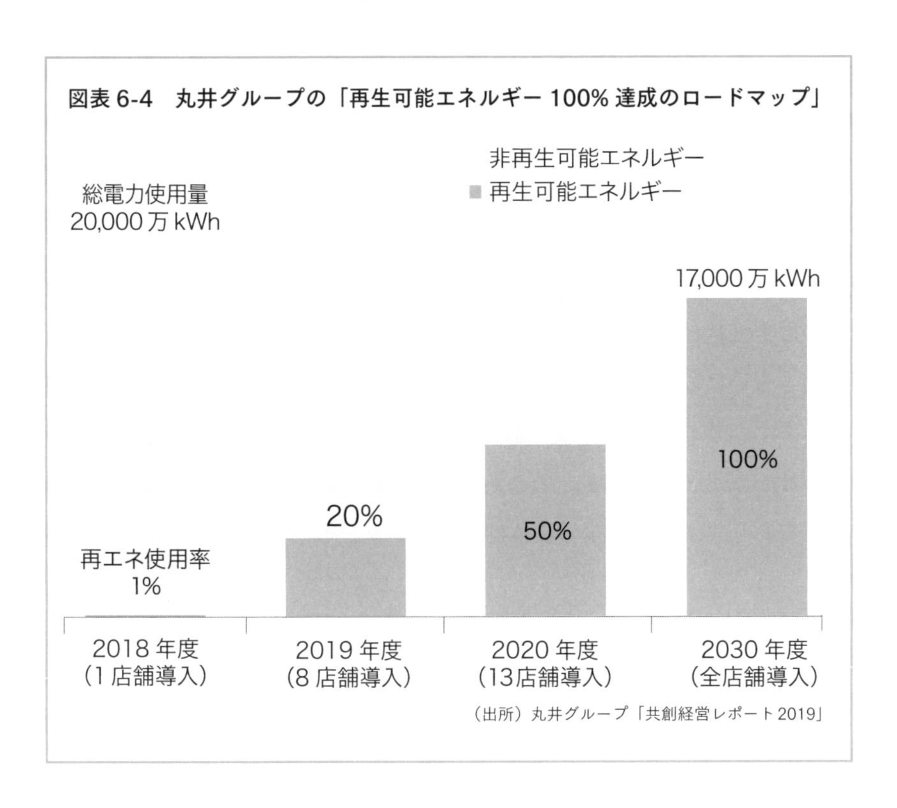

（出所）丸井グループ「共創経営レポート 2019」

こうしたロードマップができあがったら、ここで一旦、社内承認を得て、合意形成を図ります。その上で、実際に再エネ電力に切り替える拠点を決定したり、見積もり依頼や契約切り替え時期などのスケジューリングをします。詳細は第2章で解説した通りです。

8 再エネならではの電力会社の選び方

再エネ電力を導入するに当たって、「目的・意義の明確化」と「シナリオプランニング」が完了したら、次は見積もり提案を依頼するサプライヤー（電力会社）を探します。

第2章で説明したように、あらかじめ自社のニーズに合った電力会社をスクリーニングし、3～5社に見積もり提案を依頼しましょう。闇雲に多数の電力会社に見積もり提案をするのが良いわけではありません。

おさらいになりますが、見積もり依頼先の選び方には3つのポイントがあります。ここまでは電力調達をする際には、再エネ電力であろうと、そうでなかろうと共通です。ここから先は、再エネ電力を調達する目的によって変わります。もう少し具体的に見ていきましょう。

［第2章のおさらい］見積もり依頼先の選び方（3～5社を選定）

①大手電力と新電力を織り交ぜましょう

②現契約の電力会社にも声をかけましょう

③評判の良い会社や勢いのある会社を1、2社追加しましょう。

規格準拠が目的の場合

上記の方法で選択した電力会社に見積もりを依頼しましょう。その際に、何の規格に準拠したいのかをRFP（提案依頼書）に書いておきましょう。提案をもらったら、規格への準拠ができていることを確認した上で、通常の電力調達と同じように電気料金を比べて選定します。

PRやブランディングが目的の場合

上記の方法で電力会社を一定数にまで絞り、その電力会社の再エネ電源比率をチェックしてスクリーニングします。再エネ電源比率は、電力各社のWebサイトで確認します。**再エネ電源比率（FIT電源含む）に再エネへの熱意が表れますので、高いところを選びましょう。**

さらに、再エネ電力メニューの電源を評価します。電源の種類や地域がニーズに合っているか、ネガティブな要素がないかどうかも調べます。こうして候補を絞ったら、見積もりを依頼し、価格を評価します。

依頼時に、自社の再エネ導入シナリオを伝えておくと、電力会社によっては再エネ電力調達の見積もりだけでなく、再エネ電力の価値をステークホルダーに伝えるための企画を一緒に提案してくれる場合があります。

再エネ電力を扱う電力会社は4分類

再エネ電力を熱心に取り扱っている電力会社は、大きく4つに分類できます。見積もり依頼候補を探す際に、この分類を頭に入れておくと、漏れなく探すことができます。

まず**第1が大手電力会社**です。すべての電力会社が自社で大型水力発電所を保有しており、自治体からも水力電源による電力を調達しています。各社が水力を使う再エネ電力メニューを提供しています。

第5章で説明したように、日本の再エネ電源の約半分が水力電源であり、それを活用した再エネメニューですので、供給量も豊富です。

第２が大手新電力です。販売規模も実績もある大手新電力の多くが再エネ電力メニューを提供しています。中には再エネ販売のための別ブランドを立ち上げるなど、積極的に販売している会社もあります。大規模なバイオマス電源保有する会社など、供給力を売りにしている会社もあります。

もともと大手新電力として電力の価格競争力あるため、証書と組み合わせたメニューにおいては価格面でも優位性があります。広告にも積極的ですので、インターネット検索で再エネ販売している大手新電力を探すことが可能です。

第３が再エネ系新電力です。再エネ販売を主力にした電力会社です。再エネ発電事業者と契約により電源を調達し、小売りしていることが特徴です。発電事業者からの電源調達は手間のかかるものですが、それがあるゆえに、発電事業者との関係性を価値にした再エネ電力の販売ができるのが強みです。

また、地域にごみ焼却発電を多く保有するプラントメーカー系の電力会社も入ります。これらの会社も地域との関係性を強みにした再エネ電力の販売などを手掛けています。

そして**最後が地域新電力**です。地域の経済活性化を目的として、全国で多くの地域新電力が設立されています。地場企業や自治体が出資しています。それらの多くは、エネルギーの地産地消を目指しており、地域にある再エネ電源を活用したモデルを持つ会社が多くあります。

供給地域が限定されること、および再エネの供給力の制約がある場合がありますが、地域貢献の一環として位置づけられるなどの価値があります。事業所のある地域に新電力がある場合には、再エネ供給が可能か問い合わせてみるとよいでしょう。

電力会社の電源構成をチェック

まず、再エネ電力の導入を積極的にPRする、あるいはブランディングに活用したいという場合は、再エネ電源を特定できる再エネ電力メニューを選択するのがおすすめです。

電力会社ごとに公表されている「電源構成」を確認すると、再エネ電力に力を入れている電力会社をスクリーニングできます。スクリーニングで残った電力会社なら、電源特定メニューを提供しているはずです。

経済産業省は、電力会社向けのガイドライン「電力の小売営業に関する指針」で、需要家（ユーザー企業や家庭）が電力会社の選択を通じて電力を選べるように、電源構成の開示が望ましいとしています。このため再エネ電力を販売している電力会社は、基本的に開示しています。

電源構成は、各種電源から仕入れた電力量（kWh）の割合を示したものです。構成要素は、「水力」「火力（石炭、LNG、石油など燃料種別）」「原子力」「再生可能エネルギー（FIT電気除く）」「FIT電気」「日本卸電力取引所（JEPX）」「その他」となっています。

ちなみに、水力発電については出力3万kW以上の大型の物を対象としていて、それ以下のものは「再生可能エネルギーまたはFIT電気」と区分することになっています。

電力会社は、様々な発電所から電力を調達し、ユーザー企業に販売しています。価格重視でコストが安い火力発電所をメインに調達しているところもあれば、FIT電源を含めて再エネ電源からの調達に力を入れている電力会社もあります。

つまり、**電源構成には、その電力会社がどういった狙いを持って電力を調達しているのかが表れます。**

再エネ電源比率5割超は「熱心さ」の目安

再エネの普及拡大を事業の目標に据えている電力会社は、FIT電源からの調達に力を入れています。FIT電源には環境価値が付随していないものの、電力会社が再エネにどれだけ熱心に取り組んでいるかは、FIT電源を含んだ再エネ電源の比率を見れば一定、判断がつきます。

再エネ電源比率に基準はありませんが、筆者の感覚からすると**再エネ比率（FIT含む）が概ね5割を超えている電力会社は再エネ調達に真剣に取り組んでいる**と言えるものと考えています。

第6章

電力会社の「再エネ100%メニュー」には条件あり

経済産業省は、電源構成をメニュー別に表示することを認めています。一般に「再エネ電力メニュー」という場合は、「再エネ電力100%メニュー」を意味します。電力会社全体の再エネ電源比率を100%にすることはできないため、特定の顧客に対して再エネ電源を割り当てる方法を使って再エネ電力メニューを提供します。

「電力の小売営業に関する指針」は電力会社に対して、「再エネ電力100%メニュー」をうたう際の条件を付けています。**その電力会社の再エネ調達量が当該メニューの需要を、1日を通して常に上回るようにすることです。**

例えば、昼間しか発電しない太陽光発電による電力だけを調達している場合、夜は再エネ電力による供給ができていません。たとえ、そのユーザー企業の1日の使用電力量の総量を、昼間の太陽光発電による調達量で賄えたとしても、再エネ100%メニューは提供できません。

つまり、再エネ100%メニューの提供には、太陽光や風力だけではダメで、1日中安定して発電するバイオマス発電やごみ発電などからも調達していることが必要なのです。

ユーザー企業に「再エネ電力30%メニュー」を選ぶ理由はない

家庭向けを中心に、再エネ電力の比率を100%ではなく、あえて低くしたメニューが存在します。電力に組み合わせる環境価値の量を、電力の30%や50%に減らすことで、料金を安く設定しています。

家庭や拠点数が非常に少ない企業であれば、こうしたメニューを選択するメリットはあります。例えば、拠点数が1カ所の企業が、「再エネ電力30%メニュー」に契約を切り替えた場合は、その企業の再エネ比率が30%になるわけです。

ですが、複数の拠点を抱えるユーザー企業には、あまり意味がありません。というのも、環境価値の単価は量によらず同じだからです。

例えば、全拠点に再エネ15%メニューを適用しても、フラッグシップの15拠点の再エネ100%メニューを適用しても、その企業全体での再エネ比率は同じです。

ですので、ユーザー企業が再エネ電力を調達する場合は、特段の理由が無い限り、通常の再エネ電力メニュー（再エネ100%）のものを利用するのが良いでしょう。

環境価値別途購入する時は誰から買う？

再エネ電力メニューではなく、供給方法②を選択し、環境価値だけを調達する場合もあるでしょう。環境価値の購入方法はいくつかあります。

グリーン電力証書の場合は、日本品質保証機構（JQA）が認証する発行事業者から購入が可能です。2018年4月にJQAが公表しているリストによると、小売電気事業者や自治体など27団体が登録されています。

J-クレジットについては、国の「J-クレジット制度事務局」が実施する入札に参加するか、「J-クレジットプロバイダー」となっている事業者から購入することができます。プロバイダーのリストは、J-クレジット制度のWebサイトに掲載されています。

自社で直接、購入するのが手間な場合は、電力会社や環境コンサルティング会社などに手数料を支払って購入してもらうことも可能です。

なお、非化石証書については、購入・使用できるのは電力会社（小売電気事業者）に限られます。ユーザー企業が直接購入したり、転売したりすることはできません。再エネ電力メニューとしてのみ利用が可能です。

再エネ電源に投資する時のパートナーは？

太陽光発電の電力を自家消費する時は、自社で設備投資する方法と、第三者保有モデル（TPOモデル）を利用する方法があります。

太陽光発電設備の設置を手がける事業者は多数、存在します。TPOモデルを提供しているのは、その中でも比較的大手の事業者や太陽光パネルメーカーです。

自己託送による再エネ調達については、いくつかの実施事例が報告されていますが、比較的難易度の高いスキームであるため、まだ本格普及には至っていません。太陽光発電のコストが低下してきており、コーポレートPPAを含め、企業が自ら再エネ電源を調達するニーズが高まっていることから、今後は新しいサービスに乗り出す事業者が増えてくるでしょう。

9 契約後に価値を最大限、高めるポイント

担当部署で事前準備を徹底する

経営トップが独断で決めた再エネ導入や、外資系企業でグローバルの指示を受けて日本法人が再エネ電力への切り替えを実施する場合など、切り替えそのものが目的化してしまい、十分に再エネ電力利用の価値が活かせていない例が時々見られます。

誤解を恐れずに言えば、再エネ導入の価値は導入後の継続的な活動によって決まると言っても過言ではありません。再エネ電力の導入を「やっただけ」に終わらせずに、切り替えた後の継続的な活動に繋げ、再エネ電力の活用を企業価値向上まで持ち上げることが成功要因になります。

社内・社外の関係者（ステークホルダー）を巻き込んだ継続的な活動につなげることで再エネ導入の価値は最大化します。株主、顧客、社員、地域、自治体・政府といったステークホルダーとの関係において、再エネ電力の利用をテーマにした活動を実施していきます。具体的な活動について見ていきましょう。

プレスリリースを効果的に出す

まず、再エネ電力への切り替えが完了したらやるべきことは、プレスリリースを出すことです。**再エネ電力の導入を対外発表し、ニュースメディアなどで取り上げてもらうことができれば、企業としてのプレゼンスが上がります。**

会社として「再エネ電力への切り替えを決断した」というリリースは、サステナブル経営へのコミットメント、企業ブランディングといったメッセージとしてインパクトがあります。

再エネ電力への切り替えの発表するプレスリリースで記載すべき内容は次の通りです。

プレスリリースに記載すべき内容

- 全社で取り組んでいるCSR／環境／サステナブル経営の計画
- その一環としての今回の再エネ電力利用（経営における位置づけを説明）
- 事業活動やブランディングに対する意味合い
- 再エネ電力の導入スキーム（供給手法、電源の概要など）
- 今後の取り組み予定

まだ再エネ導入を決断する企業は多くありませんので、方針を宣言するだけでも注目が集まります。さらに、上記のような項目をプレスリリースに盛り込み、自社にとっての再エネ電力利用の目的や意義、具体的な取り組みについて、効果的にメッセージを出すことで、「再エネ導入を決断した先進企業」という見せ方が可能となるのです。

上場企業の場合、新聞各紙や環境系メディアなどに、非上場の企業でも、地元紙や業界紙などに取り上げてもらえる可能性があります。会社の知名度を上げる効果は抜群です。

社内に広報部門がある場合は、リリースやメディアへの露出について、契約切り替えのタイミングまでにしっかりと協議しておきましょう。

株主にはIR/CSRレポート

上場企業は、株主に対してIR活動やCSRレポート、統合レポートなどを発行しています。ESG経営の取り組みの一環として、再エネ電力の導入を紹介することは株主からの評価を高める上で有効です。特に、近年ESGについては企業の投資家向けの情報開示の取り組みが進んでいます。**再エネ電力の活用は、投資家が重視している「気候変動への対策」を示すものですので、きちんと盛り込むようにしましょう。**

ESG経営へのコミットが、投資家に対するPRとなり、株式市場からの良い評価につながることは、今や共通認識となりました。再エネ電力の導入シナリオなども含めて、決算報告会や投資家説明会などを活用しつつ、しっかりと伝えましょう。

なお、**IR活動において、ESG投資家への統合報告書の情報開示にあたって最も有効な方法は、客観的な評価を受けた事実を記載することです。**RE100に加盟する、あるいはSBTの目標達成に取り組んでいるというのは、非常に分かりやすく、効果があります。

統合報告書の作成やRE100への加盟などは、企業体力のある上場企業にとっては可能でも、そうでない企業にとっては簡単ではありません。

一方で、比較的小さな企業の経営者は、企業の顔としてプレゼンスが高いケースが珍しくありません。経営者自らが企業セミナーなどで、自社の再エネ電力利用について取り組んだ経緯や目的などをプレゼンテーションすることも、強力なPR方法です。

「環境問題に積極的に取り組んでいる」というメッセージを発信することが、株主から評価を得ることに繋がるのです。

図表 6-5　再エネ電力導入により価値化できるステークホルダーとの関係

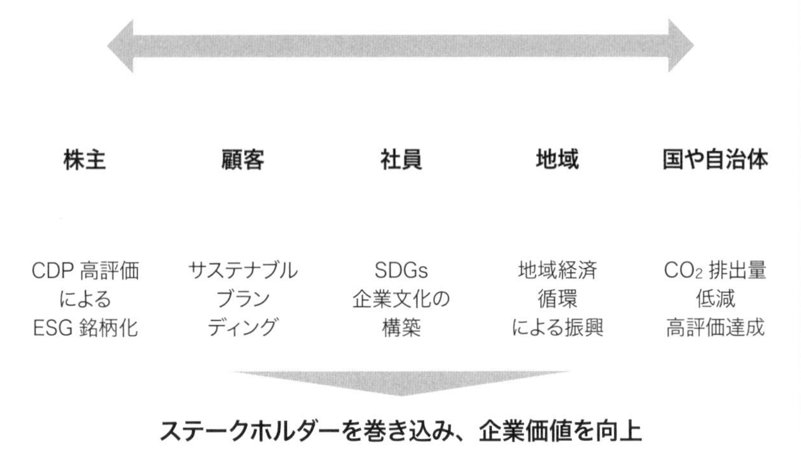

株主	顧客	社員	地域	国や自治体
CDP 高評価による ESG 銘柄化	サステナブルブランディング	SDGs 企業文化の構築	地域経済循環による振興	CO_2 排出量低減高評価達成

ステークホルダーを巻き込み、企業価値を向上

第6章

顧客にはブランディング

顧客向けにはブランディングとして活用します。特に、B2C 企業の場合は、環境問題に敏感な顧客層のリーチを増やすことに繋がります。

SDGs の取り組みは広く社会に浸透しつつありますが、**特に若年層や女性など、社会に敏感な層にとって、サステナブルな取り組みを積極的に発信している企業の好感度は高い傾向にあります。**再エネ電力に切り替える事例が最近増えているのは、ファッションブランド、食品製造、飲食、小売り、学校などです。

例えば、ファッションブランド「BEAMS」を展開するビームスホールディングス（東京都渋谷区）は、店舗の電力を再エネ電力に切り替えています。一部の店舗では再エネ電力利用を来店者に見せる取り組みとして、特設エリアを作って期間限定のイベントを行うなど、再エネ電力利用を積極的に PR しています。来店者からの関心も高く、またファッションブランドが取り組む先進的取り組みとして多くのメディアにも取り上げられています。

社員と価値観を共にする

ステークホルダーの中でも、社員への情報発信は非常に重要です。社員は企業文化を作る主役です。再エネ電力への取り組みを社員にしっかりと伝え、それが社員の価値観となるように継続的な取り組みましょう。

参加型で環境やエネルギーをテーマに研修を実施したり、契約した電力会社と協業し、「社員向け再エネ電力メニュー」を作って社員にも再エネ利用を広めている企業もあります。

社員が再エネ利用について理解を深め、再エネ利用に関する社内での取り組みに参加することは、社員の環境意識を高め、自社のサステナブル経営に対する実行力を高める企業文化の形成に繋がります。

また、こうした社員向けの取り組みは、採用にも有利に働くと言われています。近年、サステナブルな取り組みに好感をもつ若い人が増えています。サステナブル経営に取り組む企業は、学生から注目されやすく、有望な学生の採用につながるのです。

事例10　電子機器製造業（外資）

グローバル本社の要請にＪクレで対応

【売上規模】600億円

【年間電気料金】2億円 →5%（1000万円）の削減＋再エネ化に成功

ある日突然、グローバル本社から「再エネ100%」の指示

外資系製造業の日本法人Ｊ社は、電力全面自由化が実施された2016年に、電気料金の価格比較サイトを使って調達先を切り替えたところ、電気料金を10%弱下げることができました。

その成果を受けて、2019年にさらなる電力調達改革に取り組んだ際の話です。

2019年の調達時も、当初はコスト削減を目標に掲げ、新電力を含む複数の電力会社に見積もりを依頼しました。しかし、その最中にグローバル本社から、「グループ全体で事業に使用する電力を再生可能エネルギー100%にする目標を掲げる」という指示が振ってきたのです。

日本法人の調達担当者は、再エネに関しては全くの素人で、突然の指示に頭を抱えました。悩んだ末、現契約の電力会社に率直に事情を打ち明けました。

その内容は、主に3点。前回の電力調達改革でコストは大幅に下げられたので、これ以上のコスト削減にはこだわらないこと。一方で、値上げは許容できないこと。今よりコストが上がらないのであれば再エネ電力に切り替えたいこと。この3点を明確にしたうえで見積もりの仕様を変更し、電力会社に一緒にこの課題に取り組んでもらうことにしたのです。

■J- クレジットを自社で調達して手数料を圧縮

製造業において電力を再エネ化することは、簡単ではありません。製品の原価に占める電気料金の割合が大きいうえ、想定される利益率が低めになりがちだからです。

J 社も例外ではありません。電力の再エネ化は、コスト削減に主眼を置いた最初の電力調達改革に比べて、非常にハードルが高いチャレンジでした。

そこで、J 社は契約中の電力会社の協力のもと、現行の価格水準をベースに、電気の再エネ化が可能かどうか、コストが上昇する場合はどの程度になり得るかを試算しました。

その結果、再エネ化はせず、通常の電力のコストを見直した場合は、現状よりもさらに10%程度コストが安くなることが分かりました。また、再エネ電源の特定などにこだわらなければ、現状よりもコスト削減できそうだという感触を得ることもできました。どこを落としどころにするのか、J 社と電力会社は協議を続けました。

そして、この当時、最もコストを抑えて電力を再エネ化できる方法として、J- クレジットを調達することにしました。協議中の電力会社から電力と J- クレジットをセットで買った場合、J- クレジット取得に関する手数料が J 社の想定より割高になることが分かりました。

この電力会社は、かねて J- クレジットとのセット販売にあまり積極的ではありませんでした。「手間がかかる再エネ電力メニューは、できれば販売したくない」という電力会社の思惑から、クレジットの販売手数量の設定が高めになっているようでした。

少し調べてみると、J- クレジットを自社で調達できることが分かりました。しかも、電力会社の提示額の半額で買えることが分かったのです。

そこで、通常の電力は電力会社から調達し、年間の使用電力量

（kWh）に相当するJ-クレジットを自社で取得して、再エネ化を進めることにしました。

最終的に年間電気料金を約5％下げられたうえ、グローバル本社からの指示もクリアできる再エネ100％の電力調達を実現したのです。

■ユーザー企業自ら汗をかいたことが奏功

見積もり依頼後の仕様変更は、電力会社の心証を悪くしかねず、コスト削減に悪影響を及ぼしかねません。実際、J社が見積もりの仕様変更を申し出たときには、不穏な空気が流れたといいます。

しかし、グローバル本社から突如舞い降りてきた意向であることをきちんと説明したこと、さらに顧客として電力会社に依存するのではなく、再エネ導入やコスト削減という目標の達成に向けてJ社自らも汗をかいたことが良い結果をもたらしました。

「再エネというものがよく分からない中で取り組んだけれども、電力会社のサポートもあってグローバル本社のリクエストに応えることができました。1年間やってみて、業務上の手間もそこまで大きくないと分かったので、2年目以降もJ-クレジットによる再エネ化を継続する」と、調達担当者は胸を張ります。

「グローバル本社からの宿題を一緒に考えてくれた電力会社とは、中長期でいいお付き合いをしていきたい」と信頼感も高まった様子です。

本社や親会社の意向にどう応えるか、環境問題にどう立ち向かうかといった大きな目標に、ユーザー企業と電力会社が共に取り組むことで良質なパートナーシップを築くことができるのです。

事例11　印刷会社

コスト削減分を再エネの原資に

【売上規模】50億円

【年間電気料金】2000万円→変化無し

・全7拠点中5拠点の契約切り替えで、年間150万円の削減

・コスト削減分を原資に、残り2拠点は再エネ電力メニューに切り替え

■メガソーラーも保有していたが・・

印刷業界はデジタル化の波で淘汰が進んでいます。中部地区で印刷事業を営む中小企業のK社は、同社は経営の行き詰まった同業者をM&A（買収・合併）によって傘下に収め、経営を立て直すことで成長しています。

印刷業界全体の衰退などを背景に、K社の社長の関心は、持続的な経営の継続と地域貢献に向かっています。どちらかというと古いイメージのある印刷会社。社長には、先進的な取り組みでイメージアップを図り、地域から注目される会社でありたいという想いがあります。

社会が求める環境配慮の重要性も認識しており、再エネ電力にも、かねて関心を持っていました。そのため、事業所の屋根に太陽光パネルを設置。さらに、大規模太陽光発電所（メガソーラー）も保有しています。

メガソーラーの所有は投資としてはメリットを感じていましたが、印刷事業の運営に直接関係する取り組みと言いにくいと考えていました。印刷工場を複数持つ同社は電力の使用量が多いため、これを再エネ電力に切り替えようと思いついた社長は、早速、総務部長に検討を指示しました。

電力調達改革で再エネによるプレミアムは5％と分かった

Ｋ社はこれまで、電力調達改革には未着手でした。一部の拠点は、取引先に頼まれて新電力に契約を切り替えたことがありましたが、大半の拠点で、長年付き合いのある大手電力会社との契約を継続していました。

「既存の電力契約を見直せば、コスト削減が可能なのではないか」。そう考えた社長は、全7拠点のうち5拠点の電力契約を新電力に切り替えるとともに、そのコスト削減分を原資に、残り２拠点に再エネ導入する方法を選択しました。

数社の電力会社に見積もりを依頼すると、5拠点の電気料金は10％ダウン、金額にして年間150万円、削減できることが分かりました。

その後、再エネ電力メニューを提供している電力会社3社に、見積もりを依頼しました。1社は再エネ電源を特定するメニュー、2社は非化石証書を使った再エネ電力メニューの提案でした。電源を特定するメニューは、他の提案よりも年間10万円ほど高かったのですが、大きな差ではないと考え、電源特定メニューを選びました。

ちなみに、電源特定メニューの金額は、もともと契約していた大手電力の料金と比べると、約5％程度低い水準でした。通常の電力調達を実施した6拠点のコスト削減が10％だったことから、再エネ電力に切り替えることによるプレミアムは5％程度であることが分かりました。

再エネ電力に切り替えても、既存契約より安くなったことは、電力自由化による恩恵を知る予期せぬ出来事でした。結果として、コストダウンのメリットを取りつつ、2拠点に再エネ電力を適用することができたのです。

若者へのメッセージとして再エネ電力を活用

Ｋ社が選んだのは、自社と同じ中部地区の長野県にある小水力発電所の電力です。FIT 電源である水力発電所による電力に、非化石証書を組み合わせた再エネ電力メニューです。

社長は、再エネ電力利用の PR 企画を若手社員に任せることにしました。ちょうど契約開始時期に小水力発電所の開所式が行われることを聞いた担当者は、開所式に出向いて送電開始のセレモニーを行うなど、積極的な PR を展開しました。その内容は地元の新聞にも取り上げられ、K 社の環境への取り組みが地域で知られるようになりました。

社長は、「このような活動が優秀な若者の採用につながる」と言います。若い人たちの「印刷業界は古くて、仕事はキツい」というイメージを払拭していく必要性を強く感じているからこそ、覚悟を持って地域貢献や環境への配慮、働きかた改革など、積極的な社会貢献活動を続けているのです。

第6章 事例編その3

事例12　食品製造業

第三者保有の太陽光でコスト上昇を回避

【売上規模】500億円

【年間電気料金】3000万円→変化無し

・第三者保有モデル（TPOモデル）を採用し、太陽光パネルを工場屋根に設置

毎年の相見積もりによるコスト削減に限界

食品製造を手がけるL社の電力調達は、本社の調達部門が統括しています。毎年、事業所ごとに複数の新電力や大手電力に声をかけて相見積もりを取り、最低価格を提示した電力会社を選定してきました。最近数年は、最も価格の低い地域の大手電力会社と契約していました。

しかし、来年度の見積もりを依頼したところ、複数の新電力から「来年は参加辞退したい」との連絡を受けたのです。最初の頃は新電力も積極的に見積もりに参加してくれていました。ですが、大手電力会社の値下げ幅が大きいため、新電力は最初から結果の見えている相見積もりに参加してこなくなったのです。

そうなると、大手電力の単独見積もりにならざるを得ず、値上げされる可能性も十分に予想されました。L社の調達担当者は、見積もりによるコスト削減の限界を感じ始めました。

再エネ導入の推進について、全社的な方針はありませんでした。ですが、ある工場の工場長は以前から再エネ導入に関心を寄せており、調達部門に相談を持ちかけていました。しかし、本社の調達部門はコストアップ

への懸念から、検討に前向きではありませんでした。

そんな中、ある再エネ系の新電力から「御社の工場なら太陽光を設置することで、電気料金の上昇なしに再エネ導入ができるかもしれません」という提案を受けたのです。

■太陽光による電力コスト削減に着目

早速、見積もりをもらうべく、現地調査をしてもらうと、思わぬ展開となったのです。

L社の工場屋根には約400kWの太陽光パネルの設置が可能でした。しかも、第三者保有モデル（TPOモデル）を利用すれば、初期費用を負担せず、毎月、電気料金を支払うことで工場の屋根に設置した太陽光パネルからの電力を使うことが出来るといいます。

太陽光発電設備は、TPOモデルを提供する事業者が所有します。この提案では、太陽光パネルメーカーでした。ユーザー企業はTPO事業者と15年の電力購入契約（PPA）を締結し、その間は屋根で発電した電力を施設で自家消費し、その分の電力量料金を支払う仕組みです。

この提案では、従量単価が15年間で18円/kWhと設定されていました。現契約の電気料金（再エネ賦課金や燃料調整費を含む）の従量料金単価が19円/kWhだったので、少し安い単価です。

魅力的だったのは、初期費用負担もなく基本料金も設定されていないことです。太陽光発電による電力を利用した分は、基本料金分のコストが削減できるのです

しかも、太陽光発電設備のメンテナンスはTPO事業者側で賄うため、ユーザー企業にとっては手間もコスト負担も不要です。さらにPPAが終了する15年後には、太陽光発電設備が無償譲渡されるプランでした。

加えて、契約期間に満たない解約要件も残存簿価ベースで償還とされており、妥当なものと判断し、契約することを決めました。

■コストアップを抑えて再エネ導入に成功

太陽光が発電する電力は、工場の電力需要のおおよそ3割程度。その分の電気料金はTPOモデルによって、15年間固定できるのがメリットです。

今後、電気料金は上昇することが予想されています。資源価格の上昇による火力発電のコスト増や、FIT 制度を利用する再エネ電源の増加による再エネ賦課金の上昇などが、その理由です。

TPO モデルは託送料金のほか、再エネ賦課金がかかりません。今後も再エネ賦課金が上昇してくことを考えると、TPO モデルが相対的に有利になると予想されるのです。コストを抑えた再エネ電力の調達を考える際には、TPO モデルは有力な選択肢になるでしょう。

実質的にメリットの多い TPO モデルの導入を決定した L 社の工場。今後は残り 7 割の、電力会社から受電している電力の再エネ化を進めたい意向を持っています。

今回の TPO モデルを機に再エネ利用に関心を持った本社の調達担当者は、現契約の再エネ電力への切り替えも検討を進めることにしています。

事例13　不動産投資法人

物件価値をGRESB準拠で高める

【営業収益】100億円

【年間電気料金】5億円→3.5%のコスト増（3500万円アップ）

・全物件の半数を再エネ化、当該物件は7%のコスト増

■グリーンビルディング化の気配を察知

50棟のホテルやオフィスビルを所有する不動産投資法人のM社。保有物件の利回り向上のため、運営コストの削減には余念がありません。

電力全面自由化を契機に電力調達改革に着手し、毎年、競争入札を実施してきました。既に従来の電気料金と比較すると25%ほど安くなっています。電力調達改革には一定の手応えを感じていましたが、そろそろ次のステップに進むことを考え始めました。

不動産投資業界では、「グリーンビルディング」に関する規格準拠への関心が高まっていいます。「CASBEE」や「GRESB」といった規格の存在は、経営層から現場まで、みな知っています。

M社の電力調達担当者は、「いつムーブメントが起きるのだろうかと様子を見ていましたが、思いのほか、早く来る気配を感じた」と言います。

不動産投資は、海外投資家の比率が高いという特徴があります。グリーンビルディングに関する規格に準拠することは、物件の魅力を高める有効な手段です。「取り組むならGRESBへの準拠だろう」と目星を付け、再エネ電力の調達について情報を集め始めました。

第6章 事例編その3

GRESB準拠に使える再エネ電力とは

国内のGRESB参加法人の多くが頼る「CSRデザイン環境投資顧問」にルールを聞くなかで、規格に準拠するための再エネ電力には、複数の形態があることを知りました。

大手電力会社が提供している水力発電による再エネ電力メニューのほか、FIT電気と非化石証書やJ-クレジットなど環境価値を組み合わせる方法でも、準拠できることが分かりました。

GRESBの求める条件を満たしながら、最も低コストに導入できる再エネ電力は何なのか。電力会社とも話をしながらマーケットリサーチを続けた結果、最も低コストにニーズを満たせるのは、電力契約は触らず、J-クレジットを自社で調達する方法であることが分かりました。電力契約は1年更新でしたが、更新タイミングを待たずにグリーン化を進めようとしている事情があったのです。

初年度は、全REIT物件のうち、自社ブランドで販売している物件を再エネ電力に切り替えることにしました。全体の半分ほどです。

J-クレジットの価格相場が見えず困惑

M社の担当者がJ-クレジット調達の際に困惑したのは、価格相場が見えないことでした。そもそも売買が面倒で、値段は調達量によっても大きく異なります。自治体が保有しているクレジットは、売買時は議会を通す必要があります。価格もピンキリでした。

自社で販売元を開拓しようと、J-クレジットを保有する自治体、第三セクターなどに電話をかけてみたものの、売る側も価格が定まっておらず、あいまいな回答しか得られませんでした。

そこで、多少の手数料を支払い、環境系のコンサルティング会社を介してJ-クレジットを購入しました。対象物件は1kWh当たり1円増で再エネ化を実現しました。「現在の電気料金の7%アップですが、妥当な金額だと感じています」（調達担当者）。

次は電力契約の切り替えとTPOモデルを検討する

マーケットリサーチを進める中で、再エネ電力に関するコスト感覚もだいぶ、つかめてきました。そこで次年度は、再エネに強い電力会社と相談し、電力の切り替えも含めて検討することにしました。

「J-クレジットのコストが1kWh当たり約1円かかるなら、電気料金を1kWh当たり1円下がればベストです。ただ、下がらなかったとしても、競争入札を複数回繰り返してきたことで電気料金はかなり下がっていますので、良しとするつもり」と調達担当者は説明します。

さらに次年度は、電力契約の切り替えを検討するとともに、TPOモデルを活用した自家消費も視野に入れるといいます。自家消費の再エネ電力はGRESBで最も高く評価されます。一方、「太陽光発電を自社で保有すると、REIT物件の場合、バランスシートが重くなってしまい、売買時の手離れが悪くなってしまうため難しいと感じていた」といいます。

ところが、TPOモデルを活用すれば、この問題は解消します。所有するホテルには空き地があり、太陽光発電であれば、騒音の心配もありません。ホテル客に環境への取り組みを伝えられるメリットがあります。

しかも、電気料金だけで見ても、託送料金が不要になる分、クレジットを購入するよりも安く抑えられる可能性もありそうです。

自社の投資物件の魅力や訴求力が高まれば、収益性が高まります。海外投資家にニーズがある以上、不動産投資業界での再エネ電力導入は、今後当たり前のものになっていく可能性もありそうです。

事例14　大手小売業

社長自ら陣頭指揮、RE100に準拠

【売上規模】1兆円以上

【年間電気料金】6000万円→約5％アップ

・本社を非FIT（電源特定）の再エネ電力メニューに切り替え

優秀な人材の獲得につながる

サステナブル企業として、ダイバーシティをすすめ、企業活動における環境負荷低減など、同業者の中でも一歩進んだ存在として注目されるN社。全方位でサステナブル経営に取り組む中、これまで手つかずであった電力の再エネ化を決断しました。目標は再エネ100％です。

当時はまだ再エネ電力を積極的に利用する大企業はごく少数に限られており、「RE100」への加盟企業も10社に満たない程度でした。それでも、N社の社長が決断した意図は2つありました。

1つは、近い将来、多くの企業が再エネ電力を利用することが予想され、再エネ電力の争奪戦になると考えたことです。調達が難しくなる前に再エネ電力を確保しようと、100億円のグリーンボンドを発行しました。

もう1つは、再エネ電力の活用を含めたサステナブル経営を行うことが、優秀な人材の獲得につながるという考えです。意外な視点かもしれませんが、若い世代は企業の取り組みをよく見ています。特に優秀な学生の関心度が高いのです。

これまで、子会社のファシリティマネジメント会社が電力調達を担当し、全社の施設をまとめた集中購買で競争入札を実施してきました。電力利用規模が大きいことから、応札した大手電力会社や新電力から、かなり低い水準の電気料金を引き出してきました。

このため、再エネ電力への切り替えはコストアップが想定されました。そこで、これまでの調達とは判断基準を変えることにしたのです。

まず、トップダウンにより再エネ電力への切り替えによるコストアップ分は、現場指標に影響しない手当てをあらかじめ行いました。各施設の運営コストには、電気料金が大きく影響します。電気料金が高くなれば、施設の経営指標の悪化を招きます。現場からの反発が予想して、先んじて手を打ったのです。

RE100準拠を条件に電力会社を選択

初年度はフラッグシップである本社施設を対象に、再エネ電力への切り替えることにしました。N社は「RE100」に加盟しているため、環境価値は「トラッキング付き」を選択する必要がありました。

また、N社はFIT制度によらない再エネ電力（非FIT）の調達にこだわりました。国民負担に頼ったFIT制度と距離を置き、自社の努力で再エネ電力を調達したいという理由からです。

再エネ電源が特定できるものを求め、供給できそうな電力会社5社に見積もりを依頼しました。5社の提案を見比べると価格には、それなりの差がありました。

N社が選んだのは、ある再エネ系新電力が提案した、東北の卒FIT風力発電所による再エネ電力メニューでした。その新電力はブロックチェーン技術により、個別の発電所を指定した電力購入が可能となる仕組みを構築していました。

RE100は、環境価値のトラッキングを必須条件にしています。また、再エネ電源からの直接供給を必須ではありませんが、推奨しています。そこで、RE100への報告と、先進的な再エネ利用をPRできるという理由から、最安値水準ではなかったものの、この提案を採用することにしたのです。

契約切り替え後には、電力会社を介して、再エネ電源のオーナーと共同のプレスリリースを出しました。業界初となる先進的な再エネ電力の利用をアピールするだけでなく、電源の立地地域との連携をPRしたのです。

N社は様々なニュースメディアに取り上げられ、サステナブル経営に取り組む有力企業として、ブランド価値を高めたのです。

■再エネ利用を価値化し、ステークホルダーとの関係性を構築化

N社は、再エネ電力の利用を、株主、顧客、社員といった様々なステークホルダーとの活動につなげ、価値化しようと試みています。

例えば、首都圏の店舗では、再エネ電源の立地地域の名産品を販売するイベントを実施。来店客に、地域と連携して再エネ電力を使っていることをPRしました。社員に対しては、自宅でも再エネ電力の利用を勧める社内キャンペーンを行ったり、社員教育として再エネに関する勉強会を開いたり、再エネ電力にまつわるイベントの企画を議論したりしています。

単なる契約切り替えに終わらせず、ステークホルダーへの価値化を意識した取り組みに展開したことで、企業価値の向上へとつなげています。

その後も、再エネ電力利用の先進企業として、メディアやカンファレンスに引っ張りだこのN社。社長は、「電気料金の5%ほどのコストアップ分は十分に見合う金額だった」と考えています。

第7章

買い手が主役になる時代へ

今、電力業界はかつてない激変の時代に突入しました。「デジタル化」「脱炭素化」「分散化」という3つのキーワードが引き起こすゲームチェンジです。そして、新しい時代の主役は、電力会社ではなくユーザーです。正しい電力調達の方法を身に着けた企業だけが、企業経営に変化を取り込み、ひいては企業価値を高められるのです。

1 激変する電力業界

環境が変わる時だからこそ電力調達を学ぶ

第7章

なぜ今、正しい電力調達の方法を学ぶ必要があるのか。それは、電力業界が激変しようとしているからです。これまでの常識が覆るほどの変化の萌芽が見え始めています。

この変化はユーザー企業の電力調達の可能性を一気に広げることになるでしょう。そして、この変化にいち早く対応した企業は、電力調達を入り口に抜本的なコスト削減や業務改善、ひいては企業価値を高めることができるのです。

では、なぜこれほどまでに大きな変化が起きようとしているのか、改めて説明しましょう。

電力全面自由化が競争を引き起こした

電力全面自由化を経て、ユーザー企業は電力会社を選べるようになりました。多数の新電力が新規参入したことで、電力会社間で価格競争が勃発。ユーザー企業にとっては、やり方次第で電気料金は大幅に安くできる状況となったのです。

長年、規制に守られてきた大手電力会社も競争にさらされています。自社のエリアに閉じこもっていた大手電力会社が、電力販売子会社を通じて、エリア外に営業攻勢をかけるようになりました。エリアの外に出るのはもちろん、大手電力会社同士が競争することすら、自由化前は”ご法度”でした。

大手電力各社の営業キャッシュフローを全面自由化前と比較すると、軒並み減少しています。これは新電力にシェアを奪われ、競争の激化で電気料金が安くなったことを意味しています。

料金メニューも変わりつつあります。自由化以前の時代は、画一的な料金メニューの中から、大手電力会社が指定するものを買うのが当たり前でした。ユーザー企業側にも明確なニーズはなく、大手電力会社もまた、ユーザー企業の声をくみ取ったメニュー開発は限定的でした。

でも今は違います。新電力は安値競争から脱却しようと新たなメニューや販売方法を模索しています。電力市況に連動して料金が変動するメニューなど、従来の料金構造にとらわれない新しいものが登場しています。

これに呼応して大手電力会社も、水力発電所による電力を使った再エネ電力メニューを発売するなど、ユーザー企業のニーズに応える動きを見せ始めています。

ユーザー企業の変化が電力業界を変える

本書では、電力調達の最適化が企業経営の武器になると解説しました。ユーザー企業が電力調達の知識を身に付ければ、電力調達を入り口に、経営改善を図れます。電力について深く理解することで、自社に必要な電力メニューやサービスが浮き彫りになります。

電力全面自由化後の電力業界の変化を感じ取った先行企業は、既に動き出しています。これまで硬直的だったメニューやサービスにも、工夫の余地が生まれています。事例で紹介した新設供給や工事で使う臨時電力などが一例です。さらに、多数の拠点の電気料金を管理するための情報提供が進むなど、ユーザー企業のニーズに応える電力会社が増えつつあります。

今は変化の時代です。ユーザー企業から電力会社に「何が欲しいのか」を明確に伝えましょう。電力会社に言われた通りに、なんとなく買うのではなく、自社にとって必要十分な商品を選択するのです。

長らく規制事業だった電力業界が、いよいよ普通のビジネスに変わろうとしています。ユーザー企業は電力業界を変える力を持っています。

図表 7-1　ユーザー企業が主役に時代に

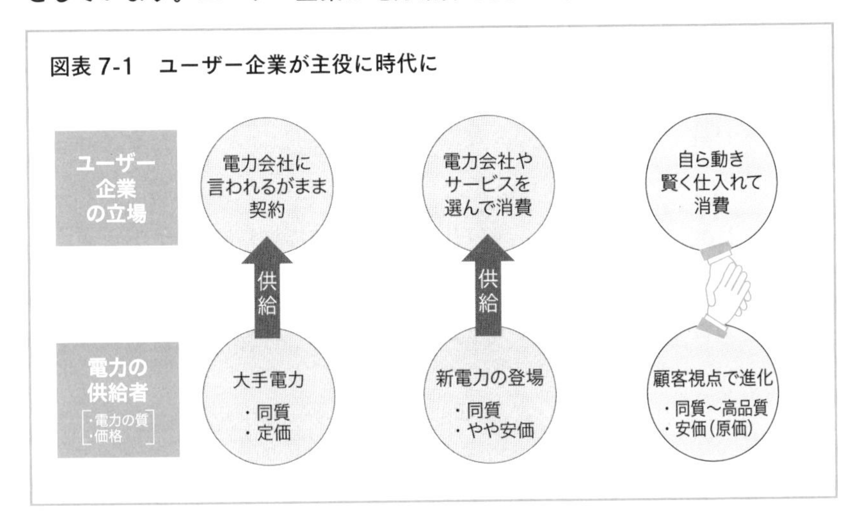

再エネ電力調達の広がりは、電力業界の常識を飛び越える

この動きをさらに後押しするのが、再エネ電力調達の本格化です。再エネ電力を調達するためには、経営方針とのすり合わせが必要だと解説しました。

経営者がSDGs/ESGという2つのキーワードが作り出した新しい経営の潮流を理解し、企業価値を高める好機と捉え、持続可能な企業へと進化を遂げていこうと決断したら、再エネ電力を買わないという選択はなくなります。

サステナブル経営を標榜するリーディング企業の経営者は、「電力の再エネ化は当たり前の話。コストアップも投資だと考えれば、たいした金額ではない」とさらりと言いのけます。ユーザー企業にとって、再エネ電力の調達はSDGsの17の目標の中でも、取り組みやすいテーマと言えるでしょう。

再エネ電力の調達は、ユーザー企業側に明確な目的があります。「RE100」や「SBT」といった規格を準拠しつつ、コストを抑え、しかも管理しやすいメニューが欲しいと、ユーザー企業が声を上げるようになりました。

さらに、再エネ電力の調達を通じて、企業価値を高めようとする動きが顕在化するなか、「どの発電所で発電した電力なのか」という、これまでは表に出てこなかった情報に、ユーザー企業が価値を感じるようになりました。

電力は色も匂いもない、区別のつかないものだという電力の常識を、電力会社ではなく、買い手であるユーザー企業が飛び越えようとしているのです。

こうした変化が意味していることは、「買い手が主役になる時代がやってきた」ということです。電力調達の主役が、サプライヤーである電力会社から、買い手であるユーザー企業や個人に移り、電力は一方的に供給されるモノではなく、ユーザーがニーズに応じて選択する商品に変わろうとしているのです。

2 3つのDが起こすゲームチェンジ

デジタル化・脱炭素化・分散化は世界共通

この変化は日本に閉じた話ではありません。日本に先んじて電力自由化を断行し、再エネの普及が進む欧米でも、同様の変化が起きています。テクノロジーの進化やSDGs/ESGなど世界共通の大きな変化が、電力業界に押し寄せているのです。

電力ビジネスのゲームチェンジを表現する言葉に「3つのD」があります。世界的なマクロトレンドとなっているこの言葉は、「デジタル化（Digitalization）」「脱炭素化（De-carbonization）」「分散化（Decentralization）」の頭文字です。

このキーワードで何が起きようとしているのか見ていきましょう。驚くほどドラスティックに電力を取り巻く世界が変わろうとしていることが分かるはずです。

「デジタル化」で電力取引が桁違いに柔軟になる

第1の変化が「デジタル化」です。IoT（モノのインターネット化）やAI（人工知能）、ブロックチェーンに代表されるテクノロジーの進化に伴い、様々なモノやコトを、デジタルで取り扱える時代になりました。

電力ビジネスにもデジタル化の波は押し寄せています。

代表的な変化は、電力の契約期間が柔軟に設定できるようになることです。かねて発電所と電力会社、電力会社とユーザー企業の間の契約は、1

年単位が基本です。ところが近年、電力会社間の卸取引では数カ月単位の短期間で柔軟な契約を結ぶ取引が出てきました。

こうした卸取引での柔軟性は、追いかけるように電力会社とユーザー企業の間にも広がっていくでしょう。これまでユーザー企業との電力契約が1年単位だったのは、電力会社が1年単位で電力を仕入れていたからです。上流の契約が柔軟性を持つようになれば、ユーザー企業との契約を短期化した際のリスクも小さくなります。

リアルタイムでの情報を把握できるようになった

例えば、3カ月単位で電力会社やメニューを変更できるようになったら、何ができるようになるのでしょうか。

電気料金のコスト構造の中で大部分を占めるのが、発電コストです。電力会社が発電所との相対契約や、日本卸電力取引所（JEPX）から電力を仕入れる金額のことです。

電力会社にとってのリスクは、空調需要などが増す夏と冬のJEPX価格の高騰です。普段は20円/kWh程度で取引されているにも関わらず、高騰時には100円/kWhに達することもあるのです。ですから電力会社はこうしたリスクを一定、織り込んだ値付けをしているわけです。

もし3カ月単位で電力契約を切り替えられるとしたら、市場高騰リスクのある夏と冬と、リスクが非常に小さい時期で契約先を変えることができます。そうすることで、春と秋の電気料金を、もう一段抑えることができるでしょう。

例えば、市場高騰リスクが高い夏と冬は、少し値段が高くとも、発電所との相対契約している電力会社を選ぶことでリスクヘッジします。言い換えると、夏と冬の市場高騰をヘッジできれば、もっと電気料金は安くなります。こうした状況をにらみ、夏、冬限定で、市場高騰リスクをヘッジした金融商品が登場しています。

こうしたことができるようになったのもデジタル化の恩恵です。**発電所の稼働状況と卸電力市場の需給状況、そして需要家（ユーザー企業や家庭）の電力の使用状況を、すべてリアルタイムで粒度も細かく把握できるようになったからこそ、契約期間を短くしたり、金融商品化することができるようになったのです。**アナログでの管理では、すべてを事後にしか把握できませんでした。

ユーザー企業が電力調達への理解を深め、こうした選択を自ら取ることができれば、見えている景色が大きく変わることは間違いありません。

電力会社とユーザー企業の情報の非対称性も解消へ

デジタル化の進展を後押ししているのはテクノロジーだけではありません。電力自由化によって、電力に関する情報は格段に入手しやすくなりました。

電気事業への新規参入者にとって、巨人である大手電力会社と戦うためには情報が必要です。情報ニーズの高まりに応え、様々なデータが使いやすい形で表に出てくるようになりました。電力に関する情報を集めたウェブサイトが複数立ち上がり、新電力はもちろん、ユーザー企業も簡単に欲しい情報が手に入るようになったのです。

例えば、かつてJEPXの取引情報は、JEPXのウェブサイトで閲覧するしかありませんでした。電力に関する専門用語を駆使してCSVファイルをダウンロードし、膨大なデータ集計処理をして、ようやくほしい情報が手に入る状況でした。

ユーザー企業が電力調達のために卸電力価格の市況を確認したいと思っても、簡単には情報を得ることができませんでした。それが現在では、インターネット上に市況データを分かりやすい形で加工したものがたくさんあります。

卸電力価格だけではありません。燃料費調整額なども同様です。以前は大手電力会社のウェブサイトから1カ月分ずつ確認し、自社で整理するしかありませんでした。全国のデータが知りたい場合は、10社分、この作業をする必要があったのです。ですが今では、12カ月分のチャートがすぐに手に入ります。

長らく電力に関する情報の多くは事実上、電力会社しか入手することができない状況にあり、ユーザー企業にとってはブラックボックスでした。このブラックボックスこそが電力会社の強みだったわけですが、ここも変わろうとしています。

今なお、大手電力会社と新電力、電力会社とユーザー企業の間には、情報の非対称性が脈々と横たわっています。それでも、**電力自由化を経て情報は入手しやすくなり、透明性も高まりつつあります。**これに伴い、ユーザー企業は複雑怪奇な電気料金メニューに疑問を感じるようになるでしょうし、電力のコスト構造が見えることで、適正価格で買えるようになっていくのです。

「脱炭素化」で企業が動くと供給者の論理が崩れる

そして2つめの変化が「脱炭素化」です。

世界的なSDGs/ESGの潮流の中で、企業は気候変動対策を求められています。サステナブル経営を標榜する企業がこぞって電力の脱炭素化として、再エネ電力を調達するようになりました。

電力調達が調達部門の単なるコスト削減の話から、経営層レベルでの全社課題に昇華されるようになってきたのです。こうした変化によって、ユーザー企業は電力調達について、今まで以上に学び、知識を身に着けて賢くなり始めています。

再エネ電力の調達を本気で考えるユーザー企業は、電力会社が提供する再エネ電力メニューを選択するだけでなく、自ら再エネ電源を調達する動きを見せ始めています。

ユーザー企業が発電所から直接、電力を調達する

欧米では、既にユーザー企業が発電所から直接電力を調達するようになってきました。これから増えそうなのが「コーポレートPPA」という形態です。

ユーザー企業が発電所と、長期で再エネ電力を購入する契約を締結します。発電所とユーザー企業の間に電力会社が介在しないことで、直接、電力を調達できるわけです。

ユーザー企業が再エネ発電事業者に対して、長期にわたる買取保証をすることで、発電事業者はファイナンスが可能になります。つまり、コーポレートPPAによって、再エネ電源への投資を促進できるわけです。
買い手にとってもは、長期にわたり電気料金を固定化できるメリットがあります。燃料費の変動に振り回されることなく価格をヘッジできる価値が認識されつつあります。

脱炭素化をフックに、再エネを取り巻く環境が変化したことで、再エネ電源はコスト面でも新たな価値を持ち始めているのです。それはユーザー企業が導いた変化にほかなりません。

ユーザー企業にとって、「どの発電所で発電した電力なのか」という情報が重要になったからこそ、コーポレートPPAは価値ある手法なのです。

そして、もう1つメリットがあります。**それはユーザー企業が電気料金のコスト構造を把握できるようになるということです。**

発電所から電力を買う場合、発電コストと諸経費の合算で購入することになります。長らく電力会社がブラックボックスにしてきた発電コストは、こうした動きからも明らかになりつつあるのです。

東京電力・福島第1原子力発電所事故に端を発する電力システム改革によって、電気事業の様々な要素にメスが入りました。それでも、長年築き上げてきた大手電力会社を中心とした電力の市場構造を崩すには至っていません。

ですが、最近になって少しずつ見えてきたユーザー企業のこうした変化は、供給者である電力会社に起因する変化よりも、大胆でドラスティックなものです。

例えば、海外からいくら批判されようと、方針を変えることがなかった石炭火力発電所を巡る政策議論が動き出したのも、ユーザー企業からの突き上げにほかなりません。**ユーザー企業が動くことで、供給者の理論が崩れるのです。**

「分散化」で電力の民主化が起きる

そして3つ目の変化が「分散化」です。

世界各国で分散電源である再生可能エネルギーが爆発的な普及を遂げています。この意味するところは何でしょうか。

従来の電力の供給構造は中央集権型でした。大手電力会社の大規模な発電所から、送配電網を介して電力がユーザーに供給されます。発電所からユーザー企業の拠点まで、上から下に水が流れ落ちるかのように、一方通行で供給されるのです。電力供給に関するすべての情報が大手電力の手中にあったのです。

分散電源の登場によって、この供給構造ががらりと変わろうとしています。発電所からユーザーへの一方通行が、分散電源の所有者が電力の供給者にも利用者にもなることで双方向へ変わろうとしているのです。

自分の電源で発電した電力を、自分で使ったり販売したりするユーザーのことを「プロシューマー」呼びます。売り手と買い手が輻輳化するフラットな世界の到来です。

分散電源の増加にとって、これまで料金や由来をすべて決めていた電力会社が主役のシステムから、誰もが発電し、好きな電力を選べる仕組みに変わるのです。

新しいビジネスモデルも登場しています。まず、分散電源の大量導入によって、これらを集めて利用しやすい形にするアグリゲートするビジネスモデルが登場しています。また、P2P（ピア・ツー・ピア）でプロシューマー同士が直接、取引するビジネスモデルも出てきました。

こうした変化は、電力の分散化の証左であり、これこそが電力の民主化なのです。

電力会社の役割もおのずと変わる

3つのDによる電力業界のゲームチェンジは、いずれも電力会社からユーザーに主役が移り変わることを意味しています。

ユーザー企業が電力調達についての知識を身に付け、この大きな変化の

波を捉えて動き出した時、価格競争だけを追求している電力会社に残されるのは、淘汰しかありません。顧客に価値を提供できる電力会社だけが生き残るのです。

電力会社には、情報の非対称性に寄って立つビジネスモデルに見切りをつけ、顧客に電力コストにまつわる情報と新たな選択肢を提供し、新しい関係性を構築することが期待されています。主役となった顧客が、電力調達を通して実現したい目的を、電力のプロとして全面的にサポートするのです。

さらに、価値ある再エネ電力の供給などを通じて、顧客の企業価値が高まることが、電力会社の価値につながるはずです。

ユーザー企業が自ら電源を選んで電力を調達するようになると、これまでの電力小売りの業態そのものが変わっていきます。

国に登録を認められた小売電気事業者（電力会社）にしかできないことは、電源を調達して供給するという行為でした。ですが、明確な選択基準を持ったスキルの高いユーザー企業は、多様な電源の中から、自社の目的に合ったものを選択するようになるでしょう。

その時、電力会社の役割は、ユーザー企業に寄り添い、電力調達を代行することに変わります。

ユーザー企業が、電気料金のコスト構造を理解し、発電コストを把握できるようになったら、今までのようなメニューの販売というわけにはいかなくなるからです。

単なる電源の買い付け代行ではなく、より付加価値の高い新しい電気事業の形を模索する時が、もうそこまで近づいてきています。

電力調達と企業経営は、より密接になる

電力業界に変化の荒波が押し寄せている今は、電力調達の常識が変わっていく潮目です。変化の波を好機と捉え、レベルアップして進化する企業と、そうでない企業では、大きな差が出るでしょう。

電気料金は、販管費に占める割合が非常に大きな費目です。業種によっては売上高の10％を占めることもあります。電力調達の高度化によって、電気料金の最適化やその時々の経営課題に対応する柔軟性を獲得することは、営業利益を押し上げることに直結します。

そして、サステナブル経営への社会の要請が強まるなかで、電力調達はこれまでに比べて飛躍的に、企業経営に密接な存在になろうとしています。電力調達が企業価値を高める時代になったのです。

ユーザー企業のみなさん、企業規模を問わず、業種を問わず、電力調達をレベルアップさせてください。最強の電力調達を実践する企業こそ、次の時代の主役になれるのです。

■プロフィール

久保 欣也（くぼ・きんや）

日本省電・代表取締役社長。早稲田大学理工学部卒業。東京大学大学院工学系研究科化学システム工学専攻修了（工学修士）。東京電力に入社後、エネルギー分野での事業開発に従事。その後、ドリームインキュベータにて経営戦略コンサルティングを数多く経験。2018年に「電力調達の商流改革」を掲げる日本省電を設立し、コスト削減が難しい大企業の電力調達を精力的に支援している。支援実績は6000件、900億円超。代表を兼任するビジネスデザイン研究所では、電力業界向けのコンサルティングも手がける 。早稲田大学招聘研究員の従事経験もある。

三宅 成也（みやけ・せいや）

みんな電力 専務取締役事業本部長。名古屋大学大学院工学研究科電気電子工学専攻修了（工学修士）、神戸大学大学院経営学研究科現代経営学専攻（MBAプログラム修了）。2007年まで関西電力原子力部門に13年間勤務。その後、アーサー・D・リトル、KPMGコンサルティングにて幅広い業界のコンサルティング経験を積む。「顔の見える電力」を特徴とするみんな電力では、事業の責任者として、業界初のブロックチェーンによる電力トラッキングシステムを開発。「企業価値を高める再エネ利用」を提唱し、多数のトップ企業をサポートしている。

山根 小雪（やまね・さゆき）

日経BP「日経エネルギーNext」編集長。東京農工大学大学院工学研究科応用化学専攻修了（工学修士）。2002年に日経BPに入社し、「日経コミュニケーション」編集部で記者として通信自由化を取材・執筆。2007年から「日経エコロジー」編集部で地球温暖化など環境ブームに触れる。2010年から「日経ビジネス」編集部にて、エネルギーや自動車など製造業を担当。2015年1月の「日経エネルギーNext」創刊時より編集長を務める。エネルギービジネスの最新動向をウオッチし続ける第一人者として、数多くのセミナーや講演もこなしている。

Special Thanks

本書の編集に際しては、日本省電の吉田早織さん、山下拓也さん、みんな電力の梶山喜規さん、真野秀太さん、またライターの金子芳恵さんをはじめ多くの皆さんに御尽力いただきました。深く感謝しています。

コスト削減と再エネ導入を成功させる

最強の電力調達完全ガイド

2020年 8 月24日　　第1版第 1 刷発行

著　者　　久保 欣也・三宅 成也・山根 小雪
発行者　　吉田 琢也
発　行　　日経BP
発　売　　日経BPマーケティング
〒105-8308　東京都港区虎ノ門4-3-12
https://www.nikkeibp.co.jp/books/
装　幀　　小口翔平＋岩永香穂（tobufune）
制　作　　谷敦（アーティザンカンパニー）
印刷・製本　図書印刷

ISBN978-4-296-10536-6　Printed in Japan

本書籍に関するお問い合わせ、ご連絡は下記にて承ります。
https://nkbp.jp/booksQA